剖析
Google
Analytics
從報表理解到實作

序 *preface*

在筆者的顧問生涯中，已經協助超過上百家企業進行網站優化，目前在顧問公司進行網站資料分析、網站優化的工作，因此，對於目前台灣企業的數據文化與數據應用狀況還算略知一二，Google Analytics 確實為目前世界上最被廣泛使用的網站分析工具，尤其在台灣更幾乎是所有經營網站的企業主都是使用 Google Analytics（目前台灣還比較少看到企業有使用 GA 以外的工具，像是 AA 或是 Piwik），這也導致大多的台灣企業在徵才時很重視面試者是否會使用 Google Analytics，但如果你是我的部落格「Harris 先生」的讀者，應該會知道我經常在部落格中強調：會使用「Google Analytics」並不代表你懂「網站分析」，畢竟 Google Analytics 只是工具，熟悉工具也並不代表你具備網站分析的技能，現在大多的企業主都將「學會 Google Analytics」與「具備網站分析能力」畫上等號，這其實是完全錯誤的觀念，專業的網站分析需要做的事情非常多，包含指標 /KPI 設計、數據框架應用、分析策略制定、數據報告、數據分析…等，並非單純只是使用 Google Analytics 這麼簡單。

如果「Google Analytics」不等於「網站分析」，那你還要學嗎？事實上是要的，尤其對於新手來說，從「Google Analytics」這個工具開始接觸「網站分析」的世界是絕對沒有問題的，畢竟網站分析是一塊非常複雜的領域，從工具的角度開始學習是一個很棒的切入點，你可以透過工具摸到各項報表的運作、認識網站分析的指標、認識網站資料是如何運作的。但在學習使用「Google Analytics」的過程中你必須要有認知，你不能局限自己只是學習使用工具，你必須要理解網站分析還有許多的專業知識、許多其他的工作要做，你要避免要讓自己只是在學習「工具」，「工具」只是「網站分析」領域中的冰山一角，這本書就是為了讓你從「Google Analytics」這個工具開始接觸網站分析的世界而誕生的，書中除了「Google Analytics」的操作及觀念之外，也盡可能地帶到網站分析的觀念，筆者希望你在學「Google Analytics」時應該要連網站分析的觀念一起學，本書將會帶你認識「Google Analytics」以及其報表的應用，並且將會帶入部分網站分析的觀念，閱讀完這本書後（因這本書的實務性很高，我建議你一邊操作 GA 一邊閱讀），你更可以了解到一個網站分析工具如何運作、資料如何運作、報表是如何運作的，這些都能夠幫助你日後在網站分析的世界中打好基礎。

若你在閱讀完這本書之後，希望能繼續學到更多「Google Analytics」的操作技巧、其他工具的應用、或網站分析的觀念，你可以試著來閱讀我的部落格「Harris 先生」，或上網繼續閱讀其他網站的文章繼續進修，我希望對網站分析有熱誠的你，有朝一日也能成為網站分析的專家為台灣產業盡一份心力，我們共勉之。

【Harris 先生】站長

Harris

目錄 *contents*

Chapter 5

Chapter 6

Chapter 11
掌握 Google Analytics 的帳戶、資源、資料檢視.................. 189

Chapter 12
其他關於 Google Analytics 你該知道的事............................ 251

Chapter 1

網站分析對企業產生的價值

本章重點

- 踏出網站分析的第一步
- Google Analytics 的數據概觀
- 該如何正確學習 Google Analytics ？
- 網站分析的學習重點

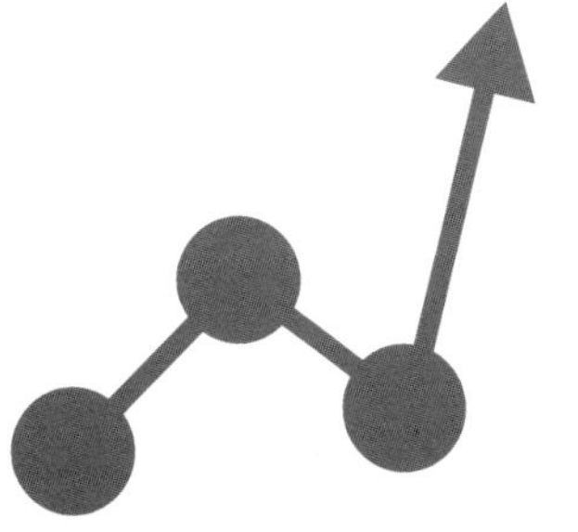

筆者在顧問工作中接觸過大大小小許多不同的網站，每個經營團隊都各有其經營模式、商業模式、網站動線、網站架構，企業組織運作的狀況也都不同，但台灣多數中小企業不重視網站分析，或者應該說，「不夠」重視網站分析，數據能產生多高的價值取決於你有多重視數據、是否會正確使用工具來分析數據、是否會正確解讀數據。

「網站分析」顧名思義就是透過數據去理解我們的網站在過去發生了什麼事，它最大的價值在於：我們可以透過數據衡量網站過去經營的狀況、藉此做出更有利的決策，網站分析同時也涵蓋了許多的領域，從資料收集、資料解讀、做出決策、執行決策，每個環節都需要相當的專業與經驗，才能發揮數據最大的價值。

踏出網站分析的第一步

如果你先前並不重視網站分析，但現在開始希望從網站分析中得到價值，建議可以先從以下幾個方向著手，來打造數據驅動的網站經營思維：

➔ 有規劃地進行資料收集

在「資料收集」這個環節中，你必須要幫助企業獲得「值得信任、能帶給你價值」的數據。

以 Google Analytics 來說，你確實只要將追蹤碼安裝到網站上，完全不用事前規劃就會有許多有價值的數據資料，但如果你想知道使用者在網站上的特定行為（比方說點擊某張網站上的圖片），在沒有事前進行規劃、並事前做設定的情況下，Google Analytics 並不會給你圖片點擊的數據。在收集資料的工作中，你必須要事前先理解自己需要什麼樣的數據，若事後才想到某個數據資料很關鍵、會影響企業的決策，但事前卻沒有進行收集，很遺憾的是，網站分析的價值就在你手中漸漸流失掉了。

除了事前規劃需要收集資料、並做設定之外，在資料收集的策畫期間，你也必須要確保數據的「品質」，不具品質的數據是不值得信任的。比方說，企業內部的技術單位、營運單位每天工作時肯定都會瀏覽企業的網站，企業若規模較大，內部就有可能產生可觀的瀏覽量、且企業內部的網站使用行為也會與真實的客戶有所不同，若沒有事前將企業內部的流量排除掉，這些瀏覽資料都會擾亂你的數據品質、影響日後所看到的數據。

本書會介紹到如何有規劃地收集資料，確保數據的價值與品質。

➔ 數據彙整（產生報表）

做好資料收集的工作之後，分析軟體會自動收集數據。接下來，你需要在分析軟體內建立自訂報表、圖表來彙整資料，彙整階段最需要注意的是，你必須清楚知道該如何將數據整理起來、將相同類型的數據整理到同一個圖表、報表中，能幫助我們更有效率地進行分析。

Google Analytics 的系統中就有很多的報表，但你仍然可以自訂圓餅圖、長條圖、地理分布圖、純數字的數據報表，當然在彙整數據的過程中，你可能會用到 Excel、PowePoint 等工具。

➔ 分析

在收集資料與數據彙整時，你必須具備基礎的網頁技術能力、並對 Google Analytics 的運作機制有一定的理解，才有辦法知道數據該怎麼收集、如何保障數據品質、如何產生報表。

到了分析階段時，你必須要透過數據來解釋過去的數據資料告訴了我們什麼樣的資訊、過去網站上實際發生了什麼事、客戶未完成轉換的可能原因與情境，並根據你前面所收集的資料、以及彙整出來的報表，加以從中取得洞察（這也是為什麼前面兩項的工作很重要，因為在這個階段你必須專注在解讀數據上面）。

每個網站的經營狀況、使用者經驗都不同，分析的思維也沒有辦法被複製，你需要長期反覆不斷的練習、學習分析思考，才能漸漸做好分析工作，並建立起屬於自己的分析思維。

➔ 做出決策

分析完現有的數據後，更重要的是，你要幫企業做出對未來最有利的決策。有時決策未必是由一個人來進行，組織內如果有多位網站分析的專業人才，能夠一起觀察、提出不同角度的看法，會對決策更有幫助。

要做出精準的決策，同樣需要經驗累積、需要時間來培養決策力，同樣地，如果你前面三個階段的工作沒做好，這時做出的決策肯定是會出問題的。因此，在決策前一定要確保你的資料收集正確、數據品質合格、且自己分析數據的方式沒有問題。

➔ 執行與優化

當企業做出決策後，下一步就是實際的執行，你必須要在執行的同時，來驗證自己先前所做出的決策是否正確？因此，在執行之前就必須要規劃出「執行完此項決策後，該如何評估決策正確與否」，當數據可以幫助你評估任何一個決定時，就不應該放棄數據的價值。

舉例來說，在經過去年一整年的數據觀察之後，你認為網站的購物流程設計有問題，根據數據中看到的幾個重點，你們重新規劃了一個新的購物流程，但新的購物流程是否真的有比舊的購物流程還要好？這時要思考的是：我是否該給自己 3 至 6 個月的觀察期間來測試新的購物流程？我該收集什麼樣的資料、該如何觀察數據，才能得知這個問題的答案？我是否要避開淡季、旺季來減少影響測試的變數？你必須回到第一步來規劃資料收集，思考自己需要什麼樣的數據、數據該如何彙整、該如何分析。

Google Analytics 的數據概觀

在 Google Analytics 中，主要提供四種維度的數據來幫助我們執行分析工作，分別是「受眾分析」、「流量來源」、「使用者行為」、「使用者轉換數據」，這四個維度的數據可以各自提供我們不同的洞察力，但在使用 Google Analytics 之前，必須要理解它的功能、架構、數據收集方式，確保自己的數據擁有高品質，才能幫助你進行分析、決策，本書也會陸續地解說這一切。

➔ 受眾分析：我的客戶背景是什麼？

所有做行銷的人都知道，理解自己產品的市場定位、產品受眾是非常重要的一件事，在網站分析領域中，你不僅可以透過 Google Analytics 的數據，了解受眾的性別、年齡、居住地區、瀏覽器使用語言，甚至連受眾使用的行動裝置型號，都可以一目了然，更重要的是，可以透過受眾的數據清楚看到產品的潛在客戶。

舉例來說，假設我是販賣保養品的電商網站，鎖定的族群是女性消費者，但女性消費者依照不同的年齡層，對於保養品的需求與認知不同，各自的消費力也不同。也許年長女性消費者在你的網站中只佔了少數，但因為年紀較長、收入比較高的關係，他們可能有較強的消費力，也許年輕女性占了網站很大的流量，但相對來說他們的消費力較弱、平均每筆訂單的價格較低，針對不同的族群，必須透過數據猜測、觀察、驗證其特質，並各別制定不同的產品行銷策略、網站優化策略。

透過更進一步地理解你的受眾，你可以為他們打造更棒的網站體驗、以及更棒的產品。

➔ 流量來源：我的客戶都從哪裡來？

在經營網站的過程中，企業有許多手段來獲取流量，可以請部落客寫文章、介紹產品，可以購買關鍵字廣告、聯播網廣告、粉絲團經營也幾乎所有網站都有在做，但究竟哪一個流量管道能為你帶來較高的價值？每一個流量管道都有各自的特質、特徵，透過流量來源的分析可以得知：哪裡來的流量能夠帶來較多的訂單？花錢買的數位廣告是否有效？經營粉絲團的方式是否正確？如果發現某個流量來源確實為你帶來很可觀的收益（這代表你正在使用正確的方式獲取流量），則應該要增加在該流量來源上的投資，反之，如果有某個流量來源並未對你創造價值，則應該調整自己的策略。

有時，萬一網站突然訂單大量下降、或流量突然下跌時，我們也必須要仰賴流量來源的數據來找出發生的問題點為何突然出現問題，並從中逐一破解、找出解決方案。

➔ 行為分析：我的客戶都在網站上做些什麼？

網站的行為有百百種，從網頁瀏覽、滑鼠點擊、滑鼠捲動、填寫表單、觀看影片 ... 等，都是使用者可能會在網站上進行的行為。透過行為分析可以清楚理解使用者在網站上做些什麼，進而提供更好的網站瀏覽體驗，並提高使用者在網站上進行購買的意願。

在 Google Analytics 裡，可以觀察到使用者在每個頁面的停留時間、他們大多都從哪些頁面進入網站、又從哪些頁面離開網站，若使用得宜，甚至連滑鼠點擊、滑鼠捲動、填寫表單都能進行追蹤（註：追蹤點擊、滑鼠捲動行為屬於 Google Analytics 的事件追蹤）。

➔ 轉換分析：如何透過數據優化自己的轉換率

Google Analytics 針對轉換分析與優化有著非常強大的功能，轉換的數據也是 Google Analytics 非常強大、好用的主要原因之一。

以現在的網路行為來說，大多的使用者並不會在第一次造訪網站就完成轉換。以 3C 產品的電商為例，3C 產品有許多不同的價位、規格、品牌，使用者刷卡購買之前，為了買到確實符合自己需求的產品，肯定會到多個電子商務網站進行比價、到論壇媒體參考其他網友的討論、參考部落客撰寫的開箱文，即便在使用者收集到足夠的資訊後，也可能會猶豫一段時間後才會下單購買。以上述狀況來看，你的使用者在進行購買之前，他非常有可能造訪你的網站多次，最後才購買。

Google Analytics 可以幫你記錄使用者在購買前所產生的行為、網站造訪。擁有網站分析專業的人，透過這些數據，能夠有效優化轉換率、提升訂單成交率，本書將會詳細地告訴你該如何使用這些功能。

該如何正確學習 Google Analytics ?

坊間大多數的 Google Analytics 課程都是以基本的觀念、偏理論面的課程為主 ，這是因為每個網站的動線、使用者經驗、網站結構都不同（更不用談每個網站有自己的商業模式、行銷策略），所以每個網站的分析策略也一定不同。基本上，網站分析的策略很難被完整複製，只能依靠努力學習加上經驗累積來制定自己的分析策略。即便講師分享了自己執行分析專案的經驗與分析方法，若沒有基本的觀念、對於分析理論也不熟悉，也很難從講師身上學到有用的知識。

但究竟要怎麼正確的學習 Google Analytics？如何將它所帶來的價值最大化？在操作 Google Analytics 執行網站分析時，本書會將 Google Analytics 網站分析的專業技能分成兩塊，分別是資料收集（Data Collecting）與資料分析（Data Analysis）。

➔ 資料收集（Data Collecting）

在資料收集這個工作中，必須依照你的網站架構、企業行銷策略、商業模式、營運狀況來制定資料收集的策略。Google Analytics 有許多的功能可以將數據資料進行分類，如果收集了龐大的網站數據，卻沒有在事前做資料分類的話，則會由於資料雜亂，後續在分析上一定會非常吃力，甚至有可能在分析階段才發現自己缺乏了許多資料，這樣就太遲了，因為資料是需要事前收集的，它不會等你想分析時就自己蹦出來。

若要清楚地理解如何做好「資料收集」這塊，你必須要理解 Google Analytics 的資料收集運作原理、更要清楚知道 Google Analytics 裡面各項設定的運作方式，本書會介紹幾個重要的、基本的資料收集設定、以及其原理的說明。

➔ 資料分析（Data Analysis）

資料分析的重要性並不亞於資料收集，畢竟有了資料之後，必須要能夠解讀這些資料才有用。以 Google Analytics 來說，你除了要具備行銷知識、清楚理解自己的網站、商業模式之外，同時也要理解 Google Analytics 是如何收集資料的，它的運作原理為何？在不清楚數據怎麼來的情況下，你所得到的洞察、所下的決定都可能會有偏差。所以，「資料分析」與「資料收集」在 Google Analytics 網站分析中是需要同等重要的專業技能，必須要在這兩個領域中都有相當程度的理解，才能成為一位優秀的 Google Analytics 網站分析師。

網站分析的學習重點

➔ 理解企業目標優先，並建立分析目標（轉換）

在網站行銷領域裡，轉換（Conversion）一詞是指網站上的訪客從「**訪客**」轉變成為「消費者」的行為。又或者應該說，當訪客做到了網站經營者希望訪客做的事情時，訪客便從**無價值訪客**，轉換成了**有價值訪客**，而訪客是否有進行轉換對企業是非常重要的，甚至影響公司的收益、存亡，畢竟我們最終的目的就是要透過網站分析來提升網站帶給企業的價值。

當訪客達到你的網站目標、企業目標時，就是轉換成功了，而轉換率（Conversion Rate）便是將這些轉換訪客的比例算出來，在大型的電商網站，1% 的轉換率也許就影響了公司數百萬的營業額。

在做分析工作之前，一定要非常清楚分析的目標。做數位行銷，任何事情都要有清楚的目標，並將目標設定為轉換（關於轉換的觀念、以及轉換設定，第 7 章將會有更詳細的解說），那麼，要如何為自己的網站設定目標 / 轉換呢？以下我將用個簡單的例子來說明。

以圖 1-1 來做範例，經營部落格，主要目標可能會是「訪客訂閱」，為了達成此目標，你要開始細分下去其他細項的小目標：

1. 你需要提供使用者好的閱讀體驗、好的內容，提供好的內容，至於我是否有提供好的閱讀體驗？要衡量這個目標是否有達到，你可以用使用者的**停留時間**、**跳出率**、**回訪率**來做為衡量指標。

2. 訪客也許喜歡你的文章，但你必須要在介面設計上推薦更多優質的文章給他，這部分你可以用**連結的點擊**做為追蹤、分析的指標，來看看訪客是否喜歡你的文章推薦。

團隊 - 經營部落格目標

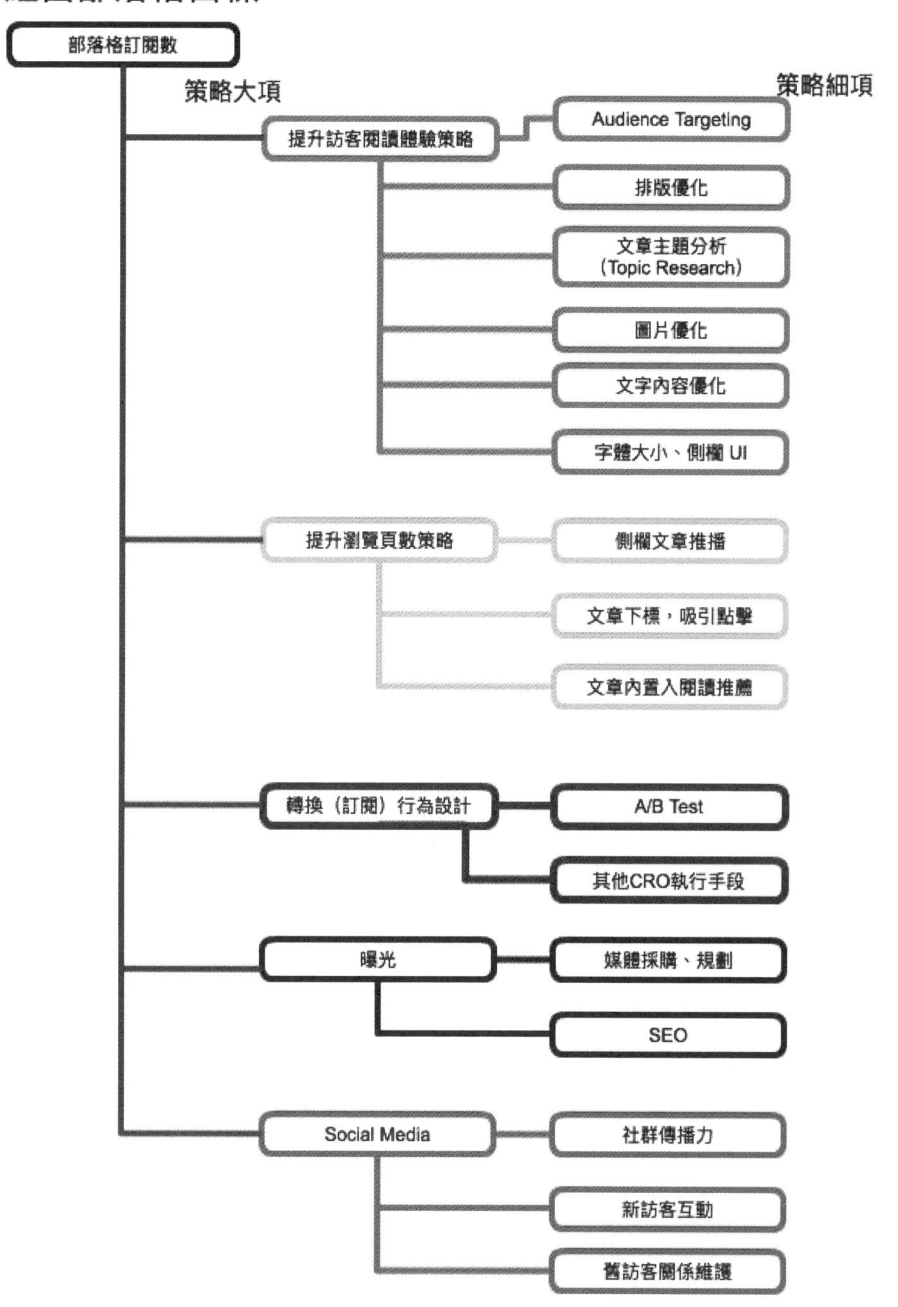

圖 1-1

3. 接著你要正確地設計訂閱的 CTA（call-to-action），甚至在內容裡面開始設計、誘導訪客進行轉換，這時我們可以利用「**轉換**」來進行衡量。

4. 接著還有 SEO、Social Media 等細項工作，集合起所有的工作項目，才能達到主要目標：提升訂閱戶。

簡單來說，在我們訂出主要目標之後，就要開始研究並擬定相關的策略，要提升「用戶訂閱」我必須要在乎訪客閱讀體驗、流量成長、新訪客的獲得、舊訪客的關係維護，接著是社群媒體的傳播力，全部都做好之後，我會漸漸達成最主要的目標（用戶訂閱）。做分析工作要從小目標開始，到大目標，一步一步地進行數據觀察並提出優化策略。再強調一次，做分析以及做行銷，最致命的就是沒有目標也沒有目的。請記得，永遠先搞清楚做這些事情的目標是什麼，究竟要達到什麼樣的績效 / 轉換，才會知道如何用數據幫助你成功，而上述所提到的訂閱、用戶分享，你都可以設定為 Google Analytics 的轉換，來加以觀察使用者的轉換狀況。

➔ 絕對不要忽略數據品質

我們曾經提過，數據品質非常的重要，因為你必須要確保數據是值得信任的，但該如何在 Google Analytics 上創造可信任的數據呢？第 11 章將會有許多 Google Analytics 的設定教學，這些設定都能幫助你提升數據的品質、以及數據分析的效率。

➔ 指標解讀

在 Google Analytics 裡面有許多不同的指標，為了確保你的分析精準，你必須要了解每項指標的由來、計算方式、運作方式。以下的問題都是在你剛開始 Google Analytics 之前必須要知道的（本書也會有許多指標解讀的內容，幫助你理解指標含意）：

1. 跳出率的定義為何？

2. 跳出率與離開率有何不同？

3. 工作階段定義為何？什麼是工作階段？

4. 工作階段與瀏覽的差異在哪？

5. Google Analytics 如何計算使用者（User）？

➔ 做分析，要找到關鍵數據

在分析工作的過程中，必須要從 Google Analytics 的目標、客戶開發（流量來源）、行為、轉換這四大層面開始觀察，並且對數據不斷提出疑問，並嘗試在提問中得到數據洞察。

在觀察過程中，要找到高關聯性數據（Relevant Data），高關聯性的數據對你來說便是「關鍵數據」，至於什麼是高關聯性數據？這要根據產品性質、訪客行為而定。比方說，透過問卷調查發現到高年齡層的訪客似乎對你的產品反應較佳，那是否使用者的「年齡」數據是高關聯性數據？關鍵的數據（維度、指標），是影響網站轉換、互動狀況的，甚至直接影響你的商業利益，可能是年齡、性別，甚至是到達網頁，又抑或是「進行過某個按鈕點擊」的用戶，這些用戶的行為模式特別不同…等等的狀況。

在找到該觀察的關鍵數據時，你必須要將關鍵數據放到你的分析策略中，並作為觀察重點，對這些用戶、數據做測試、研究，並利用這些數據來優化網站。

Chapter 2

認識網站分析的「指標」與「維度」

本章重點

- 次要維度的應用
- 重要指標介紹

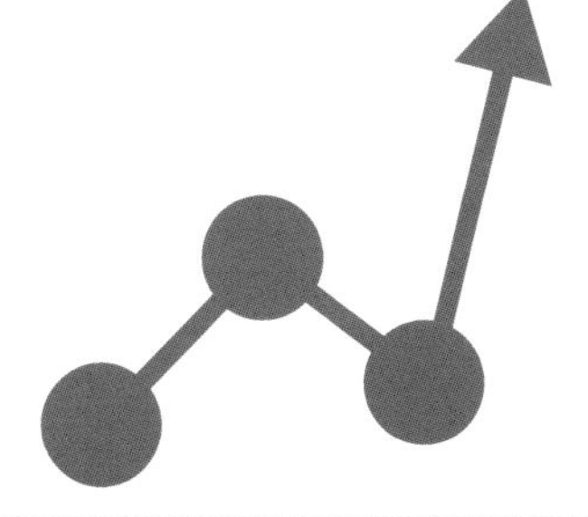

在網站分析裡，常見的指標有瀏覽量、工作階段、轉換率、平均工作階段停留時間等，「指標」會用來衡量訪客質量，維度則是表示訪客的特徵，幫你過濾出訪客族群，例如：訪客的年齡、性別、國家。

指標、維度為 Google Analytics 網站分析裡面最重要的兩項核心概念，透過指標、維度可以看到網站流量的所有資訊。在其他領域的數據中，甚至會有多種不同的指標。例：年產量、月產量、單位成本、銷售額等。

簡單來說，設定自己想看的維度（訪客特徵），接著觀察指標（訪客質量），就可以形成一個可觀察的報表，加以去了解不同年齡、性別、國家的訪客對你的網站有著什麼不同的價值。

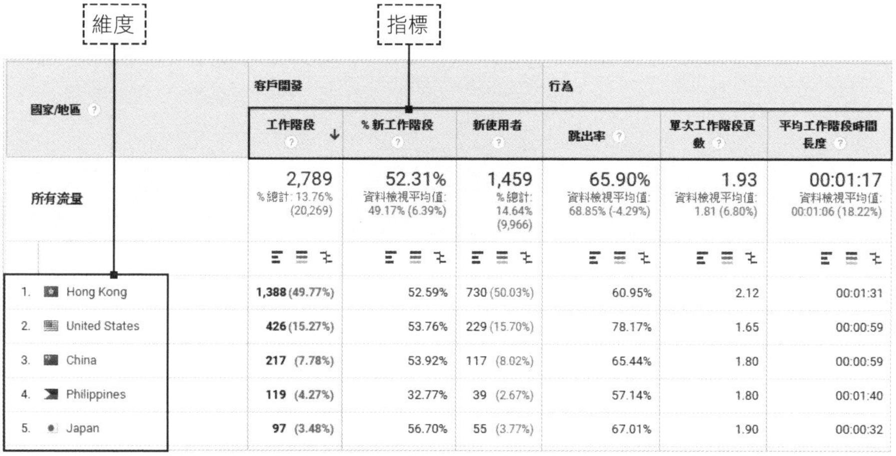

維度　　指標

國家/地區	客戶開發			行為		
	工作階段	% 新工作階段	新使用者	跳出率	單次工作階段頁數	平均工作階段時間長度
所有流量	2,789 % 總計: 13.76% (20,269)	52.31% 資料檢視平均值: 49.17% (6.39%)	1,459 % 總計: 14.64% (9,966)	65.90% 資料檢視平均值: 68.85% (-4.29%)	1.93 資料檢視平均值: 1.81 (6.80%)	00:01:17 資料檢視平均值: 00:01:06 (18.22%)
1. Hong Kong	1,388 (49.77%)	52.59%	730 (50.03%)	60.95%	2.12	00:01:31
2. United States	426 (15.27%)	53.76%	229 (15.70%)	78.17%	1.65	00:00:59
3. China	217 (7.78%)	53.92%	117 (8.02%)	65.44%	1.80	00:00:59
4. Philippines	119 (4.27%)	32.77%	39 (2.67%)	57.14%	1.80	00:01:40
5. Japan	97 (3.48%)	56.70%	55 (3.77%)	67.01%	1.90	00:00:32

圖 2-1：以「地區」作為報表的維度，所以可以看到各種不同國家的流量狀況

Google Analytics 裡面有數十種常用的指標，包含工作階段、使用者、平均工作階段時間長度等，這些指標提供給分析人員來觀察訪客的「質量」，「維度」則是用來區分及過濾出不同的訪客特徵。以圖 2-1 為例，報表中總共有 2789 個工作階段，而我從目標對象中拉出了「地區」作為報表的維度，所以可以看到各種不同國家的流量狀況。

報表裡的流量被區分為不同地區的訪客，接著更可以看到不同地區的訪客各自的指標（工作階段多少、工作階段時間長度多長），以圖 2-1 來說，報表內的美國訪客停留時間最短（59 秒）。

接著我們看第二個範例（圖 2-2），這個報表以「裝置類別」作為維度：

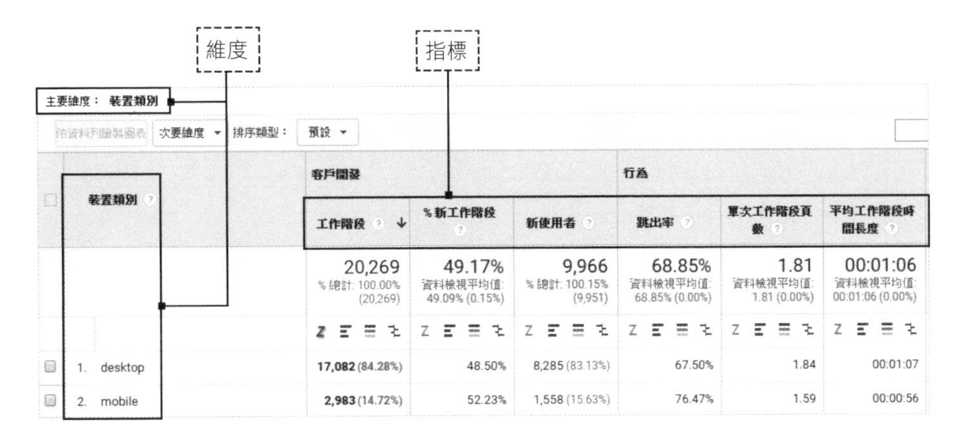

圖 2-2：以「裝置類別」作為維度

同樣可以看到我的訪客被區分為兩種裝置類別，分別是 desktop（PC 使用者）與 mobile（行動裝置使用者），從報表中可以看到行動裝置的訪客跟使用 PC 的訪客各自的頁內行為、瀏覽量。

以上就是指標、維度的概念，在剛接觸 Google Analytics 時，建議你盡可能將所有的指標、維度都先認識過一次，在進行資料分析時你才會知道有什麼樣的資料可以做觀察、有什麼樣的數據可以做組合，也因為 Google Analytics 有數十種指標與上百種維度，本書只能介紹重要、常用的幾種，其他的你可以到 Google Analytics 的官方文件中找到資料。

官方文件網址：

https://developers.google.com/analytics/devguides/reporting/core/dimsmets

次要維度的應用

了解指標跟維度的名詞定義之後，我們就可以來看一下究竟要如何應用這兩個核心數據。

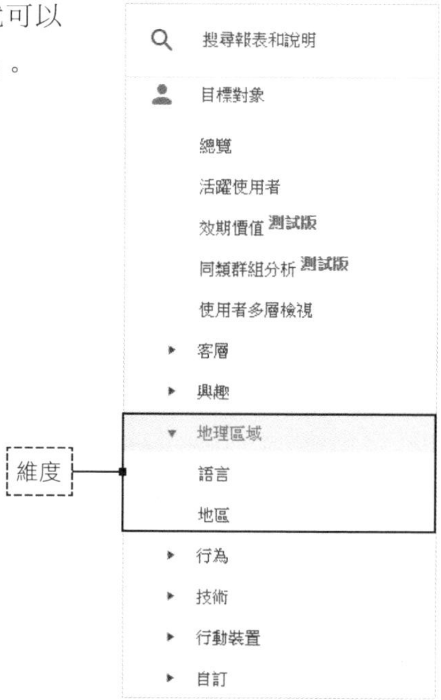

圖 2-3：GA 介面的左邊有各種維度可供選擇

你可以在 Google Analytics 介面左邊（如圖 2-3）看到的語言、地區報表，都是 Google Analytics 裡面有的「維度」。

如圖 2-4，我點選的是裝置類別報表，所以出現了桌上型電腦、行動裝置、平板電腦等維度，當你點開自己的 Google Analytics 報表時，如果看到三種不同的裝置，就代表有三種不同裝置的訪客造訪網站，如果點開裝置維度之後只有出現 mobile，代表你只有這種裝置的訪客。

以圖 2-4 的例子來說，桌上型電腦、行動裝置的訪客都是我的主要客群，我想要分別看不同裝置訪客的「性別」比例，此時就會同時使用上兩個維度，「次要維度」就派上用場了。

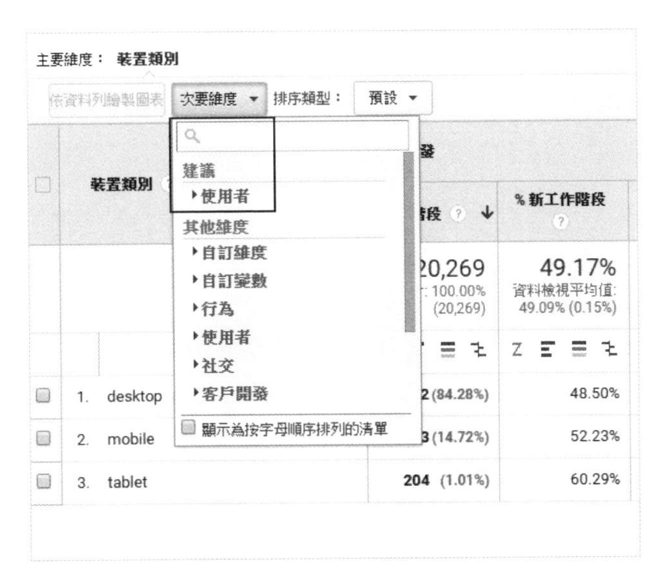

圖 2-4：次要維度位於報表的左上方，點開次要維度之後，就看到另一個視窗彈跳出來，之後就可以點選你想看的維度

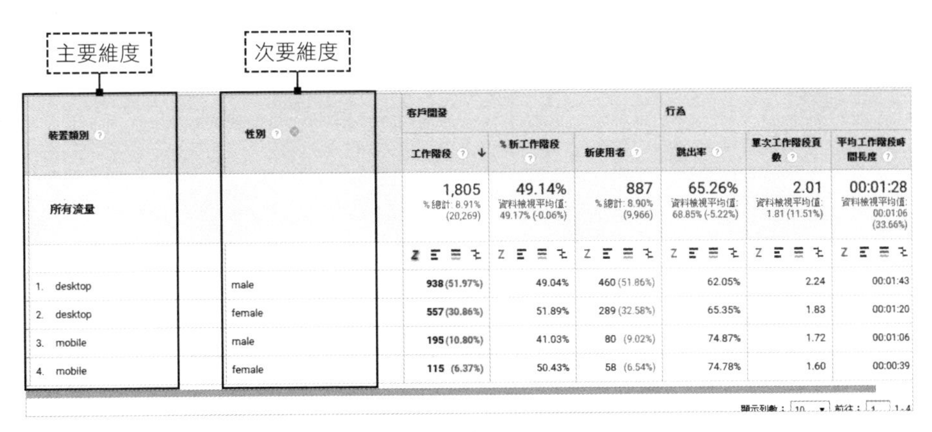

主要維度：裝置類別	次要維度：性別	客戶開發：工作階段	% 新工作階段	新使用者	行為：跳出率	單次工作階段頁數	平均工作階段時間長度
所有流量		1,805 % 總計: 8.91% (20,269)	49.14% 資料檢視平均值: 49.17% (-0.06%)	887 % 總計: 8.90% (9,966)	65.26% 資料檢視平均值: 68.85% (-5.22%)	2.01 資料檢視平均值: 1.81 (11.51%)	00:01:28 資料檢視平均值: 00:01:06 (33.66%)
1. desktop	male	938 (51.97%)	49.04%	460 (51.86%)	62.05%	2.24	00:01:43
2. desktop	female	557 (30.86%)	51.89%	289 (32.58%)	65.35%	1.83	00:01:20
3. mobile	male	195 (10.80%)	41.03%	80 (9.02%)	74.87%	1.72	00:01:06
4. mobile	female	115 (6.37%)	50.43%	58 (6.54%)	74.78%	1.60	00:00:39

圖 2-5：如果要知道不同裝置的訪客性別，就要同時用上裝置類別及性別這兩種維度

至於什麼樣的維度、指標具有參考價值，必須根據產品而定。你必須要從各個角度思考，自己需要什麼樣的維度，並從中抽絲剝繭，才能找到能帶給你洞察的數據資料。

重要指標介紹

若將本書從頭閱讀到尾，一邊閱讀一邊操作，你就會很快地理解什麼是指標、什麼是維度。由於 Google Analytics 裡面的指標與維度實在太多，無法一一說明，所以本章只能先介紹幾個最重要的指標。

➔ 工作階段

工作階段是 Google Analytics 裡面最常用的流量指標之一，在做網站分析時，工作階段事實上比「瀏覽量」以及「使用者」這些指標好用，因為它能真實反應訪客使用網站的狀況，前提是：必須要完整了解「工作階段」的定義。

單一工作階段代表使用者在網站內所進行的**一組互動**，這組互動包含網頁瀏覽、點擊等。在「工作階段逾時」之前，訪客的所有瀏覽及互動都算一個工作階段，「工作階段逾時」後，若訪客再次造訪網站則會被視為造成「另一個工作階段」，因此，透過這個指標我們可以準確理解：你的網站究竟在特定時間內產生了多少組的「互動」？每一組互動各自產生多少訂單、停留在網站上多久、哪個流量來源帶來較多的網站互動？

工作階段逾時

比方說今天有三個人造訪我的網站，但工作階段卻有七個？那代表有人造成多個工作階段（如果有某個使用者在一天內，分別在早上、中午、晚上瀏覽你的網站，那這位使用者就造成了三個工作階段），但一個人到底造成多少個工作階段，是根據工作階段逾時系統而判斷的。至於逾時到底是什麼？以下為會造成工作階段逾時狀況：

◆ **時間逾時**

系統預設工作階段逾時時間為 30 分鐘，也就是 30 分鐘內，訪客所有的網頁行為、互動皆會被計算為一個工作階段；反之，若訪客超過 30 分鐘沒有網頁互動行為，訪客當前工作階段將會結束，之後若訪客跟網頁產生新的互動，則會以另一個新的工作階段計算。

◆ **新的廣告來源**

如果使用者在網頁瀏覽的過程中，開啟了一個新的廣告活動，舊的工作階段將會逾時，並重新計算為一個新的工作階段。

什麼意思呢？舉例來說：使用者 A 透過 google 自然搜尋到訪網站，並進行了 5 分鐘的網頁瀏覽互動，接著他馬上又透過 facebook 再度連結進網站內。這位使用者的來源將會從 google/ 自然搜尋→變更為 facebook，並且重新計算為一個新的工作階段，也就是說，即便我的網頁互動沒有超過 30 分鐘，但若是從兩個不同來源回訪網站（也就是產生了兩個廣告活動），就會在短期內造成兩個工作階段。

◆ - 11:59:59

GA 預設於晚上的 11:59:59 秒讓所有的工作階段逾時，並開始計算新的工作階段，也就是說，若是在 11 點 59 分在網站內進行了 10 分鐘的瀏覽行為，將會被計算為兩個工作階段，因為過了 11 點 59 分後我的工作階段會被重新計算。

工作階段持續時間

每當你進行一次網頁互動，Google Analytics 都會從頭計算你的工作階段逾時。

舉例來說：我在網站內進行了 5 分鐘的瀏覽後，離開電腦 20 分鐘，20 分鐘後我回到電腦前面又繼續瀏覽了 15 分鐘，雖然加起來已經超過了 30 分鐘，但我的工作階段不會逾時。

只要有進行互動，Google Analytics 將會從 0 秒開始從頭計算 30 分鐘的逾時，換句話說，只要閒置時間沒有超過 30 分鐘，就會一直被計算為「一個工作階段」。這也造成工作階段持續時間能高於 30 分鐘，更代表著，工作階段可真實反應出互動的次數，一組工作階段就是一組互動。如果我今天的造訪人數只有 100，但工作階段卻有 200 個，就代表平均每個人都造成了兩組互動。

（當然，若使用者都在 11:59 分這個時間附近造訪你的網站，數據就會有誤差）。

如何更改工作階段的設置

從管理→資源的底下可以更改工作階段逾時的時間設定，至於如何決定工作階段逾時時間，則必須要根據你的平均工作階段時間長度而定。比方說訪客平均在你的網站瀏覽時間為 5 ～ 7 分鐘，那可以將逾時時間設定為 7 分鐘。

圖 2-6

➔ 使用者

在 Google Analytics 裡，使用者基本上是指「單一的個人」。舉例來說，我今天早上拜訪了網站 A，晚上又再度拜訪了網站 B，那我在 Google Analytics 裡面，今天所造成的數據會被紀錄為「1 個使用者」、「2 個工作階段」，但在使用這個指標之前，你必須要知道 Google Analytics 如何判定「使用者」。

當你初次拜訪了某個網站時，Google Analytics 會在你的瀏覽器內放置一組 Cookie，這組 Cookie 會帶有一組屬於你獨有的客戶編號，這組客戶編號會協助 Google Analytics 判定你是否為同一個使用者。在未來不管你拜訪這個網站多少次、產生多少工作階段，只要 Google Analytics 發現你所造成的工作階段都來自於同一組客戶編號，它就會知道這些工作階段來自於同一個「使用者」。

跨裝置、跨瀏覽器行為的追蹤是一大課題

也如上述所說，Google Analytics 是利用 Cookie 的客戶編號來判定使用者，而 Cookie 本身是儲存在瀏覽器中的，因此，如果同一個使用者在不同的瀏覽器或不同的裝置上瀏覽，就會被判定為不同的使用者（如圖 2-7，在瀏覽器中，我們都可以從 Cookie 資料裡找到 Google Analytics 裡配給我們一組獨特的客戶編號，這就是 Google Analytics 的 Cookie 追蹤技術）。

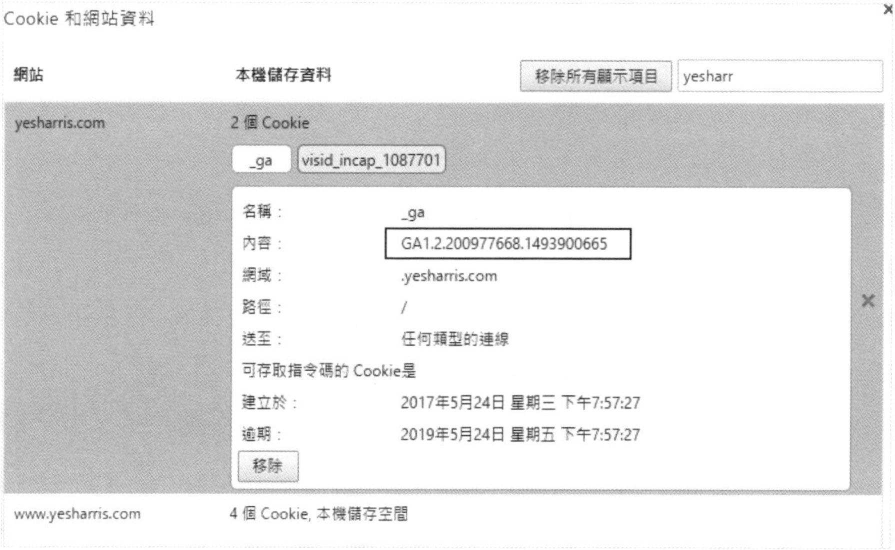

圖 2-7：從 Cookie 資料裡所找到的 GA 客戶編號

舉例來說：

1. 小美禮拜一早上透過電腦的 Chrome 瀏覽了 Harris 的網站，Google Analytics 給小美客戶編號 123。

2. 小美禮拜二早上透過電腦的 Chrome 再次瀏覽了 Harris 的網站，因為 Google Analytics 發現這次造訪的客戶編號同樣是 123，因此 Google Analytics 判定為同一個使用者。

3. 小美禮拜三早上用手機的 Chrome 再度回訪 Harris 的網站，但因為小美首次用手機的 Chrome 造訪 Harris 的網站，因此小美手機上的 Chrome 被 Google Analytics 發派了一組客戶編號為 234，並被 Google Analytics 判定為另一個新的使用者。

以上述狀況來說，小美三次造訪網站理應都要被計算為同一個「使用者」，但因為小美用了不同裝置的瀏覽器，導致 Google Analytics 判斷為不同的使用者，這就是網站分析在計算「使用者」會面臨的狀況，因此，在使用這個指標之前一定要有這樣的概念，才不會對數據有錯誤的認知。

➔ 瀏覽量

瀏覽是指網站的其中一個網頁獲得了一次瀏覽。如果訪客在進入網頁後按下重新載入按鈕，就算是另一次網頁瀏覽，如果訪客逛到其他網頁，又回訪之前的網頁，也會算成另一次網頁瀏覽。

讓我們來看看以下範例：

- 訪客 1 從網頁 A 進到網站：
- 訪客 1：網頁 A → 網頁 B → 網頁 A → 網頁 C → 離開

範例中的瀏覽行為，會被視為一個工作階段（除非這位訪客停留超過 30 分鐘）。

但是這位訪客造成了 4 個瀏覽量，A 網頁 2 個瀏覽量、B 網頁 1 個、C 網頁 1 個。

➔ 跳出率

以 Google Analytics 的判定方式來說，訪客進入你的網站之後，如果沒有到其他頁面更進一步瀏覽就離站，即算跳出，也就是說訪客來到網站後，只瀏覽了當下那一個網頁就離開。而跳出率就是「只瀏覽一頁的訪客」的比例。

假設你的網站有 50 個頁面，訪客就有 50 個可以造訪你網站的途徑，你的每一個頁面都可能是訪客到你網站的「第一頁」，訪客到訪的第一頁也就是 GA 裡的「到達網頁（Landing Page）」，如果有某一頁面跳出率特別高，代表使用者進到這個頁面後就馬上離開網站，從跳出率我們可以觀察哪些頁面需要優化，哪些頁面可以作為行銷活動的到達網頁。

比方說，你整體網站平均跳出率為 45%，但頁面 A 的跳出率卻有 75%，這時就可以開始觀察是否 A 頁面需要優化，或是產品不符合使用者期望，才會導致到達頁面 A 的使用者有 75% 的人沒有進行進一步的瀏覽。

➔ 離開率

離開率跟跳出率是不同的指標，離開率是訪客從網頁離開的比例，僅是拿來判斷訪客都是從哪一個頁面離開網站。簡單的說，「離開率」就是你的網頁成為工作階段中「最後瀏覽」的百分比，我們來看看下面的範例，更理解離開率與跳出率：

假設今天一整天有四個工作階段進到你的網頁，Landing Page 都是網頁 A，瀏覽情況如下：

- 工作階段 1：網頁 A → 離開

- 工作階段 2：網頁 A → 網頁 B → 網頁 C → 離開

- 工作階段 3：網頁 A → 網頁 B → 網頁 C → 離開

- 工作階段 4：網頁 B → 網頁 A → 離開

- 第 1 個工作階段，到網頁 A 就離開網頁，沒有進一步瀏覽，所以算「跳出」，總共有三個工作階段的到達網頁是網頁 A，然而只有一個造成跳出，所以網頁 A 的跳出率是 33%。

- 工作階段 1、工作階段 4 離開網站的網頁都是網頁 A，所以網頁 A 離開率是 50%（四個工作階段有包含網頁 A，有兩個從 A 網頁離開，所以是 50%）。

- 四個工作階段之中，工作階段 2、3 都在網頁 C 離開，所以網頁 C 離開率是 100%。

- 網頁 B 離開率為 0%。

如上述範例，離開率與跳出率是完全分開計算、不同的指標，本身的用法也不同，請大家一定要在觀察這兩個指標前先搞清楚。

➔ 轉換與轉換率

轉換、轉換率是網站分析中非常非常重要的指標，「轉換」在行銷上特指你的網站使用者從「一般使用者」轉換為「對企業有價值的顧客」，簡單來說，轉換意指有多少使用者做到了「企業希望使用者做的目標行動」。

不同的網站類型與不同的企業，會有不同的轉換目標，以電子商務型的網站來說，轉換通常很單純是使用者「下訂單」，而使用者下了多少次訂單就意味著我們網站得到多少「轉換」。

本書的第 7 章會詳細探討轉換的概念，更詳盡地介紹如何為你的 Google Analytics 設定「轉換」。

MEMO

Chapter 3

如何開始 Google Analytics

本章重點

- Google Analytics 的運作原理
- Google Analytics 報表介面說明

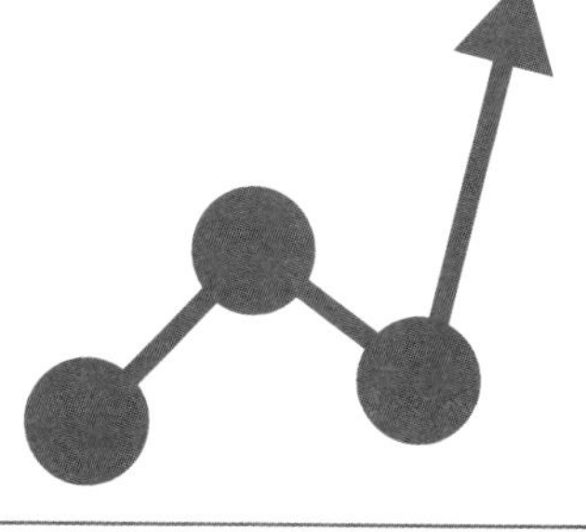

Google Analytics 的運作原理

Google Analytics 是由 JavaScript 所架構而成，當使用者在瀏覽網頁時，使用者的瀏覽器會載入 Google Analytics 的追蹤碼，這組追蹤碼會幫你記錄使用者的行為，將資料送到 Google Analytics 的資料庫中，經過演算後，就是你在 Google Analytics 裡面看到的各種報表。

圖 3-1：Google Analytics 的運作原理

由於 Google Analytics 的運作必須透過追蹤碼來進行，所以，若使用者的瀏覽器版本較舊、或是使用者關閉或阻擋瀏覽器的 Javascript 功能運作，就會導致你追蹤上有困難、甚至流失數據。

➔ 正確安裝 Google Analytics 的追蹤碼

圖 3-2 為 Google Analytics 預設的追蹤代碼，在一開始使用 Google Analytics 時，首要之務就是確保這組追蹤碼安裝到你的每一個網頁。剛開始學習操作 Google Analytics 時，建議你不要隨意去更動追蹤碼本身的結構，直接將 Google Analytics 預設的追蹤碼安裝到網站上即可，同時，也建議你盡可能將 Google Analytics 的追蹤碼安裝在網站上的 <head> 底下，因為追蹤碼越早出現在 HTML 中，Google Analytics 就能越早開始收集資料。

請不要小看「是否安裝在 <head> 中」的重要性，有時一些電子商務或事件追蹤的數據流失，就是因為追蹤碼沒有安裝在正確的位置。

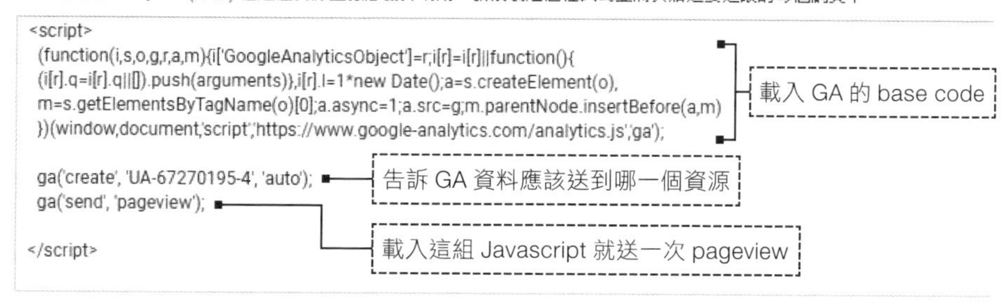

圖 3-2：Google Analytics 預設的追蹤代碼

以下列出幾個常見的追蹤碼安裝檢查清單給你參考，在初次使用 Google Analytics 時，可以從這些角度來檢查自己安裝追蹤碼的細節是否有疏忽：

- 追蹤碼是否有安裝在 <head> 中。
- 是否每一個頁面都有安裝追蹤碼。
- 你的 404 頁面是否有安裝追蹤碼。

- 檢查是否有使用舊版的 Google Analytics 追蹤碼，請確保你是使用最新版的 Google Analytics 追蹤碼（如果你的追蹤碼是從 Google Analytics 管理介面裡面取得的，基本上就是新版，但建議還是在網頁上進行檢查）。
- 手機版網頁有安裝 Google Analytics 追蹤碼。
- 一個頁面上僅安裝一次 Google Analytics 追蹤碼，避免重複安裝。
- 確認 Google Analytics 與 Google Tag Manager 沒有同時使用。

Google Analytics 報表介面說明

Google Analytics 有許多種不同的報表，大致上可以分為「標準報表」及「特殊報表」，標準報表的功能與操作方式大同小異，只是呈現的數據資料不同。特殊報表則是依照報表本身的不同、操作與解讀方式都會有所不同。本章會先介紹標準報表的基本介面、功能介紹，你應該要從認識基本的介面來做為開始 Google Analytics 的第一步。

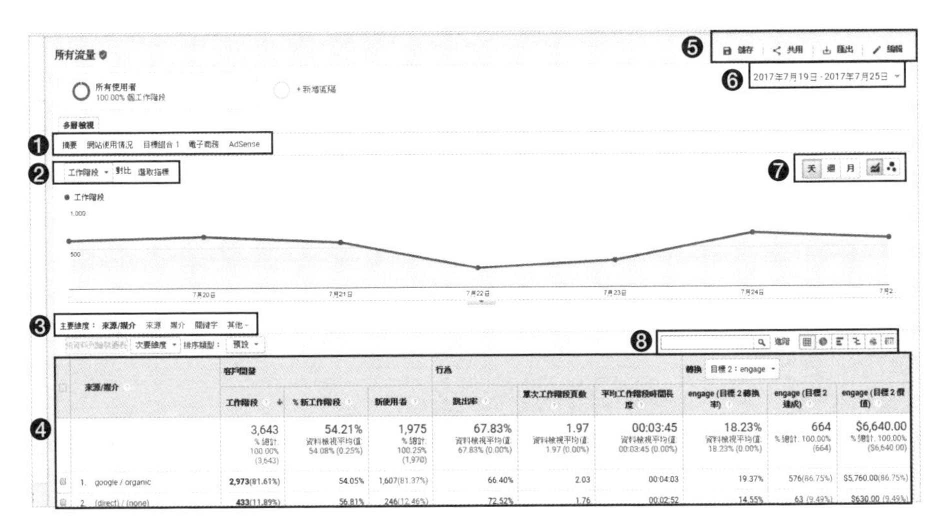

圖 3-3：這就是標準報表的介面，標準報表總共有八個重要的區塊與功能

❶ 報表切換

許多的標準報表在這個區塊都可以再加以選擇不同的數據指標，剛開始接觸 Google Analytics 時，建議你先把標準報表有什麼樣的功能摸熟。舉例來說，圖中的報表是「客戶開發」底下的來源 / 媒介報表，在來源 / 媒介報表內，可以看到網站使用情況、目標組合、電子商務…等不同的延伸數據指標（如圖 3-4）。

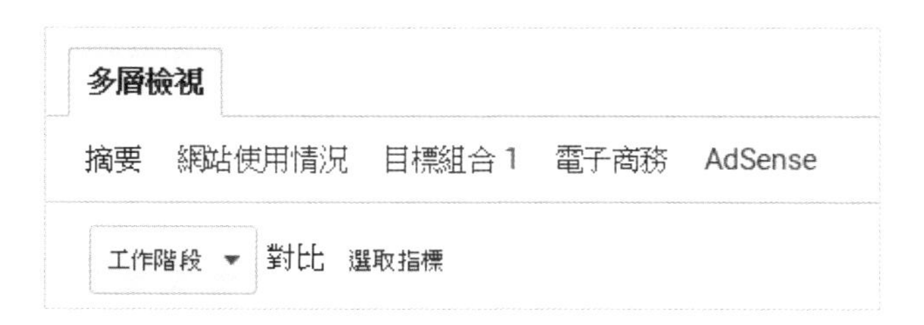

圖 3-4：來源 / 媒介報表

以圖 3-4 的來源 / 媒介報表來說，當點擊了「網站使用狀況後」，報表上的指標就會隨著你的選擇而做變動，來源 / 媒介報表預設有工作階段、新工作階段、新使用者、跳出率、單次工作階段頁數、工作階段長度、轉換率 / 轉換價值…等指標，點選「網站使用狀況」後，報表的指標就會更動為圖 3-5 的樣貌，只顯示工作階段、單次工作階段頁數、工作階段長度、新工作階段及跳出率這五個指標。

依據你的選擇，報表指標會做更動

來源/媒介	工作階段	單次工作階段頁數	平均工作階段時間長度	% 新工作階段	跳出率
	3,287 % 總計：100.00% (3,287)	1.88 資料檢視平均值：1.88 (0.00%)	00:03:26 資料檢視平均值：00:03:26 (0.00%)	55.86% 資料檢視平均值：55.70% (0.27%)	70.64% 資料檢視平均值：70.64% (0.00%)
1. google / organic	2,835 (86.25%)	1.88	00:03:20	55.73%	69.91%
2. (direct) / (none)	367 (11.17%)	1.81	00:03:45	60.76%	76.84%
3. facebook.com / referral	20 (0.61%)	3.05	00:15:06	15.00%	35.00%
4. email / subscription	14 (0.43%)	1.71	00:02:05	14.29%	78.57%
5. ga.awoo.com.tw / referral	11 (0.33%)	2.36	00:02:51	45.45%	54.55%
6. l.facebook.com / referral	10 (0.30%)	1.00	00:00:00	10.00%	100.00%
7. tw.search.yahoo.com / referral	10 (0.30%)	3.60	00:09:03	60.00%	70.00%
8. m.facebook.com / referral	7 (0.21%)	1.00	00:00:00	100.00%	100.00%
9. yahoo / organic	4 (0.12%)	1.00	00:00:00	100.00%	100.00%
10. blog.tibame.com / referral	3 (0.09%)	1.33	00:01:12	0.00%	66.67%

圖 3-5：隨著選擇的不同，報表的指標也會隨之更動

實務上你可能會依照不同的需求而需要觀察不同的指標，在 Google Analytics 的標準報表內都會有相關功能可以讓你隨自己的需求去做更動。基本上，就算不使用此區塊的功能也不會對分析的成效有太大的影響，它只是 Google Analytics 貼心的功能之一，能夠提升你的工作效率。

❷ 指標比較

於此區塊你可以選擇標準報表上的折線圖表該顯示什麼指標，也可以擇兩個指標同時出現在圖表上（如圖 3-6），來進行比較。

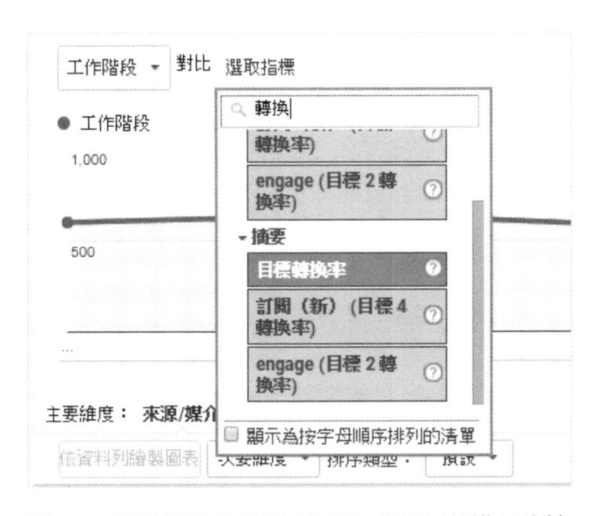

圖 3-6：可以選擇讓兩個指標同時出現以便進行比較

以圖 3-7 來說，你可以看到我選擇了「工作階段」與「目標轉換率」兩個指標，所以圖表上會出現淺色與深色的折線，這兩個顏色代表你所選取的兩個指標所浮動的趨勢。

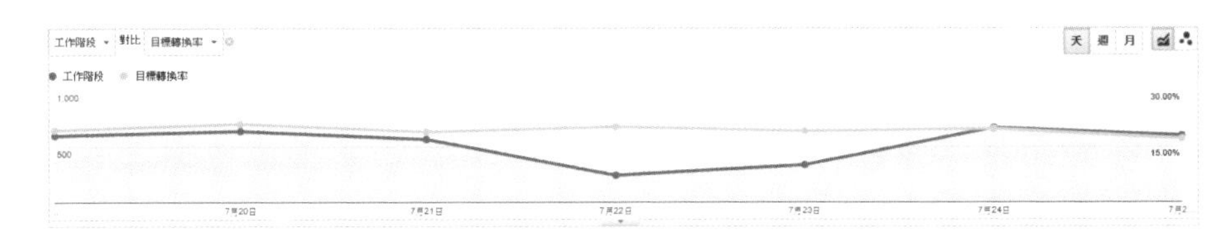

圖 3-7：不同的指標會以不同的顏色顯示

實務上這個功能可以幫助你觀察指標的趨勢狀況。舉例來說，如果想知道工作階段的流動狀況是否影響「目標達成數」，照理說只要工作階段提升，轉換或訂單也必須要成正比的提升，為了驗證這件事情，可以在此區塊選取工作階段以及目標達成。以圖 3-8 來說，你可以看到深色的便是工作階段的浮動轉換，淺色的則是目標達成狀況，兩個顏色的趨勢非常的接近，這意味著當網站獲得更多的工作階段時，目標達成會成正比的一起浮動。

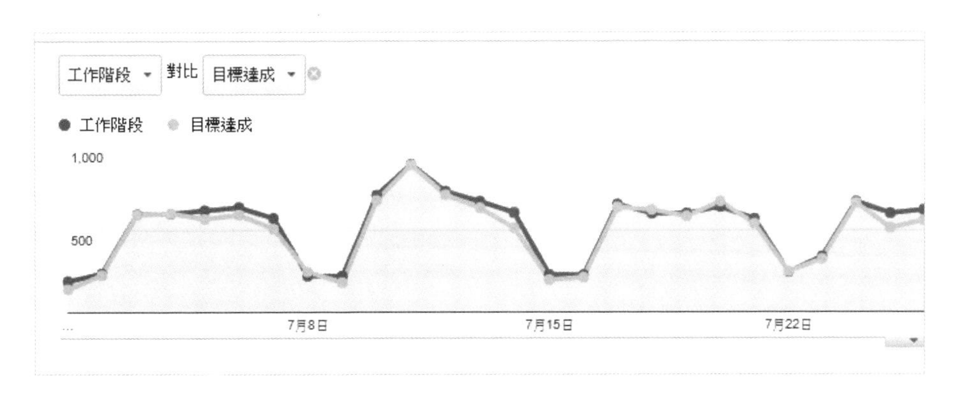

圖 3-8：工作階段與目標達成成正比關係

❸ 報表的維度選擇

大多數標準報表的左下方都會有一個區塊可以選擇維度（依據所選的標準報表不同而異），在此你可以切換報表上的顯示維度，不同的報表，上面所提供的主要維度也會有所不同。

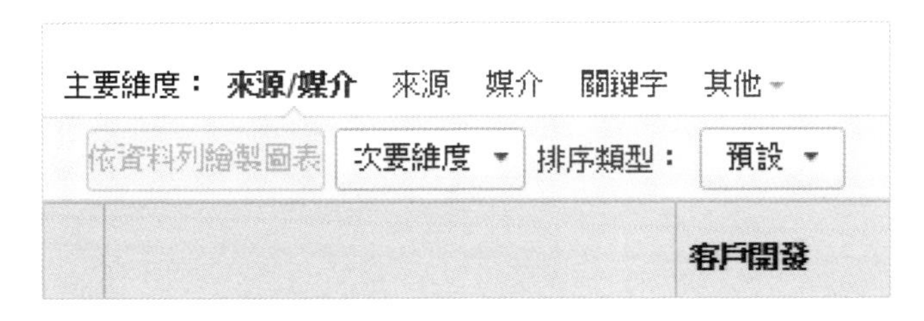

圖 3-9：大多數標準報表的左下方都會有一個區塊可以讓你選擇維度

舉例來說，當我點擊了「來源」這個維度，報表便把顯示的維度更改為「來源」（如圖 3-10）。

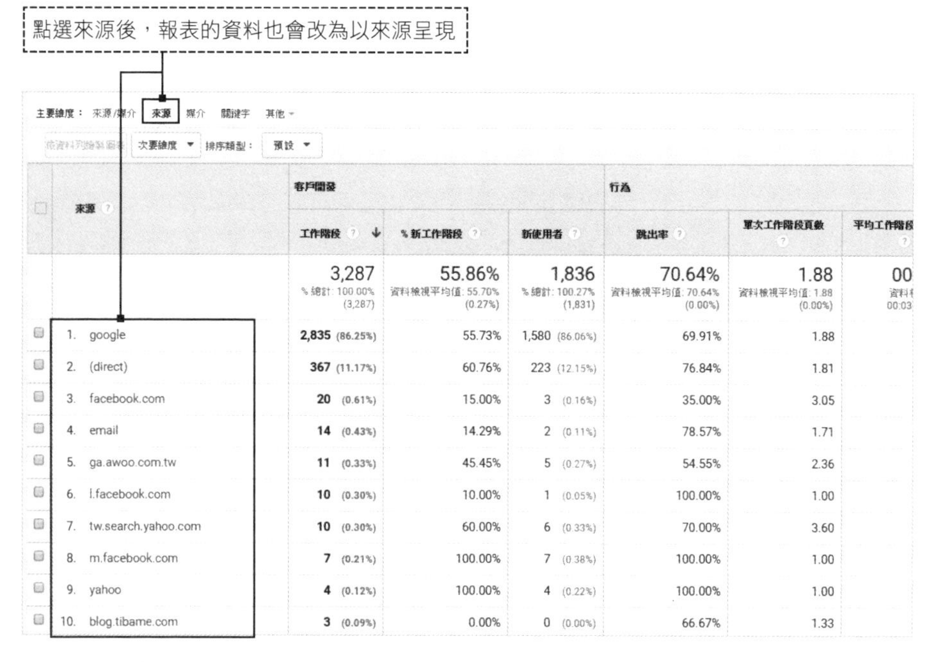

來源	客戶開發：工作階段	客戶開發：% 新工作階段	客戶開發：新使用者	行為：跳出率	行為：單次工作階段頁數	行為：平均工作階段
	3,287 % 總計: 100.00% (3,287)	55.86% 資料檢視平均值: 55.70% (0.27%)	1,836 % 總計: 100.27% (1,831)	70.64% 資料檢視平均值: 70.64% (0.00%)	1.88 資料檢視平均值: 1.88 (0.00%)	00
1. google	2,835 (86.25%)	55.73%	1,580 (86.06%)	69.91%	1.88	
2. (direct)	367 (11.17%)	60.76%	223 (12.15%)	76.84%	1.81	
3. facebook.com	20 (0.61%)	15.00%	3 (0.16%)	35.00%	3.05	
4. email	14 (0.43%)	14.29%	2 (0.11%)	78.57%	1.71	
5. ga.awoo.com.tw	11 (0.33%)	45.45%	5 (0.27%)	54.55%	2.36	
6. l.facebook.com	10 (0.30%)	10.00%	1 (0.05%)	100.00%	1.00	
7. tw.search.yahoo.com	10 (0.30%)	60.00%	6 (0.33%)	70.00%	3.60	
8. m.facebook.com	7 (0.21%)	100.00%	7 (0.38%)	100.00%	1.00	
9. yahoo	4 (0.12%)	100.00%	4 (0.22%)	100.00%	1.00	
10. blog.tibame.com	3 (0.09%)	0.00%	0 (0.00%)	66.67%	1.33	

圖 3-10：點選來源後，報表的資料也會改為以來源呈現

不同的報表內會有不同的維度可以選擇，以圖 3-11 來說，「所有網頁」報表內就有網頁、網頁標題、內容分類等維度，同樣可以依照自己的需求、想觀察的角度來做選擇。

主要維度： 網頁 網頁標題 內容分類：無 其他
依資料列繪製圖表 次要維度 排序類型： 預設

網頁	瀏覽量
	% 總計
1. /category/google-analytics-basic/www.yesharris.com	5,64

圖 3-11

❹ 報表本體

此區塊無疑是主要顯示數據、資料的地方，根據所選維度的不同，這裡所顯示的數據資料也會跟著變動。

主要維度：來源/媒介 來源 媒介 關鍵字 其他

次要維度 排序類型：預設

來源/媒介	客戶開發：工作階段	客戶開發：% 新工作階段	客戶開發：新使用者	行為：跳出率	行為：單次工作階段頁數	行為：平均工作階段時間長度	轉換 目標 2：engage：engage (目標 2 轉換率)	轉換 目標 2：engage：engage (目標 2 達成)	轉換 目標 2：engage：engage (目標 2 價值)
	3,643 % 總計: 100.00% (3,643)	54.21% 資料檢視平均值: 54.08% (0.25%)	1,975 % 總計: 100.25% (1,970)	67.83% 資料檢視平均值: 67.83% (0.00%)	1.97 資料檢視平均值: 1.97 (0.00%)	00:03:45 資料檢視平均值: 00:03:45 (0.00%)	18.23% 資料檢視平均值: 18.23% (0.00%)	664 % 總計: 100.00% (664)	$6,640.00 % 總計: 100.00% ($6,640.00)
1. google / organic	2,973(81.61%)	54.05%	1,607(81.37%)	66.40%	2.03	00:04:03	19.37%	576(86.75%)	$5,760.00(86.75%)
2. (direct) / (none)	433(11.89%)	56.81%	246(12.46%)	72.52%	1.76	00:02:52	14.55%	63 (9.49%)	$630.00 (9.49%)
3. facebook.com / referral	83 (2.28%)	36.14%	30 (1.52%)	68.67%	2.30	00:03:53	16.87%	14 (2.11%)	$140.00 (2.11%)
4. m.facebook.com / referral	82 (2.25%)	59.76%	49 (2.48%)	84.15%	1.16	00:00:26	8.54%	7 (1.05%)	$70.00 (1.05%)
5. l.facebook.com / referral	16 (0.44%)	100.00%	16 (0.81%)	100.00%	1.00	00:00:00	0.00%	0 (0.00%)	$0.00 (0.00%)
6. ga.awoo.com.tw / referral	13 (0.36%)	30.77%	4 (0.20%)	61.54%	1.46	00:00:18	0.00%	0 (0.00%)	$0.00 (0.00%)

圖 3-12：報表本體所顯示的資料會隨著所選的維度而變動

在數據區塊的右下角可選擇顯示多少列數，Google Analytics 預設只會顯示 10 頁，若希望可以一次觀察 100 列、甚至 250 列，可以在右下角進行調整。但一次顯示的資料越多，系統的讀取時間就會越久，舉例來說，若一次觀看 10 列資料只需要讀取 3 秒鐘，但一次若要觀看 5000 列資料，可能需要等 10 秒以上，若非必要的話可以不用選取太多列數。

圖 3-13：數據區塊的右下角可選擇顯示多少列數

❺ 協作功能

基本上每個報表都有支援儲存、共用、匯出的功能，要將標準報表匯出 Excel 檔給其他同事觀看數據、或與其他人共用都是沒有問題的，如果你需要與其他部門進行協作，就必須要很熟悉這些功能。

儲存 共用 匯出 編輯

圖 3-14：基本上每個報表都會支援儲存、共用、匯出的功能

儲存功能

儲存功能基本上是一個捷徑的概念，可以將常用的報表進行儲存，儲存後的報表會出現在 Google Analytics 左側導覽列的「已儲存報表」，未來可以在這找到所有你常用、已儲存的報表。

圖 3-15：儲存後的報表會出現在左側導覽列的「已儲存報表」

共用功能

共用可以讓你把資料寄給同事或主管，如果其他部門的人需要看相關資料，但公司的政策上他們沒辦法擁有 Google Analytics 權限、或你的同事非常不熟悉 Google Analytics 時，你就可以把資料用 mail 的方式寄給他們。

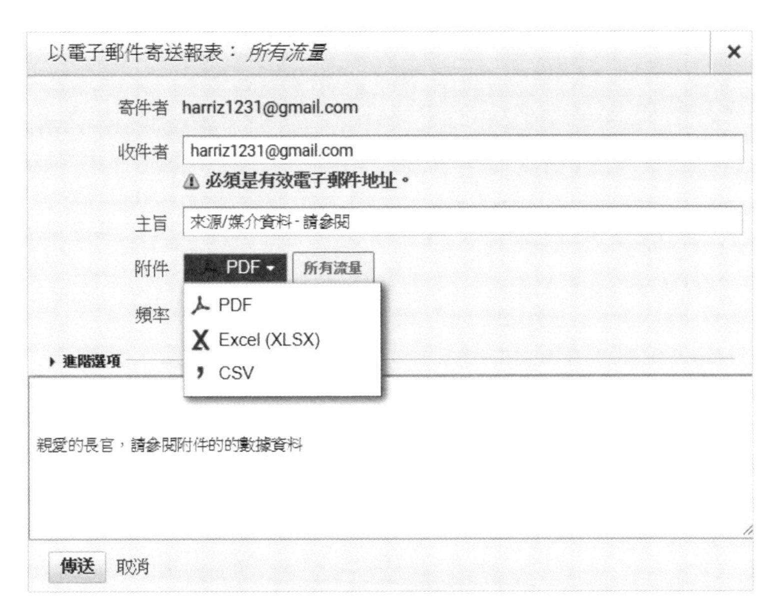

圖 3-16：共用可以讓你把資料寄給同事或主管

匯出功能

當你希望把資料用 Excel 進行處理時，可以將它匯出成 Excel，Google 支援線上雲端的 Excel、線下轉成 XLSX 或 CSV 檔（如果要轉成 PDF 的話，我建議不如用共用的功能把 PDF 直接寄給需要的同事、或自己的信箱，利用 mail 來留存檔案反而更方便）。

圖 3-17：需要進一步分析資料時，可以匯出 Excel 或 CSV 檔

編輯功能

點選編輯之後，Google Analytics 會自動把你所在的報表設定直接匯入到『自訂報表』讓你進行編輯。因此，利用編輯功能可以更快速地客製化自己的報表（自訂報表的操作細節會在第 10 章說明）。

圖 3-18

❻ 時間選擇

標準報表基本上都支援時間的選擇，同時，也可以拉出時間區間的比較，來看看數據前後的差異，如圖 3-19，可以選擇想觀看的數據資料以及想比較的區間。

圖 3-19：你可以選擇想觀看的數據資料以及想比較的區間

在拉出不同的時間比較之後，你會看到如圖 3-20 的報表，在折線圖上出現藍色與橘色的數據，這個功能可以很快速地幫我們比較不同時間點的指標表現狀況。

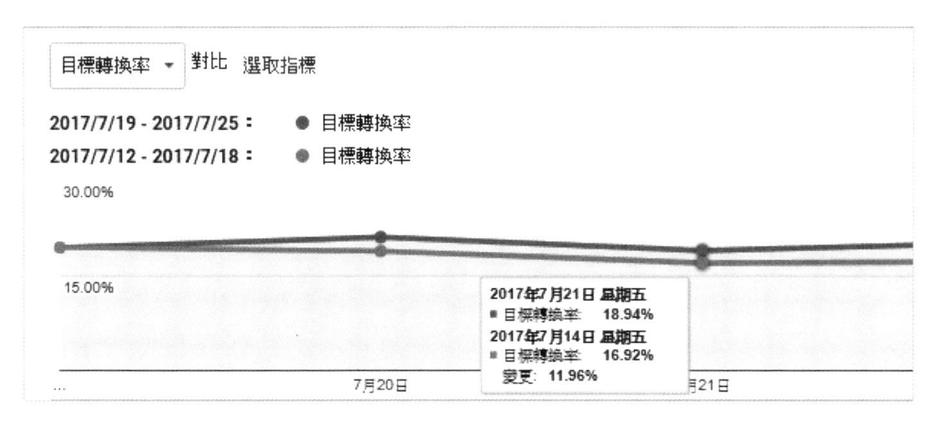

圖 3-20：不同時間點的指標會以不同顏色顯示

在選擇時間的比較之後，數據報表的區塊會顯示兩個區間的資料差異以及成長、下滑的幅度（如圖 3-21），不管在行銷活動前後、還是業績突然下滑時，你都應該善用此功能來比較各個不同時間點的數據資料。

來源/媒介	客戶開發		
	工作階段 ↓	% 新工作階段	新使用者
	1.70% ⬇ 3,643 與 3,706	0.39% ⬇ 54.21% 與 54.43%	2.08% ⬇ 1,975 與 2,017
1. google / organic			
2017/7/19 - 2017/7/25	**2,973** (81.61%)	54.05%	1,607 (81.37%)
2017/7/12 - 2017/7/18	**3,032** (81.81%)	54.49%	1,652 (81.90%)
% 變更	**-1.95%**	**-0.79%**	**-2.72%**
2. (direct) / (none)			
2017/7/19 - 2017/7/25	**433** (11.89%)	56.81%	246 (12.46%)
2017/7/12 - 2017/7/18	**416** (11.23%)	57.21%	238 (11.80%)
% 變更	**4.09%**	**-0.70%**	**3.36%**

圖 3-21：選擇時間的比較之後，數據報表會顯示兩個區間的資料差異與變化幅度

❼ 時間單位

在此可選擇圖表要以日（天）、週、還是月來顯示圖表的呈現方式，這會影響折線圖的呈現方式，同樣必須依照需求來進行調整。

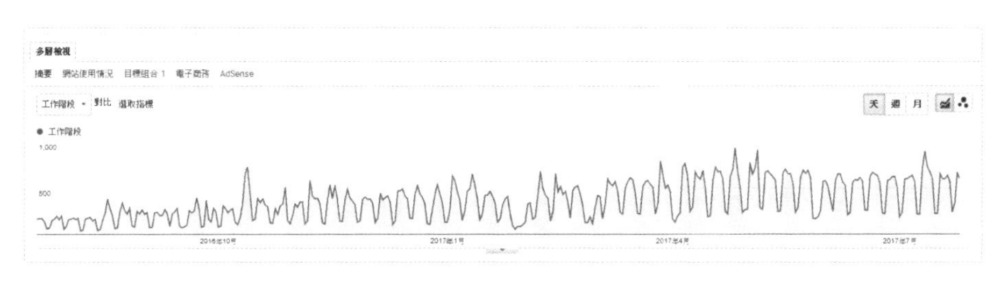

圖 3-22：以「天」為單位來顯示折線圖

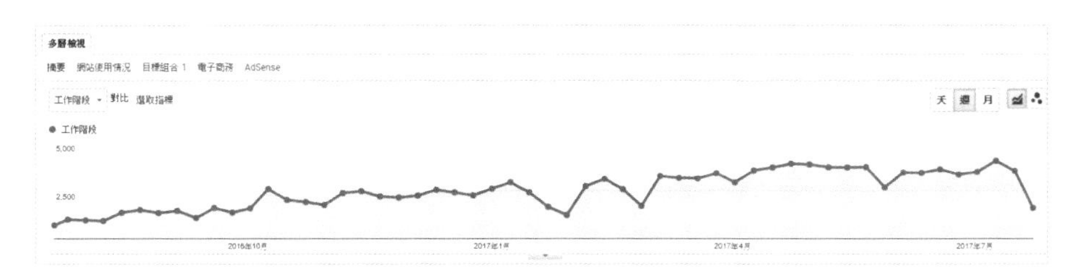

圖 3-23：以「週」為單位來顯示折線圖

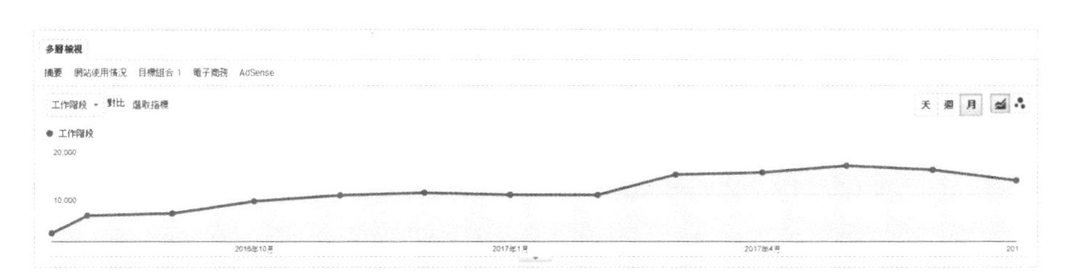

圖 3-24：以「月」為單位來顯示折線圖

❽ 搜尋功能（又稱為篩選功能）

此區塊為標準報表的搜尋 / 篩選功能，是標準報表中最重要的功能，未來你的分析工作也肯定會非常常用到這個區塊，在搜尋框輸入的任意條件，會幫助你直接篩選出該報表維度的資料。

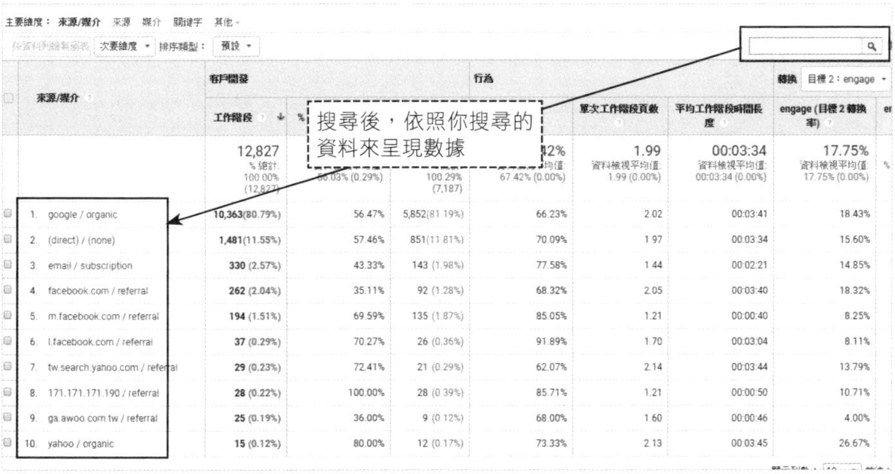

主要維度： 來源/媒介 來源 媒介 關鍵字 其他

次要維度 ▾ 排序類型： 預設 ▾

搜尋後，依照你搜尋的資料來呈現數據

來源/媒介	客戶開發			行為			轉換 目標 2：engage
	工作階段	%			單次工作階段頁數	平均工作階段時間長度	engage (目標 2 轉換率)
	12,827 % 總計: 100.00% (12,827)	56.03% (0.29%)	100.29% (7,187)	42% 67.42% (0.00%)	1.99 資料檢視平均值: 1.99 (0.00%)	00:03:34 資料檢視平均值: 00:03:34 (0.00%)	17.75% 資料檢視平均值: 17.75% (0.00%)
1. google / organic	10,363(80.79%)	56.47%	5,852(81.19%)	66.23%	2.02	00:03:41	18.43%
2. (direct) / (none)	1,481(11.55%)	57.46%	851(11.81%)	70.09%	1.97	00:03:34	15.60%
3. email / subscription	330 (2.57%)	43.33%	143 (1.98%)	77.58%	1.44	00:02:21	14.85%
4. facebook.com / referral	262 (2.04%)	35.11%	92 (1.28%)	68.32%	2.05	00:03:40	18.32%
5. m.facebook.com / referral	194 (1.51%)	69.59%	135 (1.87%)	85.05%	1.21	00:00:40	8.25%
6. l.facebook.com / referral	37 (0.29%)	70.27%	26 (0.36%)	91.89%	1.70	00:03:04	8.11%
7. tw.search.yahoo.com / referral	29 (0.23%)	72.41%	21 (0.29%)	62.07%	2.14	00:03:44	13.79%
8. 171.171.171.190 / referral	28 (0.22%)	100.00%	28 (0.39%)	85.71%	1.21	00:00:50	10.71%
9. ga.awoo.com.tw / referral	25 (0.19%)	36.00%	9 (0.12%)	68.00%	1.60	00:00:46	4.00%
10. yahoo / organic	15 (0.12%)	80.00%	12 (0.17%)	73.33%	2.13	00:03:45	26.67%

圖 3-25：搜尋後，依照你搜尋的資料來呈現數據

舉例來說，當我在來源 / 媒介報表中搜尋了「organic」之後，報表只會顯示條件符合「organic」的資料列（如圖 3-26）。

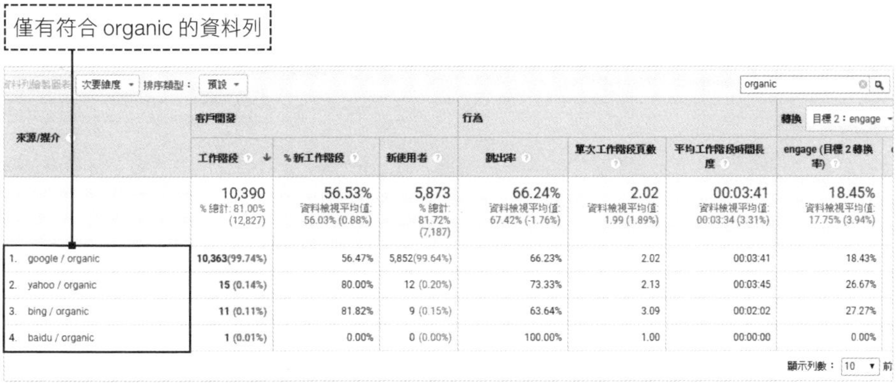

僅有符合 organic 的資料列

次要維度 ▾ 排序類型： 預設 ▾ organic

來源/媒介	客戶開發			行為			轉換 目標 2：engage
	工作階段	% 新工作階段	新使用者	跳出率	單次工作階段頁數	平均工作階段時間長度	engage (目標 2 轉換率)
	10,390 % 總計: 81.00% (12,827)	56.53% 資料檢視平均值: 56.03% (0.88%)	5,873 % 總計: 81.72% (7,187)	66.24% 資料檢視平均值: 67.42% (-1.76%)	2.02 資料檢視平均值: 1.99 (1.89%)	00:03:41 資料檢視平均值: 00:03:34 (3.31%)	18.45% 資料檢視平均值: 17.75% (3.94%)
1. google / organic	10,363(99.74%)	56.47%	5,852(99.64%)	66.23%	2.02	00:03:41	18.43%
2. yahoo / organic	15 (0.14%)	80.00%	12 (0.20%)	73.33%	2.13	00:03:45	26.67%
3. bing / organic	11 (0.11%)	81.82%	9 (0.15%)	63.64%	3.09	00:02:02	27.27%
4. baidu / organic	1 (0.01%)	0.00%	0 (0.00%)	100.00%	1.00	00:00:00	0.00%

顯示列數： 10 ▾

圖 3-26：搜尋「organic」之後，報表只顯示條件符合「organic」的資料列

搜尋 / 篩選功能強大的地方在於，它有進階的篩選功能，點擊搜尋框右側的「進階」按鈕後，Google Analytics 會跳出進階搜尋的功能。

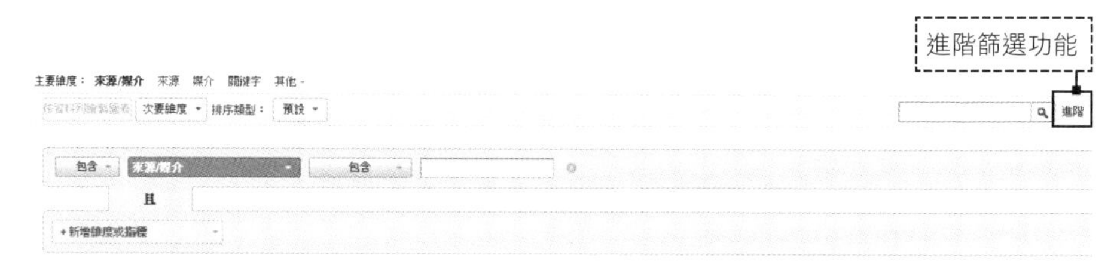

圖 3-27：進階篩選功能

在進階搜尋功能中，甚至可以選擇排除或包含符合某些條件的資料列（如圖 3-28）。舉例來說，如果只想觀察來自於關鍵字廣告的資料，可以選擇【包含】google / cpc，若想觀察關鍵字廣告以外的所有資料，可以選擇【排除】google / cpc。

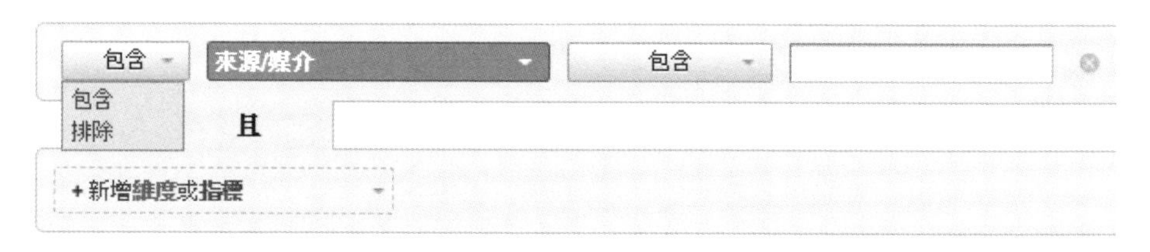

圖 3-28：進階搜尋功能可以加入更多條件

除了排除、包含之後，在輸入篩選條件時，Google Analytics 提供了不同的比對方式（如圖 3-29），可以使用完全比對（必須完全符合篩選條件）、開頭為、結尾為、包含（只要條件有包含到你輸入的條件即可）、或是使用規則運算式來處理。

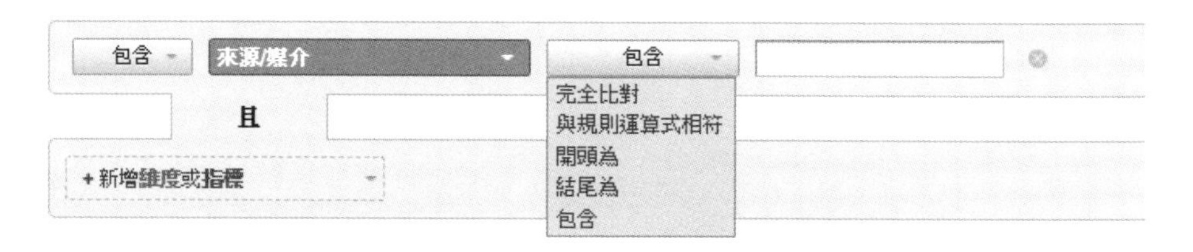

圖 3-29：在輸入篩選條件時，Google Analytics 提供了不同的比對方式

除了維度的篩選外，也可以使用指標來進行篩選，如圖 3-30，在選取指標時，條件的符合就會隨之進行更動，指標的條件選取總共有等於、小於、大於，這個功能在未來你絕對會經常用到。

舉例來說，假設你的網站能帶來流量的來源 / 媒介總共有 500 列，但有許多來源 / 媒介帶來的轉換價值較低、或工作階段較少，我們便可以透過這個功能來進行篩選（比方說目標價值小於 $500），並找出到底哪些流量是有問題的、帶給我們的價值較少，當然，你也可以一次套入多個維度條件、或多個指標條件來進行篩選。

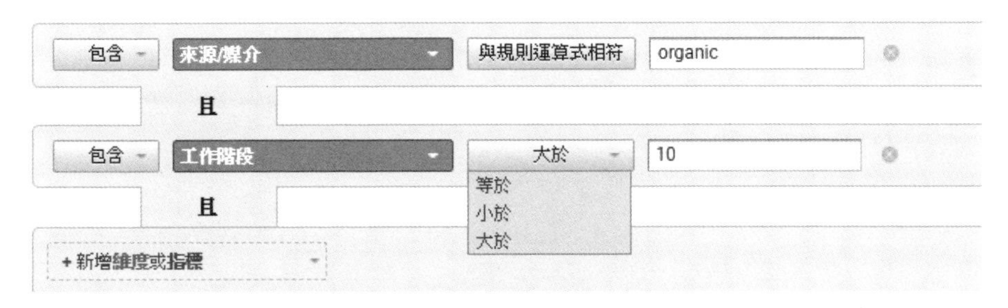

圖 3-30：除了維度的篩選外，也可以使用指標來進行篩選

MEMO

Chapter 4

目標對象－使用者分析

本章重點

- 活躍使用者報表
- 同類群組分析報表
- 使用者多層檢視報表
- 客層、興趣報表
- 地理區域報表

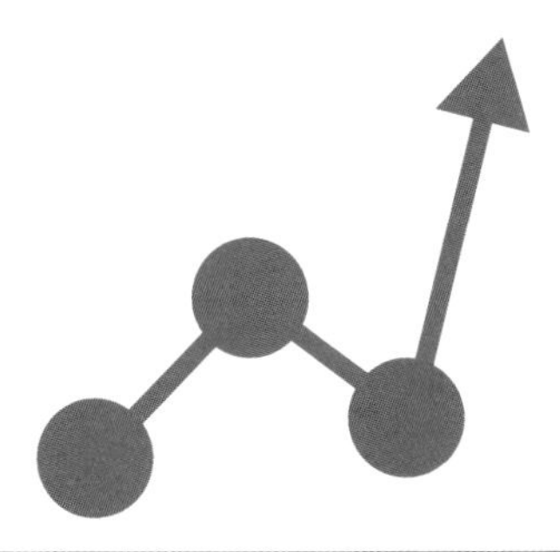

目標對象報表提供關於網站訪客的資訊，包含訪客的性別、年齡、國家 / 地區等，透過目標對象報表，可以描繪出訪客族群的特徵，甚至可以做出完整的客群分析。

在擬定網站行銷策略時，可能會透過廣告、SEO、甚至是社群媒體的經營來鎖定各種不同族群背景的消費者，但究竟哪些消費者對我們產生較多的價值呢？這都可以透過 Google Analytics 底下的「目標對象」報表協助你得到更多的洞察力，像是以下的問題你都可以從【目標對象】報表中得到解答：

- 我的訪客都是分布在幾歲？性別為何？
- 哪一些年齡層的訪客具有高消費力、高轉換率？
- 我在港澳地區投遞廣告、並盡可能地在當地曝光，究竟得到了多少流量與轉換？

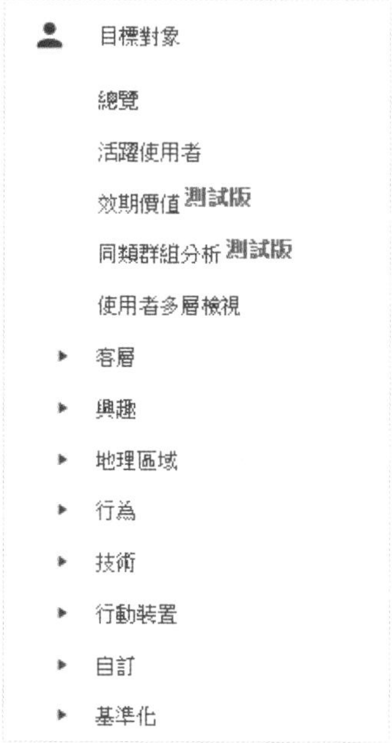

目標對象
總覽
活躍使用者
效期價值 測試版
同類群組分析 測試版
使用者多層檢視
客層
興趣
地理區域
行為
技術
行動裝置
自訂
基準化

圖 4-1：「目標對象」報表能夠協助你得到更多的洞察力

在目標對象底下有許多實用的報表，本書將會介紹最常用、也最實用的幾個報表，其餘沒提到的則是 Google Analytics 的標準報表，操作模式與第 3 章提到的標準報表一樣，僅是維度有所不同。

活躍使用者報表

活躍使用者報表能告訴你，特定的日期內有多少使用者造訪網站。從報表內的數據你可以看到，該日期的前 30 天裡頭有多少使用者來到你的網站。

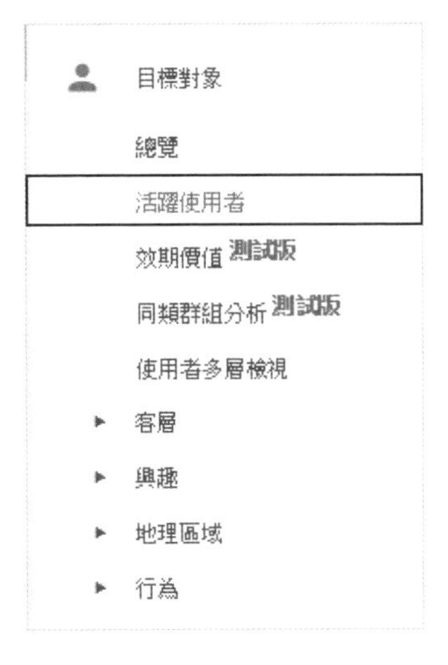

圖 4-2

基本上在報表內有 1 天、7 天、14 天、30 天四個指標可以做選擇，以下直接針對四個指標做舉例：

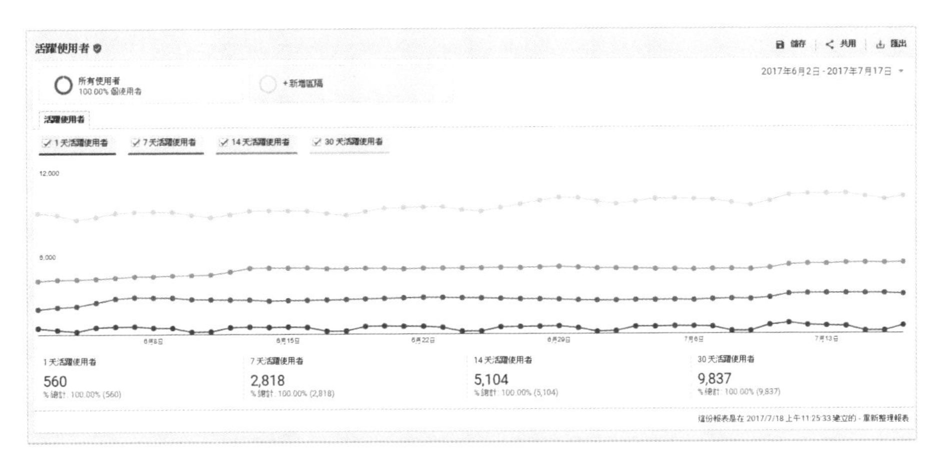

圖 4-3：活躍使用者報表能告訴你，特定的日期內有多少使用者造訪網站

假設我想觀察的日期為 6/30 號，這四個指標分別含意為：

- 1 天活躍使用者：6/30 有多少使用者來到我的網站。
- 7 天活躍使用者：6/24 – 6/30 有多少使用者來到我的網站。
- 14 天活躍使用者：6/17 – 6/30 有多少使用者來到我的網站。
- 30 天活躍使用者：6/1 - 6/30 有多少使用者來到我的網站。

第 2 章曾經解釋過工作階段的含意，因「工作階段」與「使用者」是完全不同的指標，一個使用者可能可以產生數十個工作階段、也可以只產生一個工作階段，而活躍使用者報表則是幫助你實際觀察「使用者」的數據，以及 1 ～ 30 天的使用者分佈，當你有在特定的時間進行行銷活動或廣告預算增加時，就可以利用此報表來觀察使用者的增減狀況。

Google Analytics 是以瀏覽器的 Cookie 來計算使用者人數，故如果有人用不同瀏覽器或裝置造訪你的網站時，將會被視為多個使用者。

以圖 4-4 來說，我們可以看到數據有一些浮動，甚至有數據出現明顯的山坡狀，觀察到這樣的狀況時，你可以再去查證，該期間是否有什麼狀況，導致使用者出現大量下滑 / 上升。

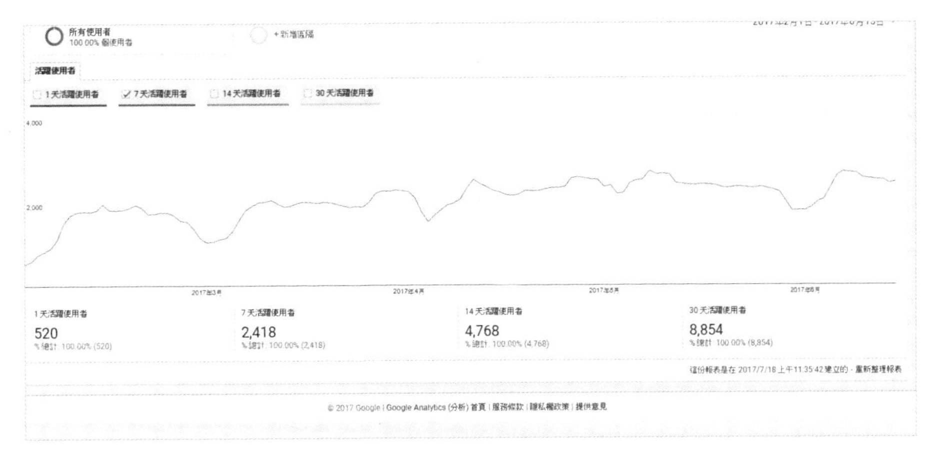

圖 4-4：觀察到數據的浮動時，應該去探討原因

➜ 使用進階區隔，進一步觀察更多資料

當然，這個報表也有進階區隔的功能（第 11 章將會詳細提到如何使用進階區隔），你可以做出更詳細的資料觀察，以圖 4-5 的例子來說，我拉出了直接流量及 Facebook 流量的進階區隔，就可看到使用者的造訪曲線完全不同，來自 Facebook 的流量明顯有波動狀況。

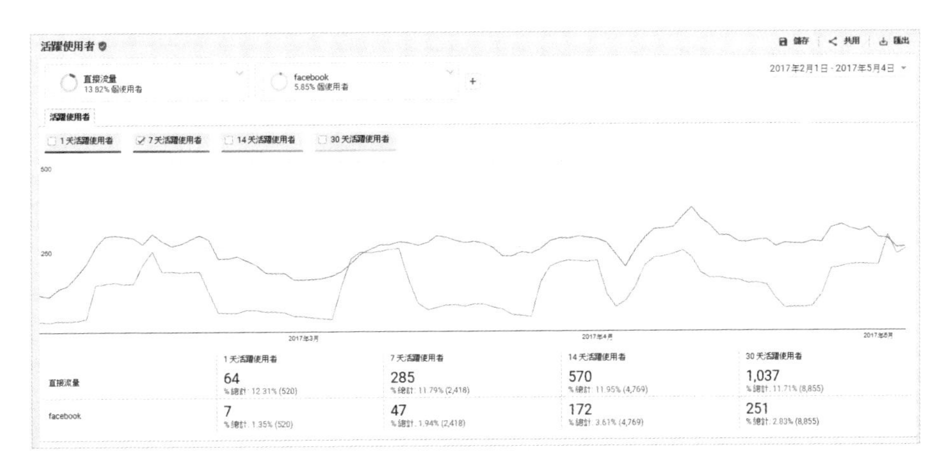

圖 4-5：來自 Facebook 的流量，波動狀況明顯

如何應用這個報表，最終還是要依據你的網站行銷活動、流量成長策略及進階區隔的運用，通常在行銷活動的前後或執行特定擬定好的策略時，你可以觀察網站使用人數的變化，甚至定期查看這個報表，若察覺到使用者突然變多、變少，你才能更有警覺的進一步找出原因、觀察。

以圖 4-5 為例，你會看到波動的狀況，代表波動期間的前 1 ～ 30 天內有使用者急速增加或減少的狀況，這時應該再回頭看看是哪些流量管道突然帶給你較多的流量，或是哪個流量管道的流量突然減少，進一步找出原因。

同類群組分析報表

「同類群組分析」本身是指在特定的時間內，依照使用者的某些特定行為、特徵，將區分為不同的群組，觀察他們的瀏覽行為、數據，並從中得到更多的洞察力。舉例來說，你今天將「首次造訪網站 24 小時內就完成結帳、購物」的使用者設定為同類群組 A，並將「首次造訪網站 24 小時內沒有完成結帳、購物」的使用者設定為同類群組 B，並且你一定會迫切想知道，這兩群不同行為的人，他們的行為有甚麼不同？他們後續的回訪狀況有甚麼不同？他們的留存率有甚麼不同？這就是“同類群組分析”的概念，而 Google Analytics 就是用這樣的概念來產生這個報表。

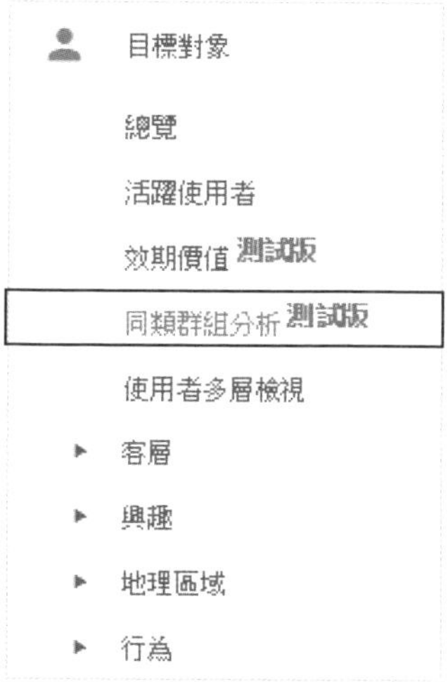

目標對象
總覽
活躍使用者
效期價值 測試版
同類群組分析 測試版
使用者多層檢視
▸ 客層
▸ 興趣
▸ 地理區域
▸ 行為

圖 4-6

接下來我們針對這個報表先進行基本的說明，你可以看到報表的左上方有四個選項：

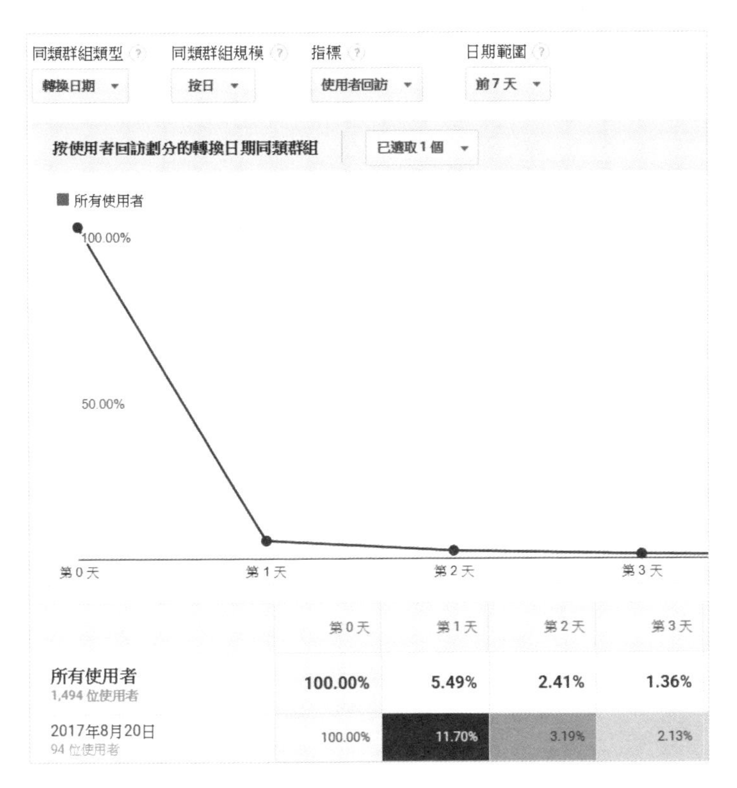

圖 4-7：「同類群組分析」報表左上方有四個選項

- **同類群組類型：**這個部分目前只能選擇「轉換日期」來做為同類群組類型，當然，未來 Google Analytics 可能會加入更多的功能與維度，讓你從不同的維度來切分同類群組，你可以在此報表的功能變得更複雜之前，趁現在趕緊熟悉報表。

- **同類群組規模：**你可以針對時段依照日、週、或月來觀察報表。

- **指標：**目前有【回訪率】、【使用者】、【總計】三大種類的指標可以使用，你可以依照需求來進行調整，這個功能為目前此報表好用且功能強大的原因之一，Google Analytics 目前在這個報表所支援的指標並不少。

- **日期範圍：**根據你在「同類群組規模」所選的項目，這個日期範圍的選項會有所不同，可以根據前七天來看數據、或根據前三週、前六週 .. 等不同範圍來觀看數據。

➔ 報表解讀

同樣地，在同類群組分析的報表中，可以使用進階區隔來觀看不同維度的流量資料。以圖 4-8 來說，可以看到我套用了兩個不同的區隔，如何利用進階區隔、解讀數據，將會決定性的影響你是否能從中得到數據洞察力。

	第 0 天	第 1 天	第 2 天	第 3 天	第 4 天	第 5 天	第 6 天	第 7 天	第 8 天	第 9 天	第 10 天	第 11
直接流量 240 位使用者	**267**	**19**	**8**	**7**	**3**	**1**	**3**	**0**				
2017年7月11日 53 位使用者	62	10	4	5	0	0	3	0				
2017年7月12日 44 位使用者	49	2	1	0	0	1	0					
2017年7月13日 43 位使用者	46	4	0	1	3	0						
2017年7月14日 37 位使用者	39	1	3	1	0							
2017年7月15日 17 位使用者	20	1	0	0								
2017年7月16日 11 位使用者	12	1	0									
2017年7月17日 35 位使用者	39	0										
隨機流量 1,707 位使用者	**1,927**	**116**	**36**	**40**	**16**	**9**	**9**	**0**				
2017年7月11日 312 位使用者	356	40	18	17	3	5	9	0				
2017年7月12日 304 位使用者	347	22	5	1	2	4	0					
2017年7月13日 295 位使用者	350	24	9	6	11	0						
2017年7月14日 290 位使用者	316	8	2	16	0							
2017年7月15日 98 位使用者	111	6	2	0								
2017年7月16日 111 位使用者	121	16	0									
2017年7月17日 297 位使用者	326	0										

圖 4-8：在同類群組分析的報表中，可以使用進階區隔來觀看不同維度的流量資料

接著我們看到圖 4-9，以 2017 年 7 月 11 日這列來說，第 0 天（也就是 7 月 11 日當天）直接流量獲得了 62 個工作階段，到了第一天（也就是 7 月 12 日）同樣的一群人有產生的工作階段為 10，以此類推再來是 4 個工作階段，其中報表又會有顏色深淺的狀況來幫助你判讀資料，顏色越深代表數字越大，反之則是數字越小。

	第 0 天	第 1 天	第 2 天	第 3 天	第 4 天	第 5 天	第 6 天	第 7 天	第
直接流量 **240 位使用者**	**267**	**19**	**8**	**7**	**3**	**1**	**3**	**0**	
2017年7月11日 53 位使用者	62	10	4	5	0	0	3	0	
2017年7月12日 44 位使用者	49	2	1	0	0	1	0		
2017年7月13日 43 位使用者	46	4	0	1	3	0			
2017年7月14日									

圖 4-9：報表的顏色越深代表數字越大

透過這個報表我們可以看到「在某一天造訪的這群人」他們在之後的第一天、第二天是否有回來繼續產生工作階段、或是產生交易行為，在實務上必須要配合進階區隔，將不同維度／特徵的使用者區隔開來，並加以觀察他們的行為數據。

利用不同的指標、進階區隔，你可以玩出更多花樣，得到更多的數據洞察力。

使用者多層檢視報表

使用者多層檢視報表（User Explorer report）會根據 CID 來呈現訪客在網站內的行為數據，讓你可以從「個人」為單位來檢視訪客的網路行為。基本上使用者從進站、瀏覽多少頁面、瀏覽什麼頁面，他們在瀏覽了「哪幾頁」之後完成轉換，這些細節全部都能透過使用者多層檢視報表來解決。

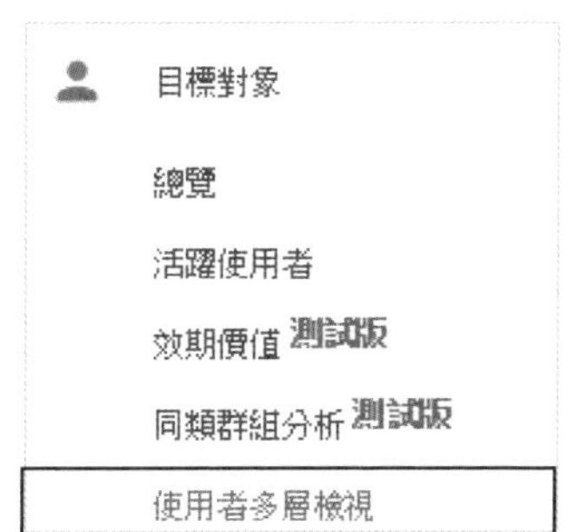

圖 4-10

➔ 了解 Google Analytics 的客戶編號 (Client ID,CID)

如同第 2 章所提到，以 Google Analytics 來說，每一位使用者在首次造訪某個網站時，該網站會發配給該使用者的瀏覽器一組 CID，並且根據這組 CID 來記錄該使用者之後在此網站的網站行為、回訪行為（CID 實際範例：1691957029.1457191486）。換言之，如果同時使用手機以及電腦上網，Google Analytics 將會將之視為兩個使用者，因為手機瀏覽器及電腦的瀏覽器會被配給兩組獨立的 CID，Google Analytics 沒辦法辨認這兩個裝置的使用者是否是同一個人。

使用者多層檢視報表內主要提供了「客戶編號」的維度，在整個 Google Analytics 裡面，只有這個報表可以找到此維度。

客戶編號	工作階段	平均工作階段時間長度
1. 1691957029.1457191486	6 (0.43%)	00:00:09
2. 549536960.1455711338	6 (0.43%)	00:04:06
3. 1251093187.1457492740	5 (0.36%)	00:00:31
4. 1630337946.1456927070	5 (0.36%)	00:02:24
5. 1729959679.1457427332	5 (0.36%)	00:04:59
6. 1972289668.1456482502	5 (0.36%)	00:00:00
7. 216016881.1457323514	5 (0.36%)	00:09:52
8. 399523338.1446207634	5 (0.36%)	00:00:00
9. 55626199.1457511407	5 (0.36%)	00:27:08
10. 777806337.1447770723	5 (0.36%)	00:02:11

圖 4-11：在整個 GA 裡面，只有使用者多層檢視報表提供「客戶編號」的維度

➔ 認識使用者報表

點擊多層檢視報表上的任意一個客戶編號後，你就會進入使用者報表（如圖 4-12）。

圖 4-12：使用者報表

以圖 4-13 範例的報表使用者來說：

- 使用者的客戶編號：
  85922337.1499583797
- 使用者的最後造訪日期為：
  2017 年 8 月 8 日
- 使用者造訪的裝置為：桌機
- 使用者的造訪平台為：網站
- 客戶開發：此值為使用者「初次造訪」的日期，為 2017 年 7 月 9 日

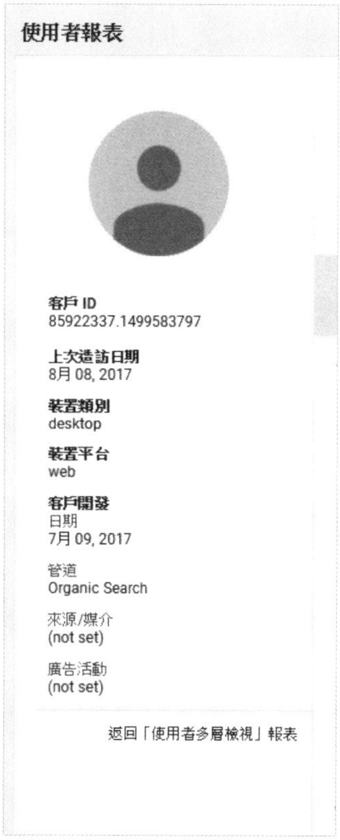

使用者報表
客戶 ID
85922337.1499583797
上次造訪日期
8月 08, 2017
裝置類別
desktop
裝置平台
web
客戶開發
日期
7月 09, 2017
管道
Organic Search
來源/媒介
(not set)
廣告活動
(not set)
返回「使用者多層檢視」報表

圖 4-13

以圖 4-14 來看，報表中主要有四種行為紀錄，分別為瀏覽量、目標、電子商務、事件。

篩選依據
排序依據
已選取 4 個
遞減
瀏覽量
目標
電子商務
事件
套用

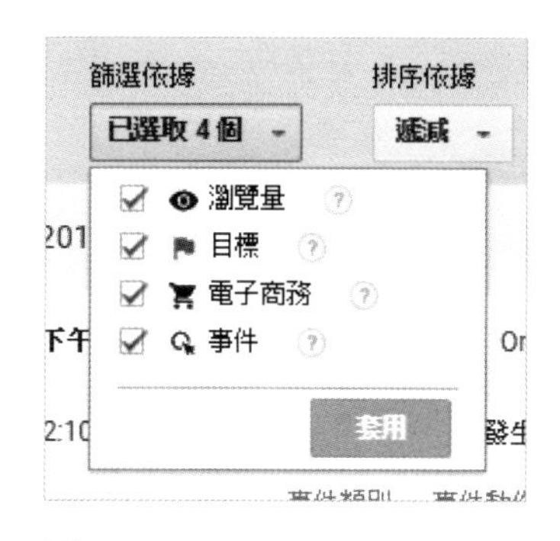

圖 4-14

同時，比較值得注意的是，使用者報表上方所顯示的工作階段、工作階段時間長度…等指標，都是指該使用者在你網站上所累積的數據，以圖 4-15 來說，這位使用者在網站上「總共」停留了 23 分 06 秒。

圖 4-15：使用者在網站上「總共」停留了 23 分 06 秒

➔ 該如何使用多層檢視報表？

觀察使用者的消費行為

過去我們要細部地了解使用者的行為，往往都要透過親自與使用者訪談、觀察使用者的使用狀況，或是利用問卷將使用者的回饋量化為數據，但 Google Analytics 的使用者多層檢視報表能更細節地幫助你觀察單一使用者的網站使用行為，透過這個報表你可以更細節地觀察使用者的瀏覽歷程，他們轉換究竟花了多少天？為什麼回訪多天卻仍然沒有轉換？在轉換前，這些使用者都在瀏覽哪些頁面？

舉例來說，你可以使用進階區隔將「沒有轉換的訪客」特別拉出來，觀察這些沒有轉換的網站使用者，究竟沒有轉換時，他們是否有回訪、是否有瀏覽網頁？是不是因為商品價格、資訊沒有辦法滿足使用者？

觀察行銷活動、甚至活動頁面的使用者反應

如果你的行銷團隊花了預算執行某項行銷活動，假設購買了雅虎首頁的廣告、甚至新聞媒體網站的首頁廣告，如果想要觀察透過這些廣告進來網站的人，都去瀏覽什麼頁面、進行什麼樣的轉換、這些特定使用者後續是否有進行回訪，都可以透過使用者多層檢視報表來觀察。

在使用者多層檢視報表內，你甚至可以使用進階區隔，來區分開特定的族群，觀察特定族群的網站瀏覽行為，加以研究這些數據後，你絕對可以更有效的理解使用者、並打造出更棒的網站體驗，當然，使用者多層檢視報表是以「使用者 (CID)」為單位，在整理資料上肯定會花費不少時間，但相信你能從中獲得很不同的洞察力。

客層、興趣報表

客層、興趣這兩個報表可以看到使用者的性別、年齡，但在使用報表之前，你必須要了解這些數據是怎麼來的。

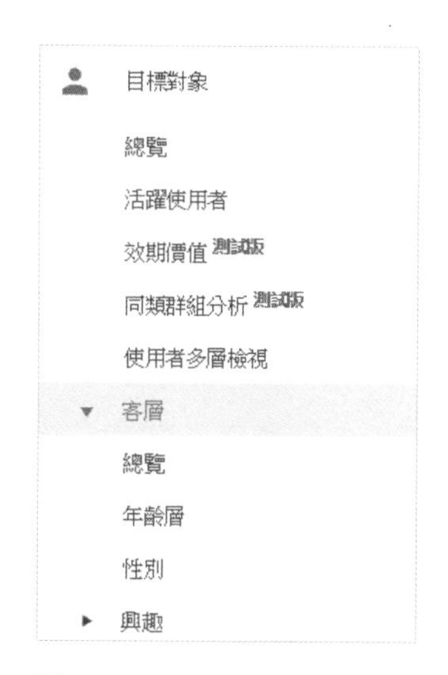

圖 4-16

Google 於 2008 年 時 收 購 了 DoubleClick，Google 利 用 DoubleClick 的 cookie 技術追蹤使用者的網路行為（基本上瀏覽器裡面都會被 Google 安裝 Cookie，Google 利用這個 Cookie 分析使用者的瀏覽行為），進而依行為判斷出使用者的年齡、性別、興趣等資料。所以，客層及興趣報表所看到訪客的性別、年齡及興趣事實上並不是完全精準，只是 Google 利用 Cookie 技術追蹤使用者的行為所做的判斷。

以圖 4-17 來說，透過客層和興趣報表，可以看到網站使用者的年齡、性別，藉此了解你的訪客資訊。

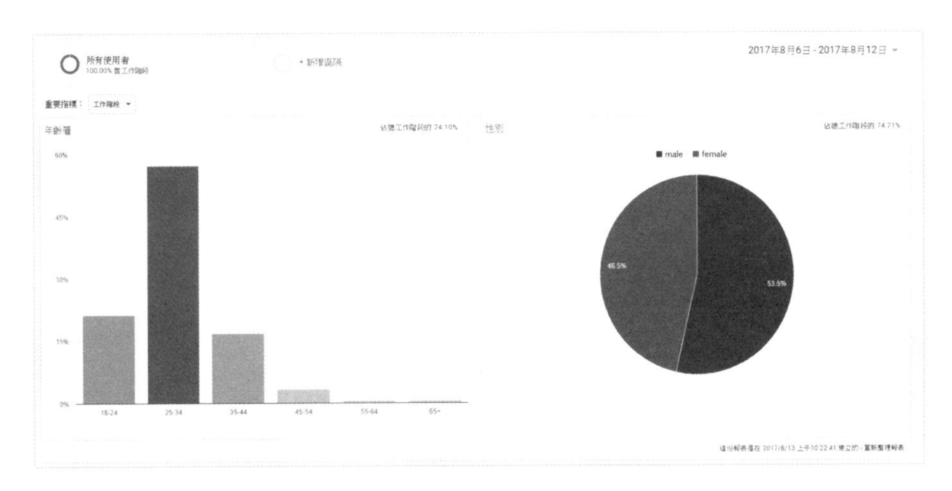

圖 4-17：透過客層和興趣報表，可以看到使用者的年齡、性別

而興趣報表的部分則如圖 4-18，你可以透過此報表來了解網站使用者平常的興趣為何。不過，依照我的經驗，興趣報表裡面的資料也未必是準確的，畢竟 Google 是追蹤使用者的瀏覽行為來分析出這些資料，建議你用「參考」的心態來觀察此報表，不要毫無保留地信任這個報表的使用者興趣資料，如果要正確認識你的市場受眾平常的生活型態及興趣，還是要多方比較不同的資料來源，像是平常也透過使用者訪談、行銷團隊的問卷調查…等資料來與 Google Analytics 來做比對會比較保險，但在沒有資源進行訪談或做問卷調查的情況下，此報表還是具有部分參考價值，實務上就必須要讓負責分析資料的人來看數據判斷了。

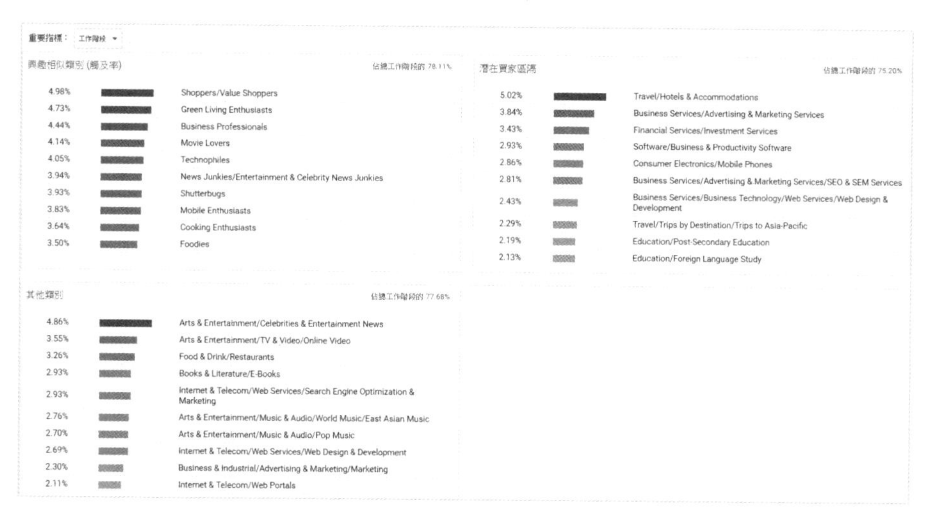

圖 4-18：透過興趣報表可以對使用者平常的興趣有個概括的了解

在筆者的實務經驗中，發現客層和興趣報表裡的年齡與性別數據相對精準一些，這確實有助於了解我們的市場受眾，當然，除了產品在市場的定位之外，你的數位廣告投放策略也會影響來到網站受眾的輪廓。在年齡與性別的報表上，建議你使用次要維度一起來觀察使用者的資料，以圖 4-19 來說，這是我的網站某個區間的年齡、性別資料。

年齡層 ↑	性別	客戶開發 工作階段
		2,513 % 總計: 73.14% (3,436)
1. 18-24	female	306 (12.18%)
2. 18-24	male	235 (9.35%)
3. 25-34	female	721 (28.69%)
4. 25-34	male	734 (29.21%)
5. 35-44	female	121 (4.81%)
6. 35-44	male	309 (12.30%)
7. 45-54	female	22 (0.88%)
8. 45-54	male	65 (2.59%)

圖 4-19：在客層和興趣報表裡的年齡跟性別數據有助於了解我們的市場受眾

➔ 務必要記得打開客層和興趣的功能

在 Google Analytics 的【管理面板】→【資源設定】底下有客層和興趣報表的開關設定（點選 Google Analytics 左下角的齒輪就能找到資源設定），你必須要到資源設定底下設定開啟，客層和興趣報表的資料才會進到你的報表之中，因此，請務必記得啟用此功能（如圖 4-20）。

廣告功能

啟用客層和興趣報表 ?

客層和興趣報表提供年齡層、性別和興趣相關資料，方便您深入瞭解自己的客群。您必須先啟用廣告功能，才能查看這些資料。

圖 4-20

地理區域報表

從地理區域報表內可以看到使用者所使用的語言及他們瀏覽你的網站時的所在位置，有時在針對不同的地區使用者投放數位廣告時，需要觀察不同地區的使用者與網站的互動狀況、轉換狀況，這時可以透過地理區域報表來得到更多數據洞察。若你有不同語系的網站（跨國網站），也可以透過此報表來觀察到不同語言的使用者在你網站上的互動狀況。

目標對象
總覽
活躍使用者
效期價值 測試版
同類群組分析 測試版
使用者多層檢視
▸ 客層
▸ 興趣
▾ 地理區域
語言
地區

圖 4-21

如圖 4-22，在語言的報表內可以看到使用者所使用的語言比例、他們的工作階段、新工作階段，甚至轉換率，基本上語言報表的資料來源來自於使用者的瀏覽器語言，使用者的瀏覽器語言設定為何，這裡就會呈現出什麼樣的資料。以我的網站來說，我的網站只針對台灣市場、台灣的受眾，但還是會出現英語的網站使用者，代表我的使用者有在閱讀中文的網站內容，但他的瀏覽器語言設定為英文，這可能同時意味著這些使用者在生活中同時熟悉中文及英文。

語言	客戶開發			行為
	工作階段 ↓	% 新工作階段	新使用者	
	15,790 % 總計: 100.00% (15,790)	56.00% 資料檢視平均值: 55.86% (0.25%)	8,842 % 總計: 100.25% (8,820)	
1. zh-tw	**13,818** (87.51%)	55.14%	7,619 (86.17%)	
2. en-us	**1,397** (8.85%)	58.84%	822 (9.30%)	
3. zh-cn	**336** (2.13%)	73.81%	248 (2.80%)	
4. en-gb	**134** (0.85%)	65.67%	88 (1.00%)	
5. ja	**29** (0.18%)	75.86%	22 (0.25%)	
6. zh-hk	**21** (0.13%)	71.43%	15 (0.17%)	
7. ja-jp	**14** (0.09%)	35.71%	5 (0.06%)	
8. fr	**9** (0.06%)	44.44%	4 (0.05%)	
9. en-ca	**8** (0.05%)	37.50%	3 (0.03%)	
10. fr-fr	**5** (0.03%)	80.00%	4 (0.05%)	

圖 4-22：語言報表內可以看到使用者所使用的語言比例

如果你跟我一樣只經營中文內容，但卻出現英、日 .. 等其他語系的使用者，可以利用次要維度進一步觀察這些英、日語系的使用者資料，如圖 4-23 來說，雖然我的使用者中有英語系的使用者，但拉出了國家 / 地區的次要維度後會發現，即便是英語系使用者，還是有一半的比例人是身在台灣的，這也意味著我的市場受眾並沒有走偏，我仍然是在鎖定台灣區的使用者經營網站，只是他們習慣使用英文的瀏覽器介面。

語言	國家/地區	客戶開發
		工作階段
		1,397 % 總計: 8.85% (15,790)
1. en-us	Taiwan	766 (54.83%)
2. en-us	Hong Kong	297 (21.26%)
3. en-us	United States	163 (11.67%)
4. en-us	United Kingdom	29 (2.08%)
5. en-us	China	25 (1.79%)
6. en-us	Malaysia	23 (1.65%)
7. en-us	Philippines	22 (1.57%)
8. en-us	Canada	10 (0.72%)
9. en-us	Macau	10 (0.72%)
10. en-us	India	8 (0.57%)

圖 4-23：雖然使用英語系，但大多是台灣地區的使用者

接著我們看到地理區域的報表（如圖 4-24），Google Analytic 會利用使用者的 IP 來判定他位於哪一個地理區域，同樣透過此報表我們可以更加理解使用者的區域，當你的市場鎖定多個不同國家時，可以透過此報表來觀察流量的分佈狀況。

次要維度 ▾

國家/地區	客戶開發	
	工作階段 ↓	% 新工作階段
	15,790 % 總計: 100.00% (15,790)	56.00% 資料檢視平均值: 55.86% (0.25%)
1. Taiwan	13,742 (87.03%)	55.00%
2. Hong Kong	1,016 (6.43%)	62.20%
3. United States	319 (2.02%)	66.46%
4. China	156 (0.99%)	69.23%
5. Japan	79 (0.50%)	55.70%
6. United Kingdom	56 (0.35%)	50.00%
7. Macau	54 (0.34%)	51.85%
8. Philippines	52 (0.33%)	75.00%
9. Malaysia	48 (0.30%)	56.25%
10. (not set)	39 (0.25%)	61.54%

圖 4-24：地理區域報表是利用使用者的 IP 來判定其地理區域

值得一提的是，你可以點擊任意一個報表上的國家，看到下一層的維度「城市」報表，舉例來說，如圖 4-25，我點擊了 Taiwan 之後，我就可以看到我的使用者都居住在台灣的哪些城市。

次要維度 ▾

國家/地區	客戶開發	
	工作階段 ↓	% 新工作階段
	15,790 % 總計: 100.00% (15,790)	56.00% 資料檢視平均值: 55.86% (0.25%)
1. Taiwan	13,742 (87.03%)	55.00%
2. Hong Kong	1,016 (6.43%)	62.20%
3. United States	319 (2.02%)	66.46%
4. China	156 (0.99%)	69.23%
5. Japan	79 (0.50%)	55.70%
6. United Kingdom	56 (0.35%)	50.00%
7. Macau	54 (0.34%)	51.85%
8. Philippines	52 (0.33%)	75.00%
9. Malaysia	48 (0.30%)	56.25%
10. (not set)	39 (0.25%)	61.54%

城市	客戶開發	
	工作階段 ↓	% 新工作階段
	13,742 % 總計: 87.03% (15,790)	55.00% 資料檢視平均值: 55.86% (-1.54%)
1. (not set)	12,060 (87.76%)	54.34%
2. Zhongli District	445 (3.24%)	63.15%
3. Taoyuan District	173 (1.26%)	68.21%
4. Zhudong Township	149 (1.08%)	53.02%
5. Changhua City	98 (0.71%)	50.00%
6. Hemei Township	78 (0.57%)	6.41%
7. Zhubei City	73 (0.53%)	56.16%
8. Sanzhong District	57 (0.41%)	45.61%
9. Yilan City	55 (0.40%)	74.55%
10. Neihu District	48 (0.35%)	66.67%

圖 4-25：點擊國家之後，可以進一步看到使用者來自於哪些城市鄉鎮

不過，使用城市報表來看台灣的資料時，會出現許多 (not set) 的值，台灣有部分的城市目前是不會顯示出資料的，因此我必須要在這提醒一下，如果你的城市維度會看到 (not set) 的值，就必須用「區域」的維度才看得到細節資料，如圖 4-26。

次要維度：區域 ▾

城市	區域	客戶開發 工作階段	%
		13,742 % 總計: 87.03% (15,790)	資 55
1. (not set)	(not set)	10 (0.07%)	
2. (not set)	Tainan City	344 (2.50%)	
3. (not set)	New Taipei City	2,446 (17.80%)	
4. (not set)	Taoyuan County	1 (0.01%)	
5. (not set)	Kaohsiung City	584 (4.25%)	
6. (not set)	Taipei City	7,057 (51.35%)	
7. (not set)	Taichung City	1,618 (11.77%)	
8. Bade District	Taoyuan County	17 (0.12%)	
9. Beidou Township	Changhua County	1 (0.01%)	
10. Caotun Township	Nantou County	27 (0.20%)	

圖 4-26：如果在城市維度看到 (not set) 的值，就必須用「區域」的維度才能看到細節資料

最後，地理區域報表最好用的就是圖 4-27 的分佈圖，用這樣圖像化的方式能更輕易的把資料呈現給其他部門或上級主管看，讓看資料的人更清楚看到我們流量分佈的狀況。

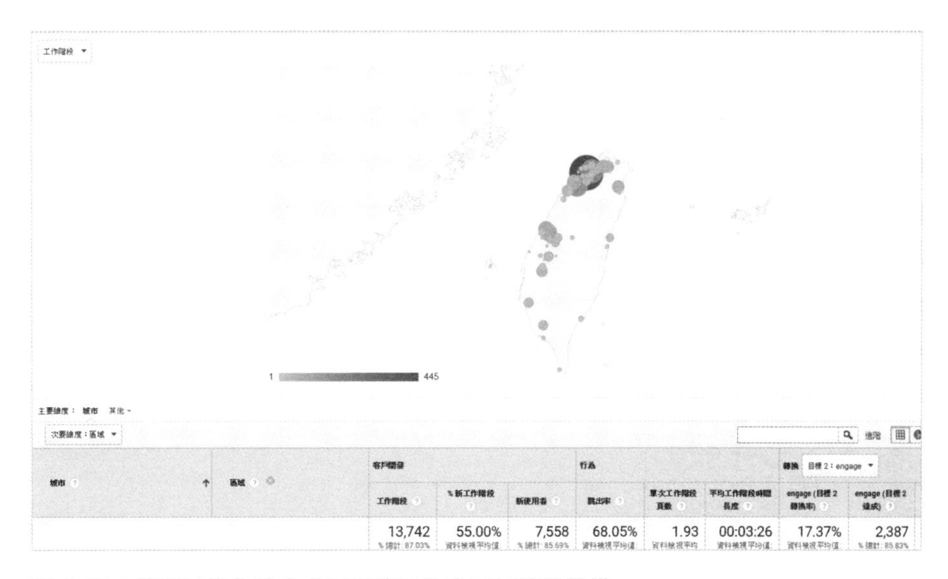

圖 4-27：使用圖像化的方式呈現流量分布更加簡單易懂

MEMO

Chapter 5

客戶開發－流量來源分析

本章重點

- 理解流量管道的概念
- 總覽報表及管道報表
- 來源／媒介報表
- 參照連結網址報表
- 社交報表
- 廣告活動報表

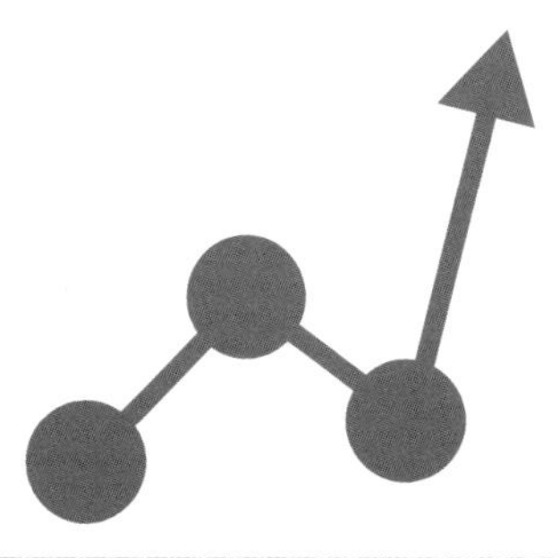

流量來源分析是使用 Google Analytics 以及執行網站分析時的重要概念之一，透過分析「流量來源」你才能得知網站流量從哪裡來、哪些流量帶給你較多的訂單、較多的轉換，以下疑問，都可以經由從「流量來源」中找到解答。

- 我的網站使用者都是從哪裡來？
- 我的網站每個月有五千萬營業額，這些營業額都從哪來的？
- 這個月突然流量下滑了，是為什麼？
- 我上個月買了雅虎首頁的廣告，這個廣告究竟幫我帶來多少流量？
- 我請媒體報導我的產品，這些報導帶來多少流量？

上述疑問，都可以透過 Google Analytics 得到解答，而 Google Analytics 把所有跟「流量來源」有關的報表都歸類到「客戶開發」底下（如圖 5-1）。本章將快速地幫你建立觀念，教你如何使用這個報表。

圖 5-1

理解流量管道的概念

一般在提到網站流量時，會將流量以管道（或稱為頻道（channel））的方式來進行流量歸類，把同性質的流量來源分類在一起。舉例來說，Yahoo 搜尋引擎、Google 搜尋引擎為你所帶來的自然流量，會歸類為同一個管道，這個管道為「**自然搜尋流量**」；而 Facebook、Twitter 帶來的流量，可以歸類在「**社交媒體**」管道。

在操作 Google Analytics 的同時，你必須要建立管道的概念，因為每個流量來源的性質、屬性都不一樣，將流量進行管道化的歸類，你才能更有效地評估出「哪些流量來源能為你的網站帶來價值、帶來轉換」，因為一個網站的流量來源可能有數十個、甚至上百個，一次觀察上百列資料是非常吃力且沒效率的，所以一定要將流量進行分類、分組。以下將列舉幾個常見的流量管道分類方式給你參考，這都是 Google Analytics 裡面預設的分類方式。

➔ 自然搜尋流量（Organic Channel）

自然搜尋流量包含 Google 自然搜尋、Yahoo 自然搜尋、Bing 自然搜尋等，在 Google Analytics 通常稱為 Organic，意指所有透過搜尋找到你的網站的使用者，這個流量管道的特徵是：

使用者是自己搜尋找到你的網站，所以網站主沒有花任何廣告預算，就得到這些使用者的造訪。

使用者是主動進行搜尋行為，所以比起廣告投遞，它背後的需求較為強烈，使用者只要搜尋，一定代表著一個需求，也因為使用者主動搜尋的關係，從自然搜尋而來的使用者通常轉換率、訂單成交率都會比較高。

➔ 關鍵字廣告（Paid Search）

關鍵字廣告包含 Google 關鍵字廣告、Yahoo 關鍵字廣告、百度關鍵字廣告 .. 等。關鍵字廣告帶來的流量在 Google Analytics 裡稱為 Paid Search。此流量管道意指所有透過「點擊搜尋引擎上的廣告，進到你網站的使用者」，這個流量管道的特徵是：

- 在投遞廣告時，操作的人可能會用上不同的廣告文案、針對不同的國家 / 地區、性別 / 年齡 .. 等不同的維度來設定廣告投放，因此可以自行設定接觸到廣告的受眾。
- 承上一點，因為可以針對不同維度的對象投遞廣告、也能各自設定不同的文案，因此在執行分析工作時，你可以評估不同的廣告來源、不同的網站使用者他們的轉換狀況、訂單成交率。

➔ 社交媒體（Social Media , Social Channel）

社交媒體意指所有透過社群網站所到達你網站的流量來源，以台灣來說主流的社群媒體為 Facebook、Instagram、Google + …等，而這個流量管道有以下特徵：

- 傳播力較強，Facebook 的分享、按讚都會影響這個管道所帶來的流量，因此你在 Facebook 上的每一篇貼文，都會是這個管道的觀察重點。
- 以 Facebook 來說，分為自然觸及、付費觸及，從社交的管道中你必須要衡量各自的成效為何，幫助社群經營團隊以及廣告投遞手來衡量成效。
- 以台灣來說，這個管道可以幫助你衡量粉絲團、Instagram 經營的成效，通常社交媒體的經營目標未必會是訂單、轉換，可能會是貼文的散播力、品牌與消費者間的互動，所以它的觀察重點未必是在轉換率上，要視企業的情況而定。

➔ 直接流量（Direct Channel, Direct Traffic）

Google Analytics 把「無法歸類流量來源」的使用者都分到直接流量裡，直接流量在報表上呈現為「**(direct)/(none)**」。以下的狀況都會被歸類到直接流量裡（這個流量管道的運作原理較為複雜，本書的第 8 章會做更詳盡的說明）：

- 從 e-mail 點超連結（視你使用的 e-mail 而定，有部分 E-mail 是會被認定為直接流量）。
- 從 off-line 文件點超連結（例：Word、Excel 等）。
- 從手機 APP 點連結。
- 從瀏覽器儲存的書籤造訪。
- 直接輸入網址造訪。

上述狀況都會被 Google Analytics 認定為直接流量，因為它沒有辦法確實辨別出這些使用者的來源在哪，也就是說，看到你的網站產生許多的直接流量時，你並不能很清楚地知道這些流量是哪來的？因為有太多的原因（上述五種為常見狀況）會導致使用者被 Google Analytics 判定為直接流量來源，本章後面將介紹的「UTM 標記 – 網址產生器」是解決這個問題的折衷方法之一。

➔ 參照連結網址（第三方網站 , Referral Traffic）

基本上只要使用者是透過「第三方網站」上的連結造訪你的網站，這些使用者就會被歸類到參照連結網址內。這個流量管道通常稱為 Referral 流量、或外站連結所帶來的流量，而 Google Analytics 內的官方翻譯為「參照連結網址」。舉例來說：如果你跟香蕉日報合作，請他們報導你的產品、並連結到你的網站，因為香蕉日報為第三方網站，故香蕉所帶來的流量就會被分類到參照連結網址內。

嚴格來說，Facebook、Google 搜尋也是第三方網站，但他們並不會被歸類到參照連結網址之中，因為 Google Analytics 已經預設將 Facebook 分類到「社交」，而 Google 搜尋則是被分類到「自然搜尋」裡面。

總覽報表及管道報表

在總覽以及管道報表內，可以看到流量的概觀狀況，這兩個報表適合做為每天打開 Google Analytics 看的第一個報表，用來定期觀察、追蹤流量的狀況。

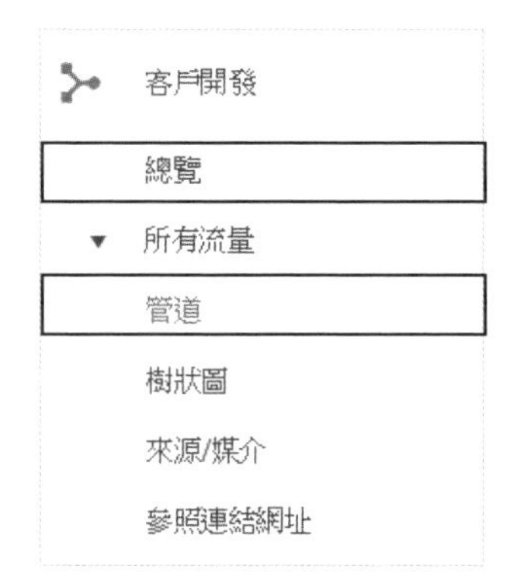

圖 5-2

圖 5-3 便是客戶開發底下的「總覽報表」，在這個報表中，預設會將你網站的所有流量用管道的概念進行分組，基本上至少會有 Organic Search、Direct…等分組，若你希望更改預設的分組方式，可以到更改預設的管道分組（這部分於第 11 章中將會更詳細地說明總覽報表、管道報表的流量分類該如何設定），如果你的預設管道分組設定不完整，會看到（Other）的欄位出現，沒有被分類到的流量來源都會被放到（Other）裡面。

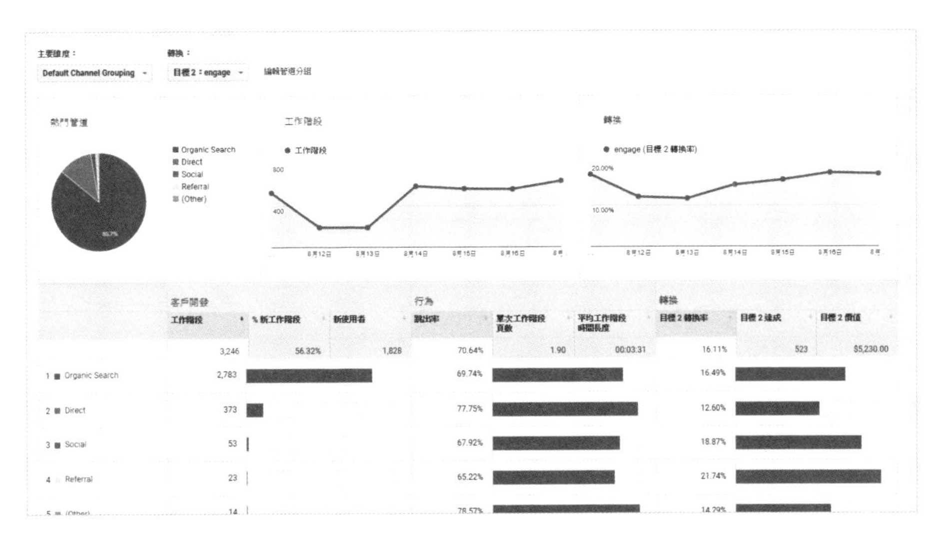

圖 5-3：「總覽報表」會將網站的所有流量用管道的概念進行分組

同時，你也可以用自己設定的分組方式來分類流量，如圖 5-4，在報表的左上方可以選取你想要的流量分類方式（第 11 章會教你怎麼設定分類）。

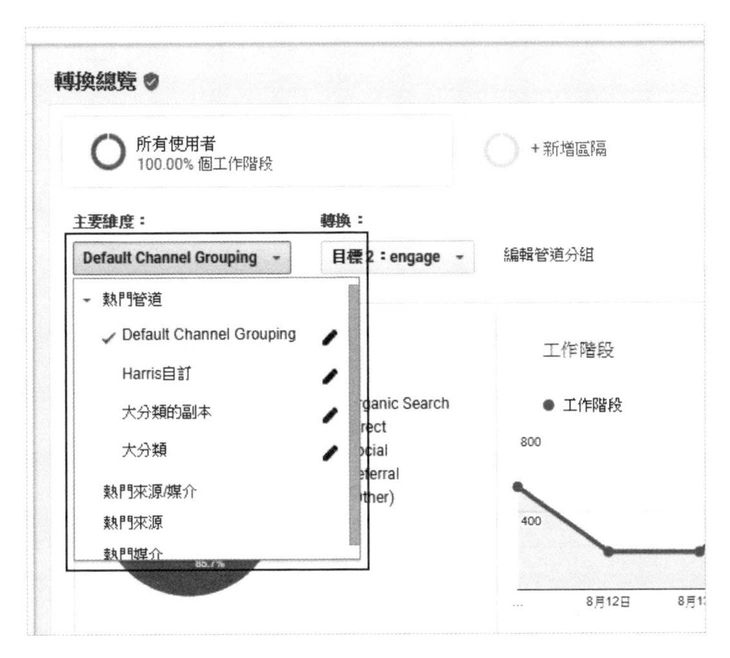

圖 5-4：你也可以用自己設定的分組方式來分類流量

圖 5-5 所看到的報表，便是我自己重新將流量分類過後的面貌，你可以看到我特別把 Facebook 及 E-mail 電子報的流量各自獨立開一個管道，這樣會更加方便我來觀察流量來源。

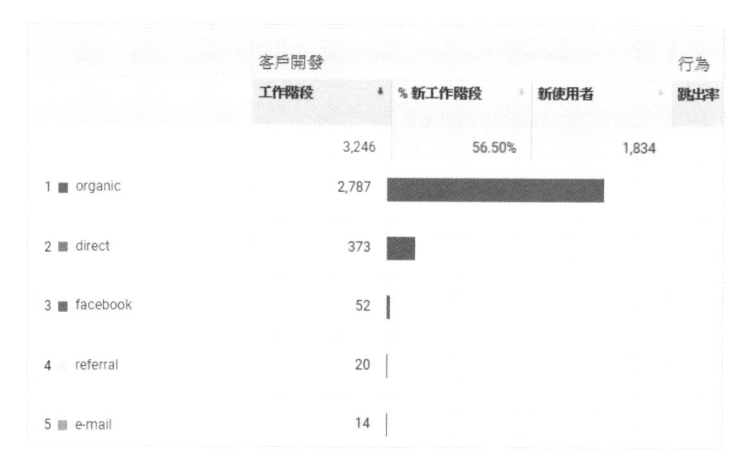

圖 5-5：用自訂方式來觀察流量會更有效率

除了流量來源該如何分組之外，在報表左上方也可以選擇你想觀察的轉換目標（如圖 5-6），如果你的網站有設定多組轉換目標，一次看太多的轉換數據未必能帶給你價值，因此只要選擇想觀察的轉換數據即可。

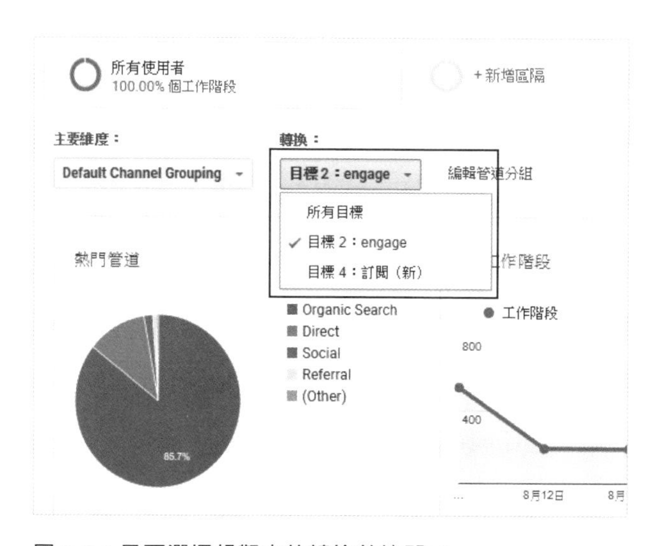

圖 5-6：只要選擇想觀察的轉換數據即可

除了【總覽】報表之外，【管道】報表的內容其實是大同小異的，你同樣可以選擇自己設定的管道分組來設定資料（如圖 5-7），比較不同的是，管道報表使用的是標準報表的介面，因此指標數據會較完整、且有具有標準報表的搜尋功能。

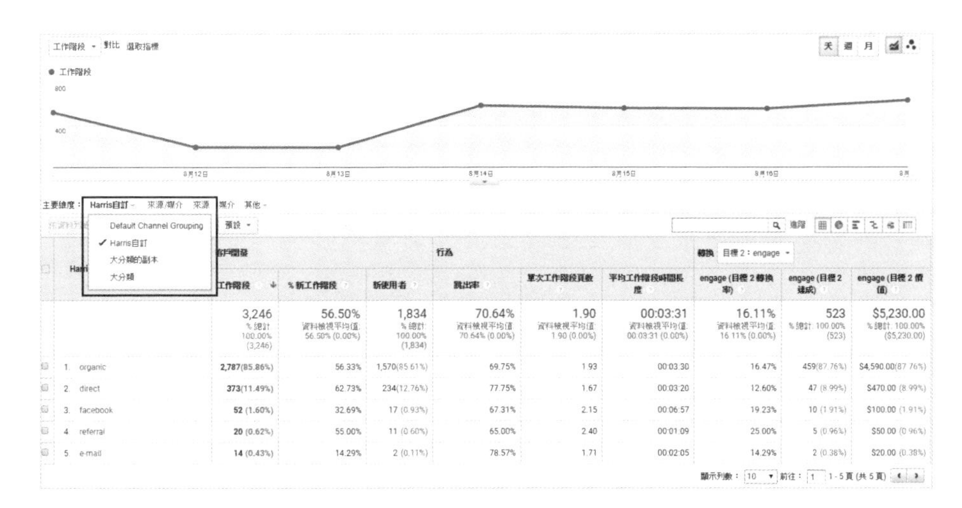

圖 5-7：管道報表使用標準報表的介面，指標數據較完整且有具有標準報表的搜尋功能

這兩個報表的設定細節會在第 11 章的「管道分組」一節做更詳盡的說明。

來源 / 媒介報表

在使用來源 / 媒介報表之前，必須要了解來源與媒介是兩個不同的維度，媒介指的是這些流量來自於哪一種媒介，來源則是單純指這些流量透過哪一個來源來的，舉例來說：

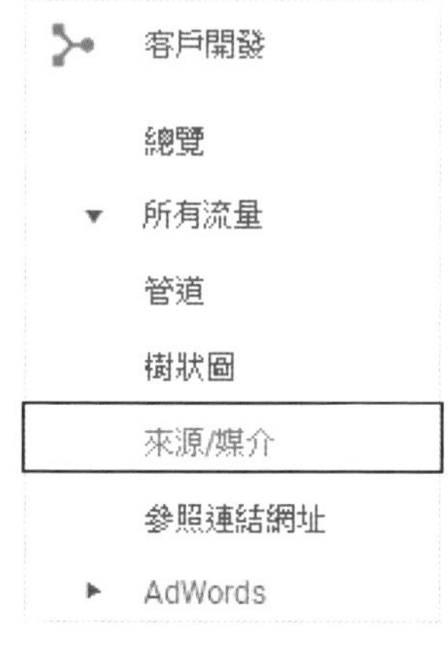

圖 5-8

- 來源：你的流量來自哪個網域 / 來源，例：Google、Yahoo、104.com（104 人力銀行）

- 媒介：只看來源沒辦法給你完整的數據洞察，因為同一個來源可能會有不同「媒介」的流量。舉例來說，從 Google 搜尋引擎到達你的網站的就會有兩種到達方式，就是關鍵字廣告（CPC）以及自然搜尋（Organic），所以「從 Google 的關鍵字廣告」來的流量就會在報表內顯示為「google/cpc」，而「Google 自然搜尋」的流量就會是「google/organic」，一個來源，兩個不同媒介。

以下為 GA 的四個常見媒介：

- CPC：透過 CPC 點擊廣告所造訪的流量（常見有：Yahoo、Google 關鍵字廣告）。

- Organic：透過自然搜尋所造訪的流量。

◆ None：基本上 (none) 只會出現在直接流量的 (direct)/(none) 上面，詳情如本章節前面所提到，於第 8 章也會有更進階的解說。

◆ Referral：所有透過第三方網站連到你網站的流量。

而在來源 / 媒介的報表中，Google Analytics 將來源與媒介這兩個維度組合成一個維度，讓你可以一次在報表內觀察到不同的流量資料（如圖 5-9）。

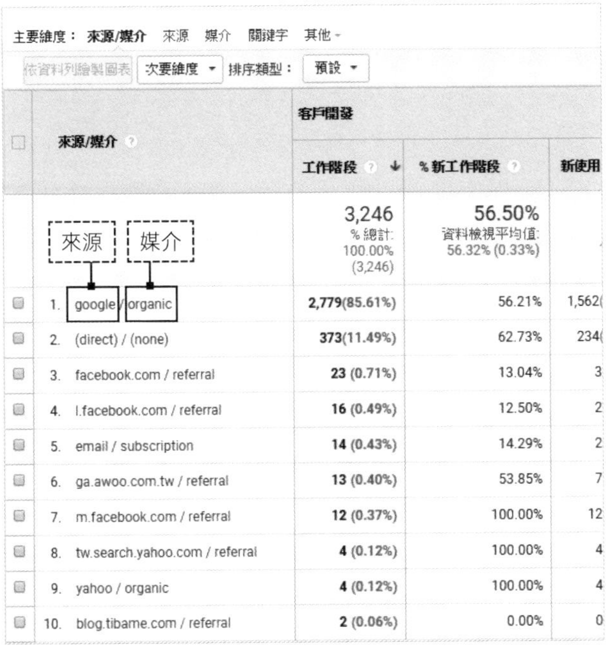

主要維度： 來源/媒介 來源 媒介 關鍵字 其他

依資料列繪製圖表 次要維度 ▾ 排序類型： 預設 ▾

來源　媒介

來源/媒介	客戶開發 工作階段 ↓	% 新工作階段	新使用
	3,246 % 總計: 100.00% (3,246)	56.50% 資料檢視平均值: 56.32% (0.33%)	
1. google / organic	2,779(85.61%)	56.21%	1,562(
2. (direct) / (none)	373(11.49%)	62.73%	234(
3. facebook.com / referral	23 (0.71%)	13.04%	3
4. l.facebook.com / referral	16 (0.49%)	12.50%	2
5. email / subscription	14 (0.43%)	14.29%	2
6. ga.awoo.com.tw / referral	13 (0.40%)	53.85%	7
7. m.facebook.com / referral	12 (0.37%)	100.00%	12
8. tw.search.yahoo.com / referral	4 (0.12%)	100.00%	4
9. yahoo / organic	4 (0.12%)	100.00%	4
10. blog.tibame.com / referral	2 (0.06%)	0.00%	0

圖 5-9：在來源 / 媒介的報表中，可以一次觀察到不同的流量資料

【來源 / 媒介】報表與【管道】、還有【總覽】報表同樣都可以幫助你觀察流量從哪裡來，只是【管道】、【總覽】報表的流量資料是有將所有的流量來源 / 媒介進行分組、分類，讓你可以在很短的時間內概括地觀察整個網站流量狀況，而【來源 / 媒介】報表則是幫助你看到最詳細的資料，理解每一個工作階段是從哪個來源、哪個媒介來，因此可以依照自己的需求來選擇不同的報表。

參照連結網址報表

「參照連結網址」為「Referral」在 Google Analytics 中的中文翻譯，在這個報表底下，可以完整地看到所有 Referral 的流量資料。

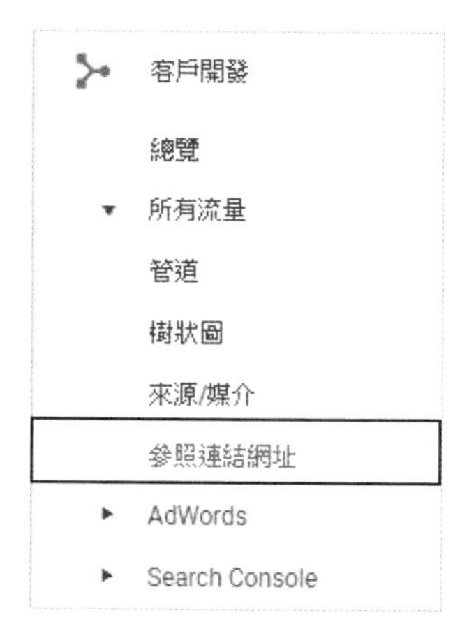

圖 5-10

如圖 5-11，參照連結網址報表會直接呈現來源給你，並不像來源 / 媒介報表裡面含有媒介的資料（因為此報表的流量媒介全部都是 Referral，因此 Google Analytics 就沒有再把它顯示出來）。

主要維度： 來源　到達網頁　其他

依資料列繪製圖表　次要維度　排序類型： 預設

來源	客戶開發			行為
	工作階段	% 新工作階段	新使用者	
	76 % 總計: 2.34% (3,246)	42.11% 資料檢視平均值: 56.32% (-25.23%)	32 % 總計: 1.75% (1,828)	
1. facebook.com	23(30.26%)	13.04%	3 (9.38%)	
2. l.facebook.com	16(21.05%)	12.50%	2 (6.25%)	
3. ga.awoo.com.tw	13(17.11%)	53.85%	7(21.88%)	
4. m.facebook.com	12(15.79%)	100.00%	12(37.50%)	
5. tw.search.yahoo.com	4 (5.26%)	100.00%	4(12.50%)	
6. blog.tibame.com	2 (2.63%)	0.00%	0 (0.00%)	
7. 9900.com.tw	1 (1.32%)	100.00%	1 (3.12%)	
8. bb.m2imc.com	1 (1.32%)	100.00%	1 (3.12%)	
9. dcplus.com	1 (1.32%)	100.00%	1 (3.12%)	
10. getpocket.com	1 (1.32%)	0.00%	0 (0.00%)	

圖 5-11：參照連結網址報表會直接呈現來源

為什麼 Google Analytics 要把 Referral 的流量特別獨立出一個報表呢？因為 Referral 代表著第三方網站所帶來的流量，透過這個報表可以很快地觀察「哪些第三方網站有連結到你的網站」，通常會大量產生 Referral 的流量，是因為有媒體報導、或是有其他部落客 / 小型媒體有放置連結推薦你的網站。因此，透過 Referral 流量的觀察，你可以得知自己網站的公共關係狀況，有多少其他網站推薦你的網站、有多少媒體報導你的品牌，這無疑是非常重要的資訊，也更顯示這個報表的存在必要。

社交報表

隨著資訊時代的進步，社群經營對於品牌越來越重要，當然 Google Analytics 也有專門為社群流量的分析，開發了一系列的報表。不過這系列分析的報表對於台灣市場並沒有太高的價值，因為台灣的社群網站目前僅有 Facebook 獨大。歐美國家的社群經營相較台灣則複雜許多，國外的流行社群有 Facebook、Twitter、IG…等，因此，還是要視你的網站狀況而定，來決定如何使用社交的報表。

客戶開發
總覽
▸ 所有流量
▸ AdWords
▸ Search Console
▾ 社交
總覽
社交網路參照連結網址
到達網頁
轉換
外掛程式
使用者流程
▸ 廣告活動

圖 5-12

➔ 社交總覽

在社交總覽的報表內，你可以看到社群網站帶來的流量概況，以圖 5-13 的報表來說：

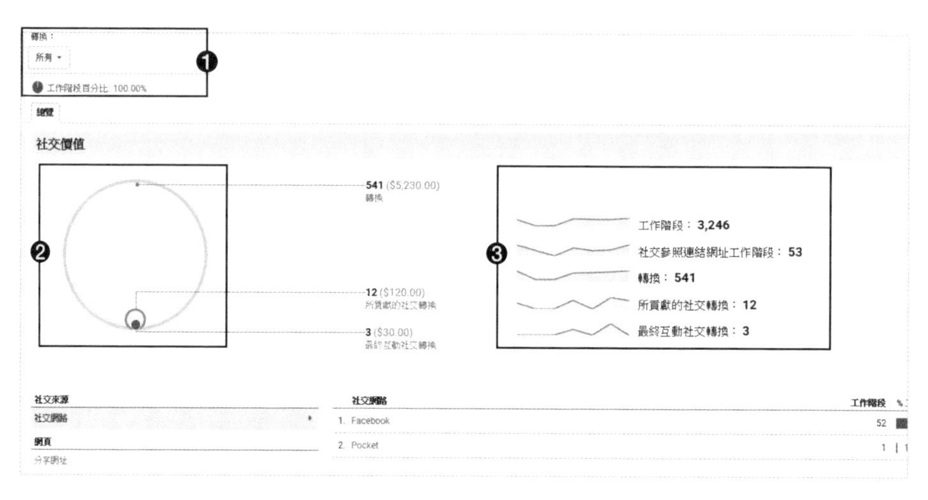

圖 5-13：社交總覽報表

❶ 在 ❶ 號的區塊可以更改要觀察的轉換目標，要特別提醒的是，如果你的 Google Analytics 沒有設定轉換目標，此報表將不會有資料。

❷ 圖 5-13 中外圍的大圈是網站總共獲得的轉換，而小圈則是社交媒體帶來的轉換，在社交媒體的報表中，轉換分為「貢獻的社交轉換」以及「最終互動社交轉換」，這跟轉換的點擊歸屬有關，在第 8 章將會有點擊歸屬的完整說明。

但總歸來說，「貢獻的社交轉換」便是指「輔助轉換」，也就是在使用者完成轉換之前，只要他曾透過社交到達你的網站，就會被計算在此指標中（詳情請閱讀第 8 章中提到的「輔助轉換 / 輔助點擊」）。

❸ 在報表的右側，可以看到幾個社交報表給你的主要指標，其中「工作階段」指的是全站的工作階段，而「社交參照連結網址工作階段」則是指社交媒體帶來的工作階段，「所貢獻的社交轉換」與「最終互動的社交轉換」則是如第二點所說明，是在點擊歸屬上的差異。

另外，Google Analytics 其實是透過流量來源的資料來判定哪些流量是屬於社交底下的。像是常見的 Twitter、IG、Facebook，只要 Google Analytics 有判定到該流量來源是來自於這些社交網站，都會被 Google Analytics 分類到社交底下，因為這些是常見的社交媒體。更精確一點來說，Google Analytics 是讀取社交網站送給 Google Analytics 的「referer header」來判定的，不過 referer header 的資訊細節比較偏向工程師的領域，故在此不多提。

➔ 社交媒體參照連結網址

在社交底下的參照連結網址報表，主要是幫你整理出有哪些社交網站帶來流量，並呈現出各個網站的工作階段、瀏覽量、工作階段時間長度、單次工作階段頁數，同時報表上方有【全站】的工作階段，以及【社交】為你帶來的工作階段趨勢圖，透過這個圖表的比對，可以看到全站的流量與社交的流量浮動的狀況。

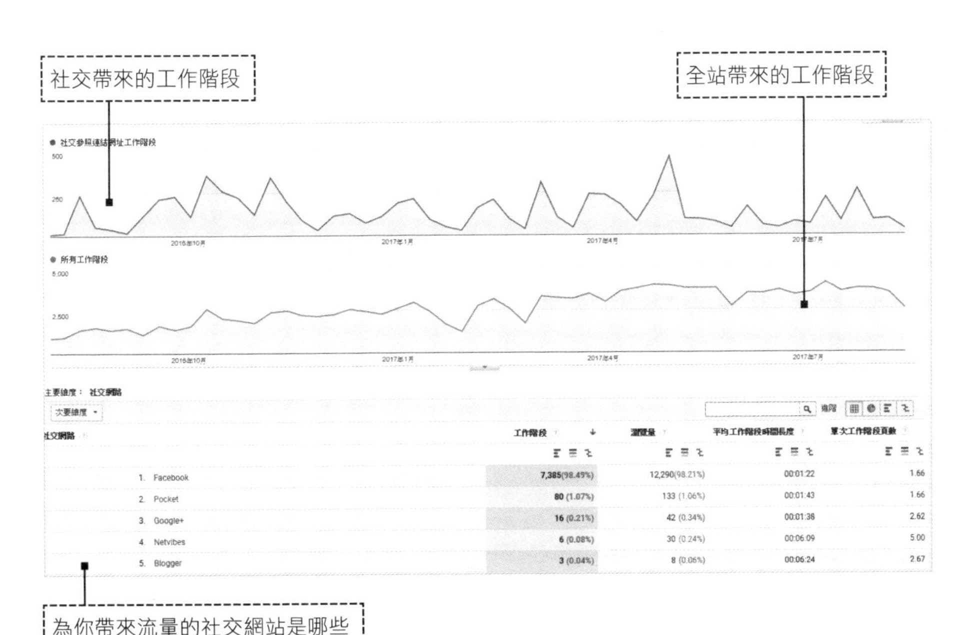

圖 5-14：這個圖表可以幫助你理解網站與社交網站的流量狀況並做交叉比對

通常在網站經營上，如果你有投資某一流量管道的經營，就會帶動品牌意識、也會帶動其他流量管道的成長。舉例來說，假設你今天投資了大量的關鍵字廣告或戶外廣告，可能同時會帶動你的搜尋流量，因為使用者在其他地方看到廣告後，可能會回頭搜尋你的品牌、找你的網站，同理可證，如果關鍵字廣告預算增加、SEO 做得比較好，社交的流量也有可能會跟著提升。

總結來說，若你大量投資社交的經營，除了會得到較多的社交流量之外，也可能會帶動全站的流量成長，這個圖表可以幫助你理解整個網站與社交網站的流量狀況，並做交叉比對。

➔ 到達網頁報表

社交底下的到達網頁報表，其實跟一般【到達網頁】的維度相同。不過，這裡的到達網頁報表預先幫你把流量來源篩選為「社交媒體」的網站，因此看到的是所有社交媒體的到達網頁資料。

主要維度： 分享網址

次要維度 ▾

	分享網址	工作階段 ↓
1.	www.yesharris.com/www.yesharris.com	574 (7.67%)
2.	www.yesharris.com/search-console-report/www.yesharris.com	341 (4.56%)
3.	www.yesharris.com/content-duplicate-issue/www.yesharris.com	314 (4.20%)
4.	www.yesharris.com/seo-common-mistake/www.yesharris.com	306 (4.09%)
5.	www.yesharris.com/seo-tools-2017/www.yesharris.com	306 (4.09%)
6.	www.yesharris.com/ga-session-sc-click/www.yesharris.com	271 (3.62%)
7.	www.yesharris.com/2017-seo/www.yesharris.com	236 (3.16%)
8.	www.yesharris.com/google-analytics-content-grouping/www.yesharris.com	226 (3.02%)
9.	www.yesharris.com/seo-text-structure/www.yesharris.com	220 (2.94%)
10.	www.yesharris.com/google-analytics-seo/www.yesharris.com	214 (2.86%)

圖 5-15：這裡看到的是所有社交媒體的到達網頁資料

社交的到達網頁報表可以幫助網站經營者得知自己所經營的社群媒體，究竟哪些頁面有確實帶來流量、使用者都是點擊哪些貼文進到我們網站的。舉例來說，假設網址 www.example.com/page-1 在到達網頁報表內有較多的流量，代表這個頁面極有可能獲得比較多的分享、傳播效應也較強，導致有較多的使用者從這個頁面進到我們網站。

➔ 轉換報表

如同所有社交報表的概念，社交底下的轉換報表則是 GA 幫你彙整了 twitter、facebook…等社群媒體所帶來的轉換數據。

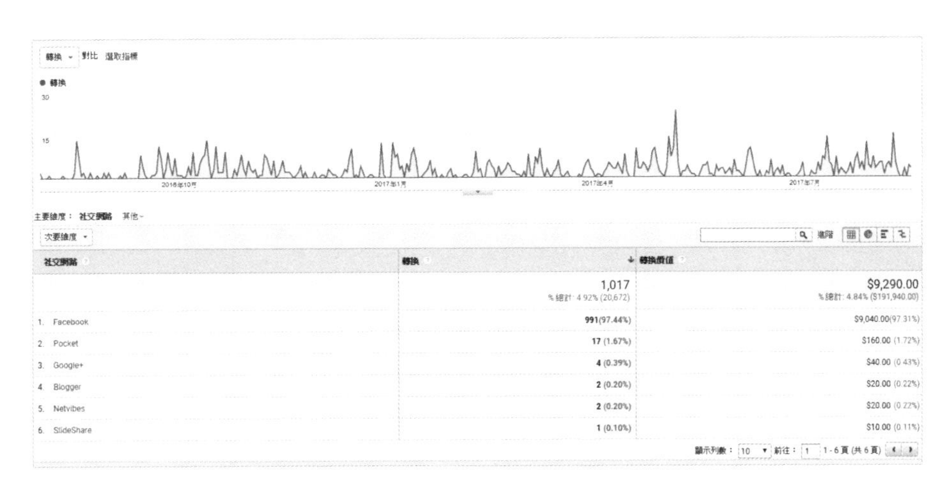

圖 5-16：社交轉換報表彙整來自 twitter、facebook 等社群媒體帶來的轉換數據

值得一提的是，在社交的轉換報表底下，你可以找到點擊歸屬的相關功能（如圖 5-17），幫助你更細節地分析社群媒體帶來轉換的狀況、並更進一步的剖析社交媒體在使用者的轉換歷程中，扮演什麼樣的角色。（關於點擊歸屬的細節請閱讀第 8 章）

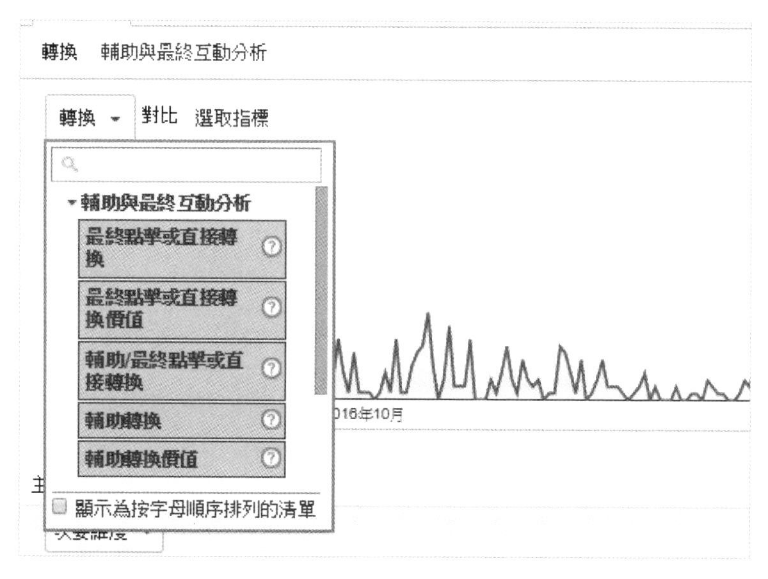

圖 5-17：點擊歸屬的相關功能可幫助你作更細膩的分析

廣告活動報表

廣告活動報表為本章最重要的一部份。在開始介紹報表之前，先介紹 GA「網址產生器」這個東西，這個由 GA 官方團隊所開發的工具，能夠幫助你更有效率、有規劃的追蹤流量來源。

圖 5-18

➔ 認識 Google Analytics 的「網址產生器」

Google Analytics 網址產生器為 Google 專用的標記系統，可用來協助行銷人員追蹤行銷成效，只要加入網址參數，就可以更改特定流量的來源、媒介，連掃描 QR code 的流量也能精準追蹤，在 Google Analytics 的實務中，當碰到流量無法歸類的情況時，只要配合網址產生器就能將流量精準歸類。

舉例來說，若你的網站有配合 Facebook 社群網站的經營，你應該知道所有來自於 Facebook 貼文的流量都會呈現 facebook.com / referral，但只是看到 facebook.com/referral 是不夠的，如果想知道哪篇貼文成效比較好、什麼樣的內容確實得到有價值的客戶以及轉換，就需要更多的資訊。這時使用網址產生器就能將每一篇 Facebook 貼文帶來的流量都進行歸類，協助你了解各貼文的成效。

我們經常用【來源】、【媒介】這兩個維度來觀看流量的資料，來源是指流量來自於哪個網域進來、媒介則是指流量從該網域的哪種途徑進來，假設我今天進行的兩個行銷活動都是透過 facebook / referral，想要將其中一個行銷活動的來源、媒介更改為 facebook / event，這時使用網址產生器，就能幫你更改【來源 / 媒介】的呈現方式。

網址產生器的實際操作方式非常簡單，只要把目標網址放進產生器裡面，填上資訊就會自動產生一組可以更改【來源 / 媒介】的網址。我們直接示範一次，你就能清楚它的概念：

舉例來說，我今天跟明天都要在 Facebook 粉絲團辦送電影票的活動來宣傳部落格，但是每天都會有 5 篇 Facebook 貼文連到我的網站，其中僅有一篇貼文是送票活動，報表打開只能看到所有 Facebook 的流量都是→ facebook.com / referral，根本沒辦法分辨哪些工作階段是送電影票活動帶來的、哪些又是其他 Facebook 貼文所帶來的，這時候你就很頭痛了，但使用 Google Analytics 的網址產生器馬上就能解決這個問題。

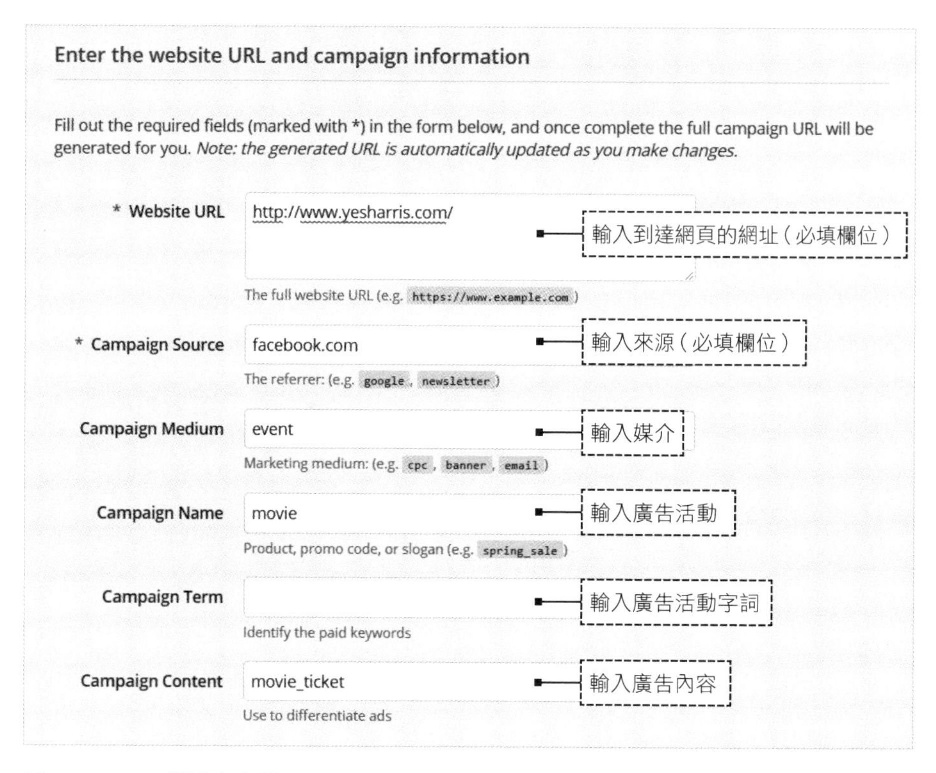

圖 5-19：GA 網址產生器

網址產生器的網址如下：

https://ga-dev-tools.appspot.com/campaign-url-builder/

點開網址產生器後，你會看到如圖 5-19 的畫面，將你的網站網址輸入在第一欄「網站網址」，然後在來源、媒介的欄位輸入你能辨認出來的內容、以及這些流量來源的命名（以自己能辨認的為主）。以圖 5-19 為例，我輸入網址→ http://www.yesharris.com/，因為是臉書的活動貼文，所以【來源】就設定 facebook.com、【媒介】則是 event、【廣告內容】設定 movie_ticket、【廣告活動】為 movie（事實上怎麼設都可以，只要你在 GA 報表內認得就好）。

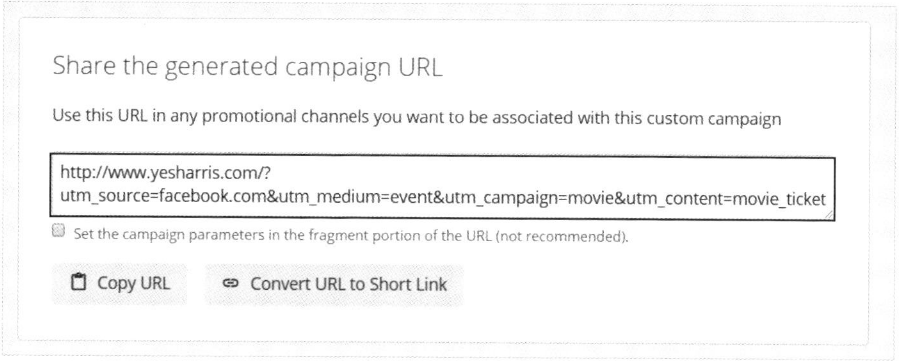

Share the generated campaign URL
Use this URL in any promotional channels you want to be associated with this custom campaign
http://www.yesharris.com/?
utm_source=facebook.com&utm_medium=event&utm_campaign=movie&utm_content=movie_ticket
Set the campaign parameters in the fragment portion of the URL (not recommended).
Copy URL
Convert URL to Short Link

圖 5-20：輸入完畢後，網址產生器就會出現一串 URL

輸入完畢後，網址產生器的下方就會出現如圖 5-20 的這串 URL，把這串 URL 發佈到 Facebook 上或是你希望這個行銷活動佈局的平台上曝光，之後所有這串 URL 的點擊，在 Google Analytics 裡都會以下方的資料呈現流量數據：

- 來源：facebook
- 媒介：event
- 廣告活動：movie
- 廣告內容：movie_ticket

主要維度： 來源/媒介 來源 媒介 關鍵字 其他
依資料列繪製圖表
次要維度：廣告活動
排序類型：
預設
來源/媒介
廣告活動
客戶開發
工作階段
8
% 總計:
0.01%
(154,474)
1. facebook.com / event
movie
5 (62.50%)

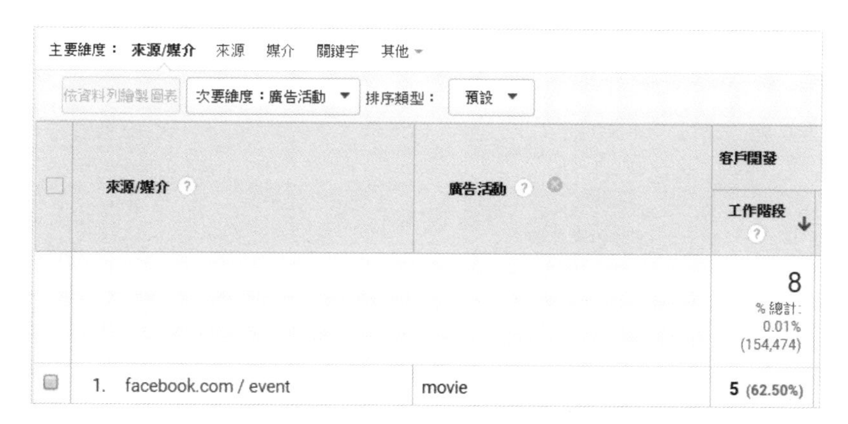

圖 5-21：所有點擊此串 URL 的流量資料，都會依據你所做的更動顯示在 GA 裡面

我們回到圖 5-20 的那串 URL，你會發現 URL 的後面有一整串的參數，這段參數通稱為「UTM 標記」，UTM 標記是 Google 所開發的技術，可用來更改流量的維度資料，而網址產生器則是幫助我們產生 UTM 標記的工具。

我們來看看圖 5-20 的這串 URL：

http://www.yesharris.com/?utm_source=facebook.com&utm_medium=event&utm_content=movie_ticket&utm_campaign=movie

仔細看會看到裡面分別有 source（來源）、medium（媒介）、conntent（廣告內容）、campaign（廣告活動）四個 UTM 標記，每個 utm 標記後面的值則是我剛剛在網址產生器所輸入的內容（如圖 5-19）。因為來源設置的是 facebook.com，所以會在那一長串的網址參數中看到 utm_source=facebook.com，這串網址並不會影響訪客點擊的到達頁面、也不會影響訪客瀏覽網頁的體驗，這段參數僅會改變 Google Analytics 的維度呈現。

網址產生器共支援五個維度的變更，分別是來源、媒介、廣告活動、廣告內容、廣告活動字詞，被更改來源 / 媒介的流量，可以直接在來源 / 媒介裡面看到相關的資料，而廣告活動、廣告活動內容、廣告活動字詞則可以在次要維度裡面被找到（如圖 5-22）。

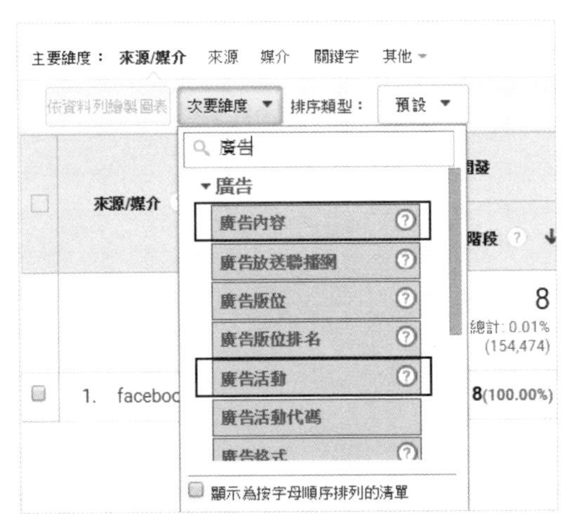

圖 5-22：廣告活動、廣告活動內容、廣告活動字詞可以在次要維度裡面被找到

該如何應用網址產生器（UTM 標記）

◆ Facebook 的貼文成效追蹤

實務上網址產生器最常用在追蹤社群網站的行銷活動，如果沒有利用網址參數設置、規劃，Google Analytics 只會把 Facebook 帶給你網站的流量都顯示為 facebook.com / referral，有了網址產生器，就可以把不同的貼文做切割，但必須要事前規劃好希望網址產生器所提供的五個維度（來源、媒介、廣告活動、廣告活動內容、廣告活動字詞）該怎麼使用。舉例來說，如果每一天有五個貼文，你可以把五個貼文的來源 / 媒介都設為【facebook/post】，這樣只要看到【facebook/post】就代表著這些流量是你的貼文所帶來的，但如果希望能區分「哪一則貼文比較有效？」，可以再利用【廣告活動】的維度，將五個貼文分別設定為 post01、post02、post03、post04、post05，這樣在報表上閱讀起來就會容易許多（如圖 5-23）。

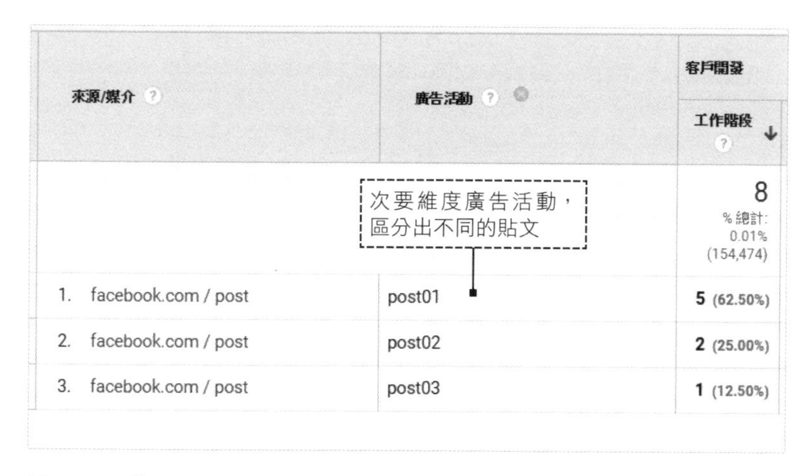

來源/媒介	廣告活動	客戶開發 工作階段
		8 % 總計: 0.01% (154,474)
1. facebook.com / post	post01	5 (62.50%)
2. facebook.com / post	post02	2 (25.00%)
3. facebook.com / post	post03	1 (12.50%)

圖 5-23：使用 UTM 標記可以追蹤每則貼文的成效

◆ 原生廣告的成效追蹤

如果你的公司有購買其他原生廣告，且廣告投放的圖檔設計種類很多時，可以在不同的廣告連結掛上不同的 UTM 標記來做成效追蹤，同樣邏輯也可以套用在 Google 的多媒體聯播網、甚至在跟其他網站合作時，都應該利用 UTM 標記來有效地追蹤流量資料。

◆ 線下活動、QR Code 的追蹤

若你的實體活動有發送傳單給參加活動的人，也可以用網址產生器追蹤活動的成效，只要先用網址產生器掛上 UTM 參數，將網址作成 QR Code 印到傳單上或發佈到想曝光的平台即可。所有掃描 QR Code 到訪網站的流量都會因為網址參數被額外歸類出來。

其他使用網址產生器的注意事項

◆ 網址冗長要注意

因為網址帶著一長串的 UTM 參數，如果你直接把這一長串網址貼出去給使用者看到，有時候會造成使用者分享給朋友時不便、觀感也不好，因此我會建議你用縮網址的工具來將網址精簡化，Google Shortener、或是 PTT 縮網址都是很好用的工具。

◆ 使用者加入書籤

如果訪客從帶有參數的網址進入你的網站，而且把這個網址加入瀏覽器的書籤，那麼訪客下次從書籤、我的最愛進來時，Google Analytics 報表還是會依照 UTM 參數所設置的來源、媒介呈現出流量的來源。這部分需要特別注意，否則誤判流量的來源。如果你的行銷活動結束後，還會看到你設置的來源 / 媒介還帶有流量，代表使用者可能已經將你的網站收藏到瀏覽器的書籤中了。

◆ 請務必事前規劃如何使用這五個維度

如果行銷活動很多、廣告預算也不低，你一定會常用到這個功能。建議你在使用之前一定要做好規劃，否則過一段時間後再回頭看廣告活動、廣告內容等維度，可能早就忘記當初自己設定的這個名稱是什麼意思。我會建議至少來源 / 媒介盡量決定後就不要再做更動，從廣告活動、廣告內容這些其他維度下手去做變化即可。

➔ 所有廣告活動報表

接著我們回到廣告活動報表底下的四個報表，首先是【所有廣告活動】報表，這個報表其實跟一般的報表沒有不同，只是主要的維度是「廣告活動」。

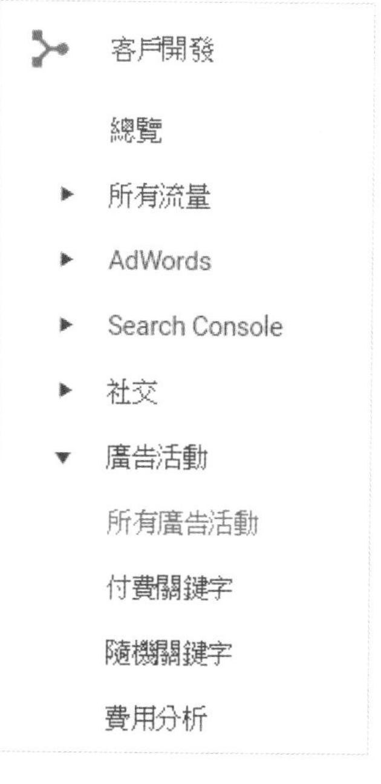

圖 5-24

如圖 5-25，在報表中看到主要的維度為廣告活動，而且底下會有相關的資料。以我來說，網站所有的 EDM 或是 Facebook 上的行銷活動，都有使用 UTM 標記來填入「廣告活動」這個維度的資料，所以這個報表對我來說是常用的。

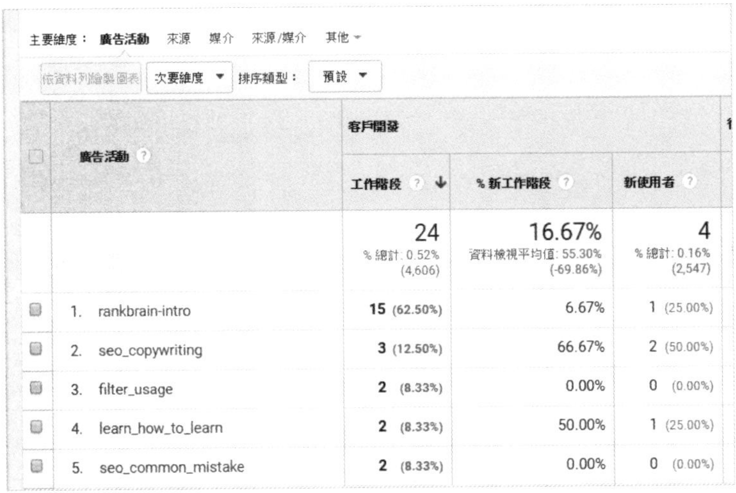

主要維度： 廣告活動 來源 媒介 來源/媒介 其他

依資料列繪製圖表 次要維度 排序類型： 預設

廣告活動	客戶開發		
	工作階段	% 新工作階段	新使用者
	24 % 總計: 0.52% (4,606)	16.67% 資料檢視平均值: 55.30% (-69.86%)	4 % 總計: 0.16% (2,547)
1. rankbrain-intro	15 (62.50%)	6.67%	1 (25.00%)
2. seo_copywriting	3 (12.50%)	66.67%	2 (50.00%)
3. filter_usage	2 (8.33%)	0.00%	0 (0.00%)
4. learn_how_to_learn	2 (8.33%)	50.00%	1 (25.00%)
5. seo_common_mistake	2 (8.33%)	0.00%	0 (0.00%)

圖 5-25：所有的 EDM 或 FB 上的行銷活動，都有用 UTM 標記來填入「廣告活動」這個維度

值得一提的是，如果你有操作關鍵字廣告的話，基本上就算你用過網址產生器來產出 UTM 標記，這個報表還是會有相關資料。

為什麼呢？事實上，「使用網址產生器來做 UTM 標記」這個行為俗稱為「手動標記」，流量的資料是你手動去做更改、優化的，但 Google Adwords 有「自動標記」的功能。也就是說，只要 Adwords 自動標記的功能在開啟的狀況下，即使不做任何設定，Adwords 還是會自動幫你送出廣告活動、廣告內容、廣告活動字詞這些資料給 Google Analytics，報表內還是會有 Adwords 的所帶來的流量（廣告）資料。

➔ 付費關鍵字報表 vs 隨機關鍵字報表

【付費關鍵字】報表與【隨機關鍵字】報表基本上是給你關鍵字的維度資料，告訴你透過搜尋引擎到訪你網站的使用者，都是「搜尋什麼關鍵字」找到你的網站的，但搜尋結果上的點擊又分為關鍵字廣告、以及自然搜尋兩種，所以 Google Analytics 將關鍵字報表拆分為付費關鍵字報表（關鍵字廣告）以及隨機關鍵字報表（自然搜尋）。

在付費關鍵字報表內，你可以完整看到關鍵字廣告所帶來的關鍵字資料，但【隨機關鍵字】報表卻不是，你在【隨機關鍵字】報表內會看到許多的資料會被放到 (not provided) 裡面，為了保護使用者的隱私，Google 已經不再提供自然搜尋的關鍵字報表了，所以這個報表目前能給我們的洞察力其實非常少，少了這樣的報表後，我們很難去分析使用者的自然搜尋行為。

圖 5-26：隨機關鍵字報表內會有許多的資料會被放到 (not provided) 裡面

如果你希望分析使用者的關鍵字行為，還是必須要依賴關鍵字廣告的資料、配合到達網頁報表，循序推敲、分析，才能一探關鍵字行為的全貌。

➔ 費用分析報表

在【費用分析】報表內，Google Analytics 會顯示所有管道來源的流量資料（如圖 5-27），並幫助你比對各個管道的花費（預設只要是與 Google 有關的廣告，像是關鍵字廣告、甚至多媒體的聯播網都會有資料在上面），並觀察整體的花費狀況。

與廣告有關的指標，如費用、點擊將會呈現在此報表

主要維度： 來源/媒介 廣告活動 關鍵字

依資料列繪製圖表 次要維度 排序類型： 預設

	來源/媒介	工作階段	曝光	點擊	費用
		25,294 % 總計: 59.61% (42,431)	35,191 % 總計: 100.00% (35,191)	1,348 % 總計: 100.00% (1,348)	$5,786.78 % 總計: 100.00% ($5,786.78)
1.	google / organic	23,576 (93.21%)	0 (0.00%)	0 (0.00%)	$0.00 (0.00%)
2.	google / cpc	1,706 (6.74%)	35,191(100.00%)	1,348(100.00%)	$5,786.78(100.00%)
3.	mail.google.com / referral	6 (0.02%)	0 (0.00%)	0 (0.00%)	$0.00 (0.00%)
4.	google.com / referral	2 (0.01%)	0 (0.00%)	0 (0.00%)	$0.00 (0.00%)
5.	google.com.tw / referral	2 (0.01%)	0 (0.00%)	0 (0.00%)	$0.00 (0.00%)
6.	keep.google.com / referral	2 (0.01%)	0 (0.00%)	0 (0.00%)	$0.00 (0.00%)

圖 5-27：在【費用分析】報表內，GA 會顯示所有管道來源的流量資料

當然，報表內也有投資報酬率的指標、每次點擊收益等資料，可以做交叉比對與分析。

點閱率	單次點擊出價	單次點擊收益	廣告投資報酬率
3.83% 資料檢視平均值: 3.83% (0.00%)	$4.29 資料檢視平均值: $4.29 (0.00%)	$14.16 資料檢視平均值: $22.69 (-37.59%)	329.89% 資料檢視平均值: 528.62% (-37.59%)

圖 5-28：報表內也有投資報酬率的指標、每次點擊收益等資料，可以做交叉比對與分析

總結來說，Google Analytics【客戶開發】底下的報表能夠協助你觀察使用者的來歷、他們從哪來、從哪些流量管道造訪，更重要的是，你能夠看到哪一個流量管道有確實為你帶來收益、轉換，整個客戶開發報表都是非常適合每天追蹤與觀察的，你必須要跟它非常的熟悉，理解網站流量的所有細節。

chapter 6

行為－使用者行為分析

本章重點

- 行為流程報表
- 網站內容報表
- 認識網站速度報表
- 站內搜尋報表

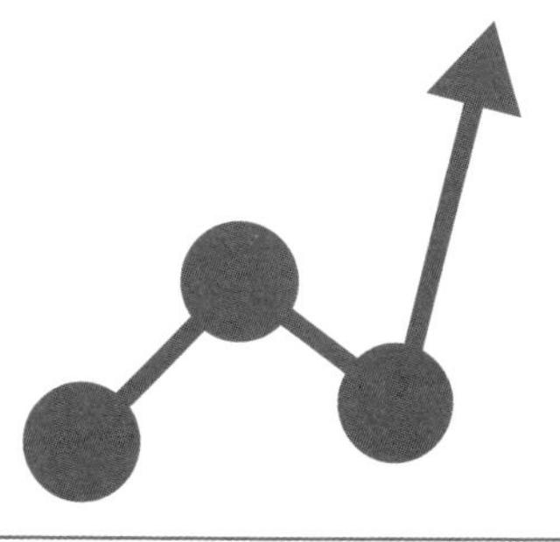

Google Analytics 的【行為】報表能夠幫助我們理解使用者在網站內的瀏覽行為，透過【行為】底下的到達網頁報表、離開網頁報表，可以對於使用者的瀏覽動線有進一步的認識，但我也不得不說，儘管 Google Analytics 的「行為」底下有這麼多的報表，但網站內的「行為分析」其實一直是 Google Analytics 的弱項，如果你在網站分析上並沒有非常豐厚的經驗，即便卯盡全力地利用 Google Analytics 的行為報表來進行分析，仍然很難去理解使用者在網站上的行為全貌。所以，就算真的無法透過 Google Analytics 分析出完整的使用者行為，也不用太過於氣餒。

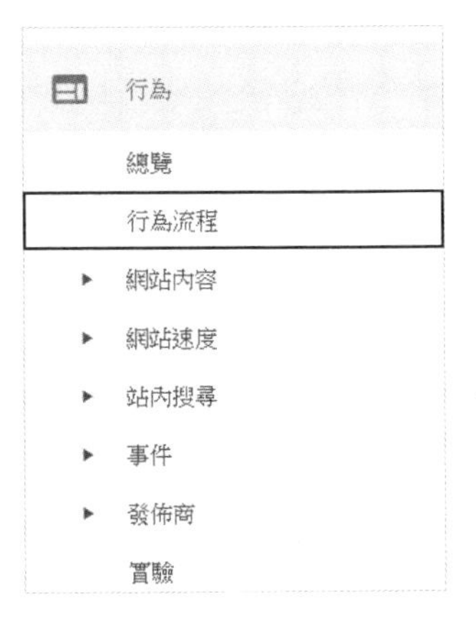

圖 6-1

不過，透過 Google Analytics 的行為報表，還是可以解答出像是下述的問題：

- 我的使用者都從哪個頁面進來網站？
- 從哪個頁面進來網站的人會創造出比較多的轉換？
- 我的使用者都從哪個頁面離開網站？
- 我的使用者瀏覽網頁的歷程大致上是如何？
- 我的使用者在我的網站內都搜尋什麼內容？

行為流程報表

【行為流程】報表為使用者在網站上瀏覽網頁時的動線圖，它可以幫助你理解使用者在網站上都從哪邊進來網站、從哪邊離開網站，並加以理解使用者的行為。

圖 6-2

圖 6-3 就是【行為流程】報表的全貌，在【行為流程】報表中，你看到的是「網站整體」的使用者瀏覽動線，從左至右可以看到使用者從哪個頁面進來網站、在每個頁面分別流失了多少百分比的使用者，同時，報表中的線條會依據使用者的數量而從粗至細做變化，線路越粗代表著越多的使用者是按照那個動線來瀏覽網站；反之，線路越細則代表著越少的使用者，在每個頁面流失多少使用者，Google Analytics 也會圖像化讓你一目了然。

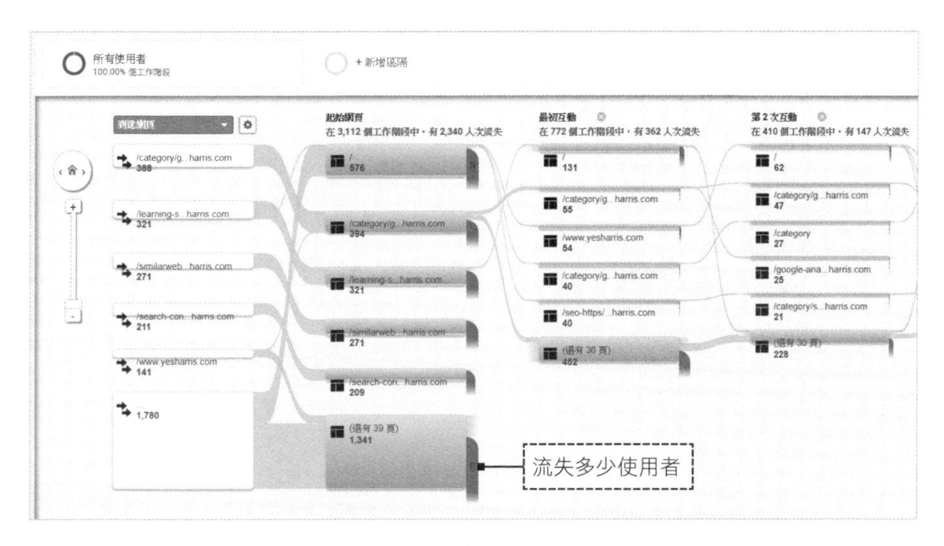

圖 6-3：在【行為流程】報表中可以看到「網站整體」的使用者瀏覽動線

行為流程報表強大的其中一個功能在於，你可以在報表的左上方選取（如圖 6-4）想觀察的維度，像是觀察不同國家的人進站後的瀏覽動線、不同來源的人進站後的瀏覽動線，依據使用者的特徵、維度的不同，他們的瀏覽行為都可能會有所不同。

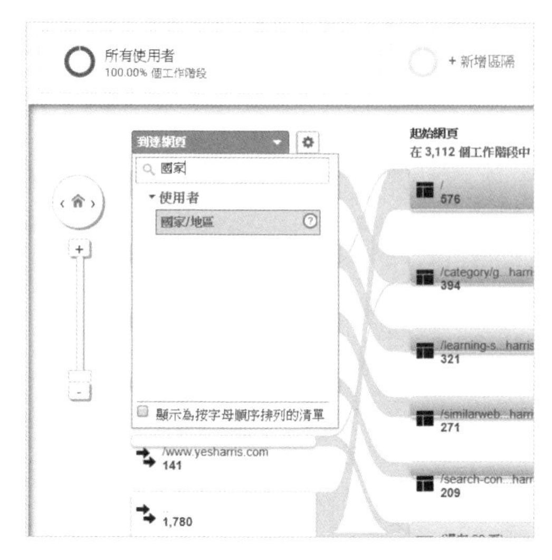

圖 6-4：報表的左上方可以選取想觀察的維度

你可以看到圖 6-5 的報表，與 6-3 已有所不同，因為報表已經更換了維度為國家 / 地區。

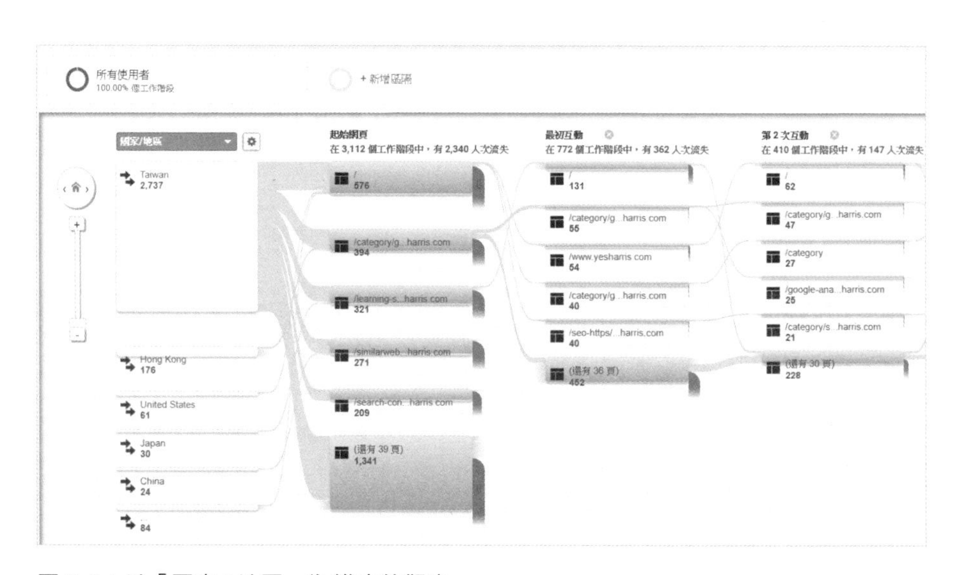

圖 6-5：以「國家 / 地區」為維度的觀察

因為使用者的行為流程是複雜的，因此 Google Analytics 的報表內也支援其他的功能幫助你觀察數據，只要在任一個報表的區塊上點擊，就可以選擇「突顯途經此處的流量」（如圖 6-6），藉此來專注觀察特定路徑的流量狀況。

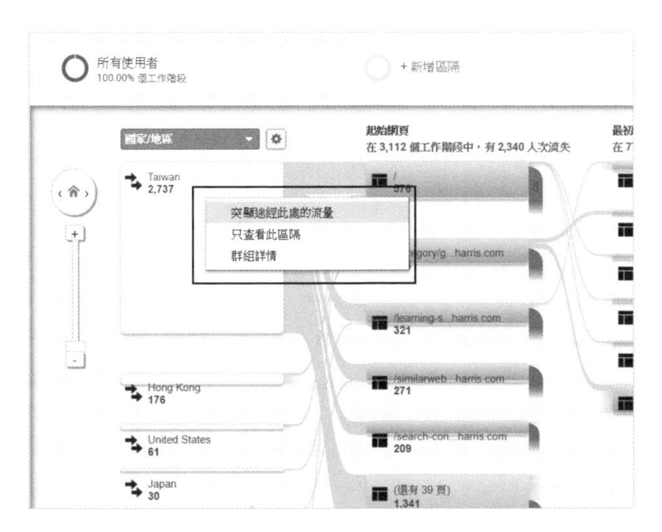

圖 6-6：選擇「突顯途經此處的流量」，可以專注觀察特定路徑的流量狀況

如圖 6-7，在選取了「突顯途經此處的流量」後，報表會用色差的方式強調出你想觀察的流量，更便於觀察。

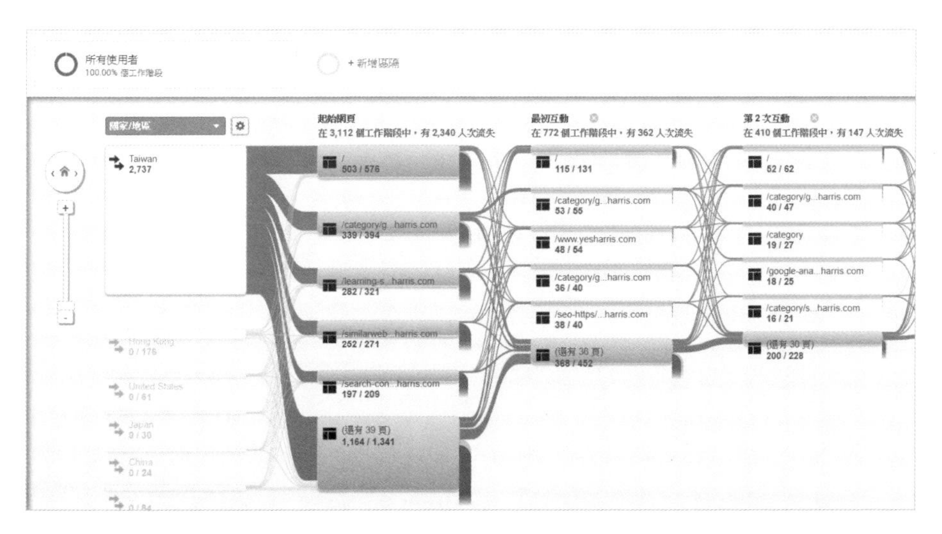

圖 6-7：「突顯途經此處的流量」後，報表會用色差的方式強調出你想觀察的流量

當然，你也可以看到每一個頁面使用者的離開狀況，他們究竟瀏覽過什麼頁面、從哪裡離開，都能夠一目了然（如圖 6-8）。

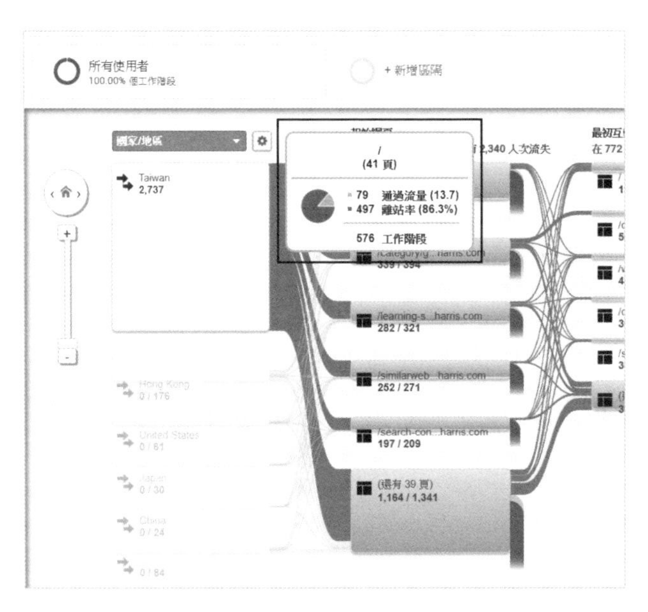

圖 6-8：使用者瀏覽過什麼頁面、從哪裡離開，在此一目了然

網站內容報表

【網站內容】底下總共有【所有網頁】、【內容深入分析】、【到達網頁】、【離開網頁】等四個報表，都是 Google Analytics 的標準報表，所以理解上並不會太困難，它們主要的功能是幫助你以頁為單位，了解每個網頁的瀏覽狀況、價值、使用者的瀏覽動線。

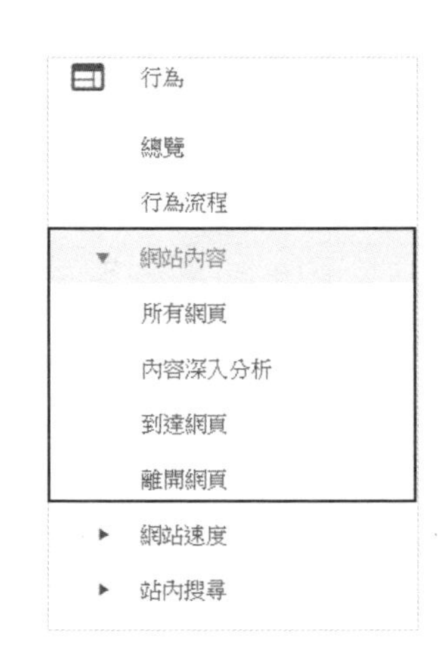

圖 6-9

所有網頁報表

【所有網頁】報表是用來讓我們以「網頁」作為單位觀察網站上的各項指標數據，透過這個報表，可以知道網站上哪一個頁面有產生比較多的瀏覽量、產生較多的價值。

圖 6-10 來說，報表內將所有的網址都列了出來，在這裡可以看到每個頁面的瀏覽量、平均停留時間、入站、離開百分比。

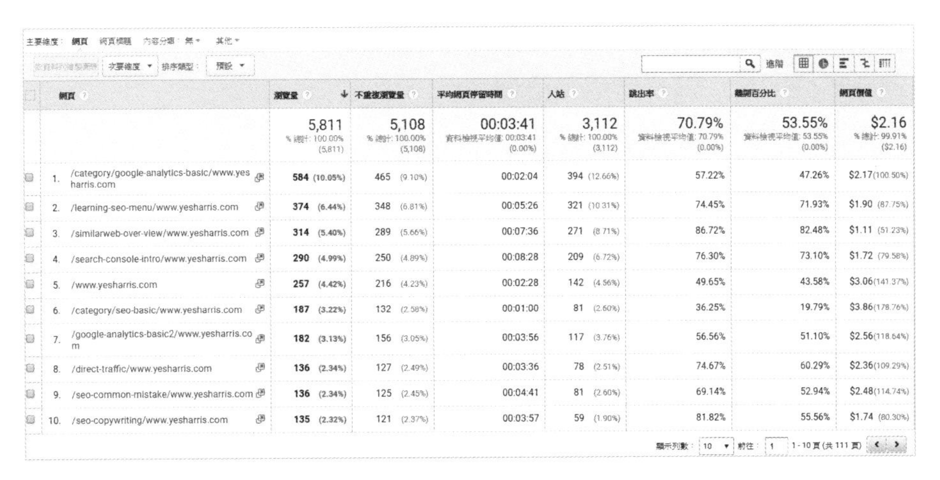

主要維度：網頁 網頁標題 內容分類：無 其他
次要維度 排序類型：預設 進階

	網頁	瀏覽量	不重複瀏覽量	平均網頁停留時間	入站	跳出率	離開百分比	網頁價值
		5,811 % 總計: 100.00% (5,811)	5,108 % 總計: 100.00% (5,108)	00:03:41 資料檢視平均值: 00:03:41 (0.00%)	3,112 % 總計: 100.00% (3,112)	70.79% 資料檢視平均值: 70.79% (0.00%)	53.55% 資料檢視平均值: 53.55% (0.00%)	$2.16 % 總計: 99.91% ($2.16)
1.	/category/google-analytics-basic/www.yesharris.com	584 (10.05%)	465 (9.10%)	00:02:04	394 (12.66%)	57.22%	47.26%	$2.17(100.50%)
2.	/learning-seo-menu/www.yesharris.com	374 (6.44%)	348 (6.81%)	00:05:26	321 (10.31%)	74.45%	71.93%	$1.90 (87.75%)
3.	/similarweb-over-view/www.yesharris.com	314 (5.40%)	289 (5.66%)	00:07:36	271 (8.71%)	86.72%	82.48%	$1.11 (51.23%)
4.	/search-console-intro/www.yesharris.com	290 (4.99%)	250 (4.89%)	00:08:28	209 (6.72%)	76.30%	73.10%	$1.72 (79.58%)
5.	/www.yesharris.com	257 (4.42%)	216 (4.23%)	00:02:28	142 (4.56%)	49.65%	43.58%	$3.06(141.37%)
6.	/category/seo-basic/www.yesharris.com	187 (3.22%)	132 (2.58%)	00:01:00	81 (2.60%)	36.25%	19.79%	$3.86(178.76%)
7.	/google-analytics-basic2/www.yesharris.com	182 (3.13%)	156 (3.05%)	00:03:56	117 (3.76%)	56.56%	51.10%	$2.56(118.64%)
8.	/direct-traffic/www.yesharris.com	136 (2.34%)	127 (2.49%)	00:03:36	78 (2.51%)	74.67%	60.29%	$2.36(109.29%)
9.	/seo-common-mistake/www.yesharris.com	136 (2.34%)	125 (2.45%)	00:04:41	81 (2.60%)	69.14%	52.94%	$2.48(114.74%)
10.	/seo-copywriting/www.yesharris.com	135 (2.32%)	121 (2.37%)	00:03:57	59 (1.90%)	81.82%	55.56%	$1.74 (80.30%)

顯示列數：10 前往：1 1 - 10 頁 (共 111 頁)

圖 6-10：報表內列出了所有的網址及其瀏覽量、平均停留時間、入站、離開百分比

同時，所有網頁的報表提供「網頁標題」的維度（如圖 6-11），這個維度可以幫助你從網頁標題的角度來觀察資料。

Google Analytics 內的「網頁標題」是指網頁上的 <title> 標記。

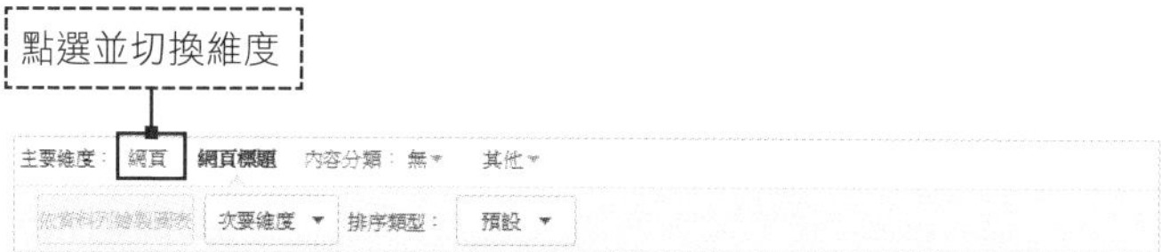

點選並切換維度

主要維度：網頁 網頁標題 內容分組：無 其他

次要維度 排序類型：預設

	網頁標題	瀏覽量	不重複瀏覽量	平均網頁
		5,811 % 總計: 100.00% (5,811)	5,108 % 總計: 100.00% (5,108)	
1.	Google Analytics 基礎教學 | Harris先生	586 (10.08%)	467 (9.14%)	
2.	學習SEO的完整訓練菜單，SEO只要自學就夠了！ | Harris先生	372 (6.40%)	346 (6.77%)	
3.	網站分析軟體 SimilarWeb， 用過就離不開！ | Harris 先生	313 (5.39%)	288 (5.64%)	
4.	Google Search Console 初學者指南，如何使用及安裝 | Harris 先生	290 (4.99%)	250 (4.89%)	
5.	Harris先生 - Google Analytics 網站分析、白帽 SEO傳教士	257 (4.42%)	216 (4.23%)	
6.	SEO 基礎教學 | Harris先生	187 (3.22%)	132 (2.58%)	
7.	Google Analytics 基礎報表攻略(二) - 客戶開發 | Harris 先生	182 (3.13%)	156 (3.05%)	
8.	你不該這樣優化 SEO，四個過時的 SEO優化技巧 | Harris 先生	136 (2.34%)	125 (2.45%)	
9.	你該理解的直接流量 (direct / none) | Harris先生	136 (2.34%)	127 (2.49%)	

圖 6-11：「網頁標題」的維度可幫助你從網頁標題的角度來觀察資料

【所有網頁】報表大致上是跟 GA 的標準報表是一樣的，但有你還是必須要理解【所有網頁】報表裡面的幾個特殊指標：

◆ **瀏覽量：**

只要使用者進到你的網站，觸發 GA 的追蹤碼之後就算一次瀏覽量。若使用者在進到你的網站後，按 F5 或是重新整理會再計算一次瀏覽量。若使用者瀏覽到其他頁面再瀏覽回原先的頁面，原先的頁面也會再被計算一次瀏覽量。

◆ **不重複瀏覽量：**

同一個工作階段只能對一個頁面產生一個不重複瀏覽量，舉例來說，在同一個工作階段內，我在 A 頁面按了多次重新整理，雖然會產生多筆「瀏覽量」，但只會產生一筆「不重複瀏覽量」。

◆ **入站：**

入站是指一個工作階段在進到你的網站時，所開始瀏覽的「第一個頁面」，也就是該工作階段產生第一筆瀏覽量的頁面。

◆ **網頁價值：**

網頁價值計算了你的目標、以及電子商務收益的**總和平均**，它跟其他標準報表裡面的轉換價值是不同的，簡單來說網頁價值的計算方式為：

網頁價值＝（電子商務收益＋轉換目標的價值）/ 該頁面的不重複瀏覽量

舉例來說，今天有一部分使用者的轉換路徑是這樣：

網頁 A（網頁 A 共產生了 500 個不重複瀏覽量）

→ 網頁 B（網頁 B 共產生了 100 個不重複瀏覽量）

→ 網頁 C（網頁 C 共產生了 800 個不重複瀏覽量）

→ 網頁 D（網頁 D 共產生了 20 個目標達成，總目標價值為 $2,000）

→ 網頁 E（網頁 E 共產生了 10 個電子商務轉換，總轉換收益為 $1,000）

在這個頁面的瀏覽歷程中，D+E 總共造成了價值 $3,000 的轉換，而 A ～ C 的網頁價值為：

網頁 A 價值 =3000/500 = $6（總價值 / 不重複瀏覽量）

網頁 B 價值 =3000/100 = $30

網頁 C 價值 =3000/800 = $3.75

「網頁價值」的計算方式有些特殊，你一定要花時間搞清楚它的正確涵義是什麼，之後才不會用錯誤的方式解讀這個指標。

➔ 內容深入分析報表

內容深入分析報表基本上與所有網頁報表是相同的，不過它是使用網頁的路徑層級做為維度。

主要維度： 網頁路徑層級 1　網頁

次要維度 ▼　排序類型： 預設 ▼

	網頁路徑層級 1	瀏覽量 ↓	不重複瀏覽量
		5,554 % 總計: 100.00% (5,554)	4,900 % 總計: 100.00% (4,900)
1.	/category/	1,247 (22.45%)	978 (19.96%)
2.	/learning-seo-menu/	344 (6.19%)	322 (6.57%)
3.	/similarweb-over-view/	284 (5.11%)	267 (5.45%)
4.	/search-console-intro/	280 (5.04%)	244 (4.98%)
5.	/www.yesharris.com	258 (4.65%)	206 (4.20%)
6.	/google-analytics-basic2/	174 (3.13%)	151 (3.08%)
7.	/seo-common-mistake/	148 (2.66%)	131 (2.67%)
8.	/utm-tag/	139 (2.50%)	126 (2.57%)
9.	/direct-traffic/	137 (2.47%)	126 (2.57%)
10.	/seo-copywriting/	132 (2.38%)	117 (2.39%)

圖 6-12：內容深入分析報表使用網頁的「路徑層級」做為維度

在剛進到報表時，報表內會顯示出網頁路徑的層級 1，當你點擊了任一個頁面之後，會在網下一個層級（層級 2）來顯示資料。這裡的「路徑層級」指的是網頁的子目錄層，我們以下列的網址為例：

- www.yesharris.com/category/google-analytics
- www.yesharris.com/category/seo
- www.yesharris.com/category/marketing

以上述範例來說，這三個頁面的都隸屬在第一個路徑層級 /category 的下面，而第二個路徑層級則分別是 /google-analytics、/seo、/marketing。

大多的網頁都可能會有第三層、甚至第四層路徑層級，這跟一開始如何規劃網站架構時有關，如果你的網址路徑層級（或我們稱為子目錄層）是有規劃地進行架構，內容深入分析報表會對你觀察數據時有很大的幫助。

到達網頁及離開網頁報表

【到達網頁】報表及【離開網頁】與上述兩個報表一樣使用標準報表，但你必須要注意的是，唯獨【到達網頁】報表的主要指標是使用「工作階段」，這點你必須要注意，這跟 Google Analytics 的資料層級有關（待詳閱完第九章你會完整的理解 Google Analytics 的資料層級）。

到達網頁	客戶開發			行為
	工作階段	% 新工作階段	新使用者	跳出率
	2,961 % 總計: 100.00% (2,961)	53.46% 資料檢視平均值: 53.39% (0.13%)	1,583 % 總計: 100.13% (1,581)	70.48% 資料檢視平均值: 70.48% (0.00%)
1. /category/google-analytics-basic/www.yesharris.com	368 (12.43%)	70.92%	261 (16.49%)	56.52%
2. /learning-seo-menu/www.yesharris.com	294 (9.93%)	57.82%	170 (10.74%)	74.83%
3. /similarweb-over-view/www.yesharris.com	250 (8.44%)	68.40%	171 (10.80%)	88.40%
4. /search-console-intro/www.yesharris.com	204 (6.89%)	42.16%	86 (5.43%)	76.96%
5. /www.yesharris.com	134 (4.53%)	35.82%	48 (3.03%)	52.99%
6. /google-analytics-basic2/www.yesharris.com	108 (3.65%)	52.78%	57 (3.60%)	57.41%
7. /utm-tag/www.yesharris.com	97 (3.28%)	56.70%	55 (3.47%)	80.41%

圖 6-13：只有到達網頁報表的主要指標是使用「工作階段」

使用 Google Analytics 的到達網頁、離開網頁這兩個報表，能夠輕易理解使用者是從哪些頁面進到我們網站、從哪些頁面離開我們網站，但也如同本章一開始所說，若要用 Google Analytics 對使用者做出完整的行為分析，理解行為的全貌事實上是有些困難的，頂多只能仰賴這兩個報表來理解使用者的行為，因此我會建議你將這四個報表的數據另外拉到 Excel 上做整理、分析，光是用 Google Analytics 的報表往往是不夠的，若要更精進地使用這幾個報表，你必須要懂得如何使用內容分組（請參閱第 11 章的內容分組教學）、並理解資料層級的觀念（關於資料層級請參閱第 9 章）。

認識網站速度報表

【網站速度】報表最主要的目的是幫助你衡量訪客在網站上的瀏覽速度為何，當然，不同的國家地區、瀏覽器也都有可能影響訪客瀏覽網站時的速度，Google Analytics 底下的這些報表都能夠幫助你理解網站速度的狀況。

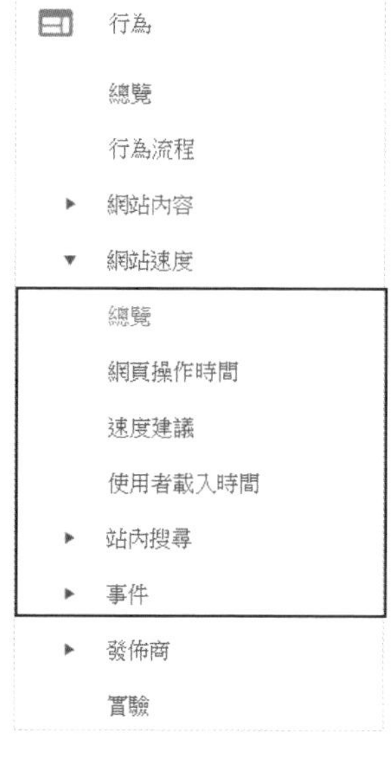

圖 6-14

圖 6-15 為【網站速度】底下的【總覽】，可以透過國家 / 地區、或瀏覽器做為維度來觀察使用者的速度指標。網站速度的優化不僅會影響互動指標（跳出率、停留時間）、轉換率，甚至會影響你的 SEO（筆者的另一專長是網站 SEO），因此，在優化網站速度時，千萬不要用自己瀏覽的狀況來評估，因為你的使用者未必跟你一樣擁有好的網路環境，使用者可能人在香港、新加坡這些較遠的地區瀏覽你的網站，也有可能有很大一部份是使用手機網路來瀏覽網站，目前仍有許多使用者的手機網路環境不太理想（有些人不使用 4G，還是習慣連公用的 Wi-Fi）。因此，一定要透過 Google Analytics 這樣的工具來評估速度的狀況，才不會在優化網站速度時過於主觀，畢竟數據永遠比個人的感覺還要值得信任。

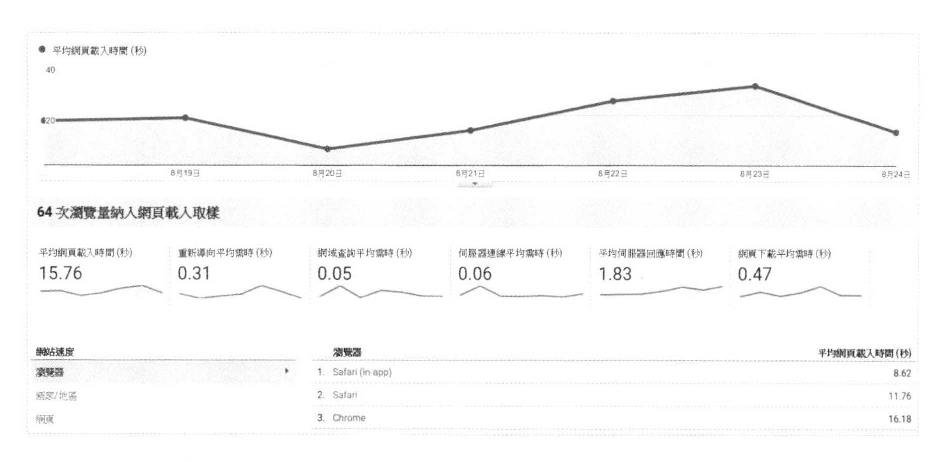

圖 6-15：網站速度報表可透過國家 / 地區、或瀏覽器做為維度來觀察使用者的速度指標

➔ 網頁操作時間報表

【網站速度】底下的【網頁操作時間】報表是【網站速度】底下最好用的報表，你可以在這個報表內看到指標之間的比較關係，以圖 6-16 來說，你可以看到報表內以「網頁」做為維度，並且呈現出「瀏覽量」以及「網頁的載入時間」來給你做比較，透過此報表可以觀察瀏覽量與網站速度的關係，網頁速度是否與瀏覽量有關？速度越快、得到的瀏覽量是不是越多？都可以從這個報表中找到答案。

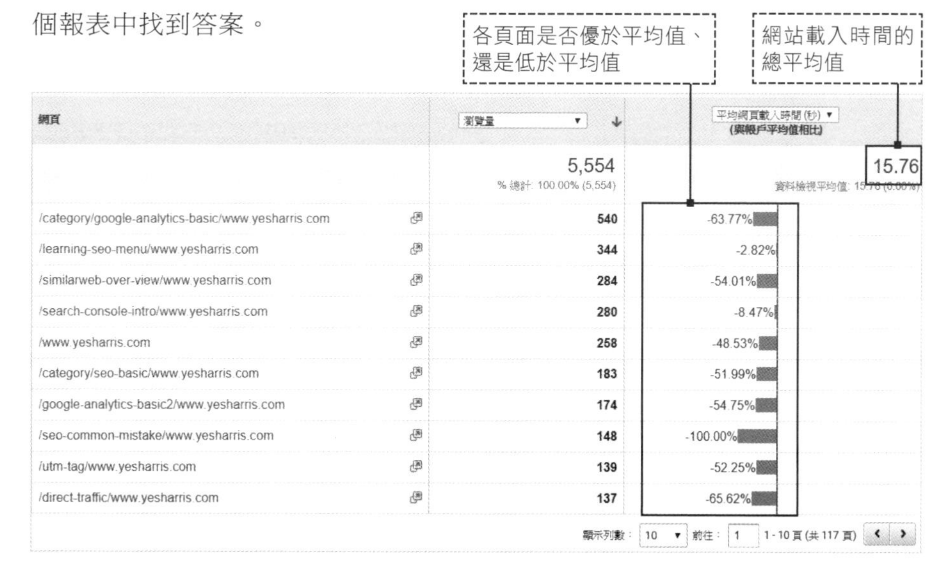

網頁	瀏覽量	平均網頁載入時間 (秒)（與帳戶平均值相比）
	5,554 % 總計: 100.00% (5,554)	15.76 資料檢視平均值: 15.76 (0.00%)
/category/google-analytics-basic/www.yesharris.com	540	-63.77%
/learning-seo-menu/www.yesharris.com	344	-2.82%
/similarweb-over-view/www.yesharris.com	284	-54.01%
/search-console-intro/www.yesharris.com	280	-8.47%
/www.yesharris.com	258	-48.53%
/category/seo-basic/www.yesharris.com	183	-51.99%
/google-analytics-basic2/www.yesharris.com	174	-54.75%
/seo-common-mistake/www.yesharris.com	148	-100.00%
/utm-tag/www.yesharris.com	139	-52.25%
/direct-traffic/www.yesharris.com	137	-65.62%

顯示列數: 10 前往: 1 1 - 10 頁 (共 117 頁)

圖 6-16：以「網頁」做維度，呈現「瀏覽量」以及「網頁的載入時間」的關係

如果希望觀察不同的指標，以不同的指標來做比較，可以在報表右上角選擇希望觀察的指標（如圖 6-17）。

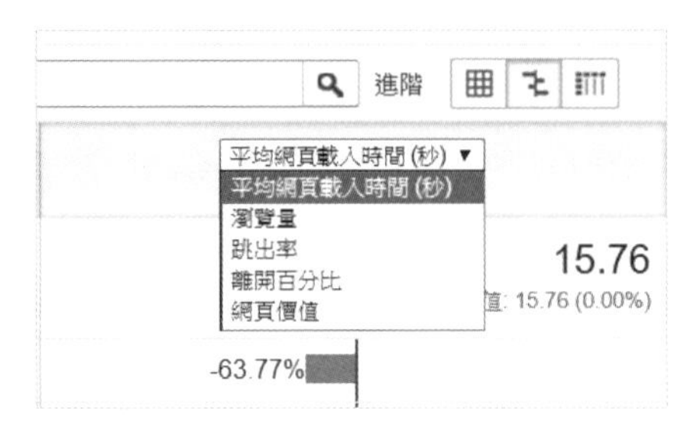

圖 6-17：在報表右上角可選擇不同的觀察指標

以圖 6-18 來說，我拉出了跳出率以及網頁載入時間這兩個指標，可以看到載入時間越長，就會產生高於平均值的跳出率，因為使用者並沒有太多的耐心等待網頁載入。

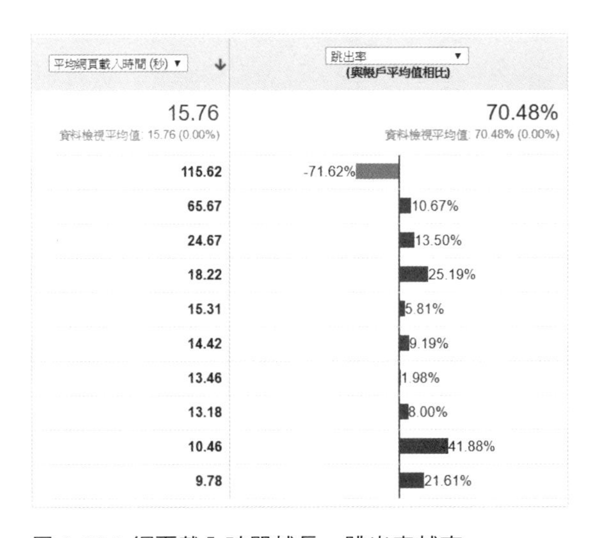

圖 6-18：網頁載入時間越長，跳出率越高

➔ 速度建議報表

在開始操作【速度建議】報表之前，你必須先認識 Google PageSpeed Tools 這個工具。PageSpeedTools 為 Google 官方所開發的速度檢測工具，只要輸入你的網站網址，它就會幫你找出網站的速度問題，並提供改善建議。

Google PageSpeed Tools 網址：
https://developers.google.com/speed/pagespeed/insights/

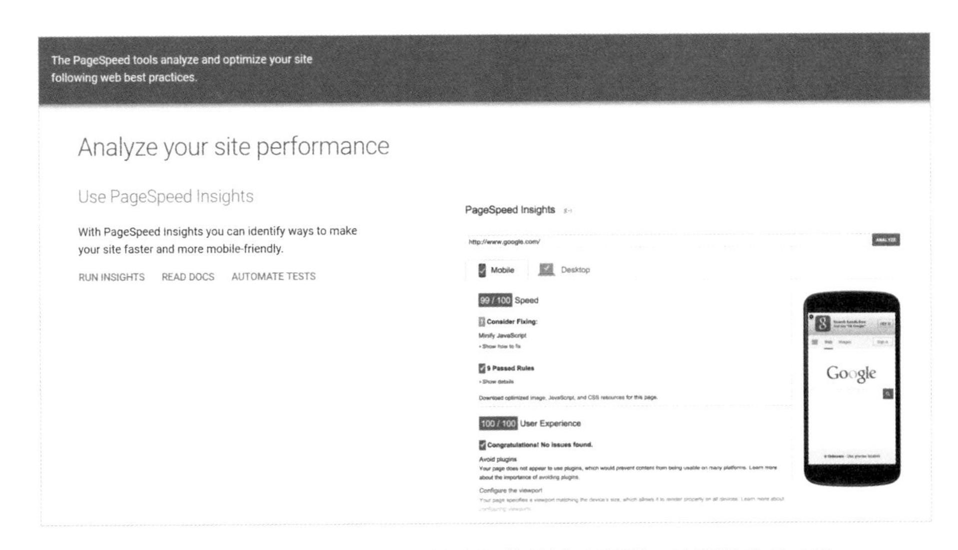

圖 6-19：PageSpeedTools 可以幫你找出網站的速度問題，並提供改善建議。

如圖 6-20，只要你簡單的輸入網址後，Google PageSpeed Tools 就會針對你的網站速度給予評分，分數越高代表你的網站速度優化做得越好。

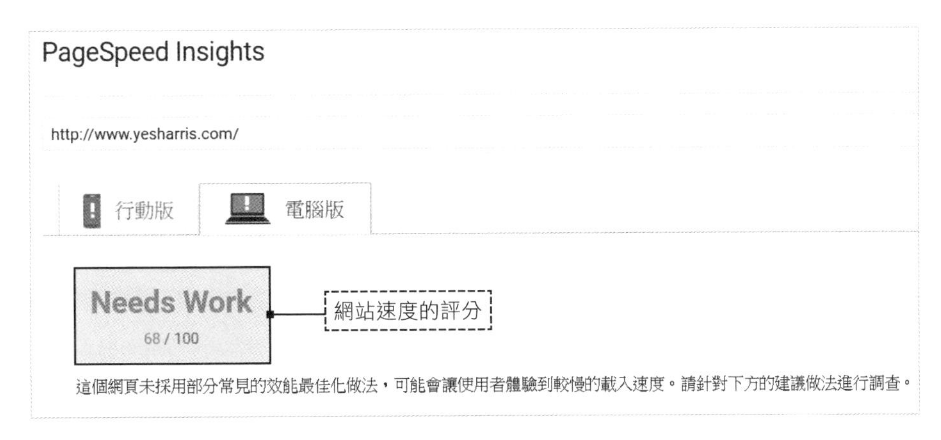

圖 6-20：分數越高，代表網站速度的優化程度越佳

更重要的是，PageSpeed Tools 會把你可以改善的問題列出來，改善這些問題就能夠提高 PageSpeed Tools 評分、並且有效改善你的網站速度（如圖 6-21）。這個工具為 Google 官方所開發，權威性絕對沒有問題，若希望改善網站的速度，不妨試著跟工程師多加溝通、一起使用這個工具來改善網站。

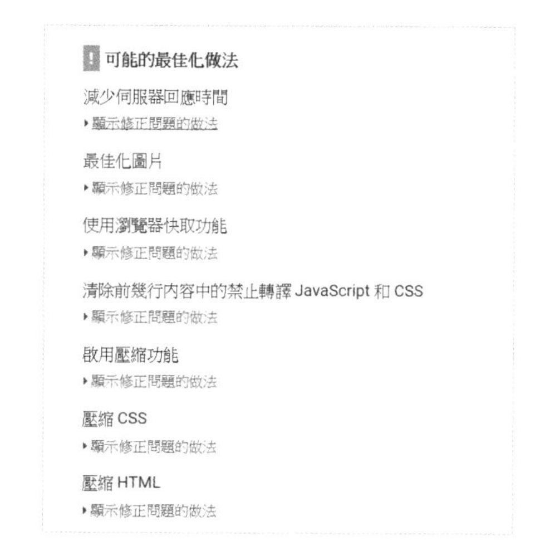

圖 6-21：PageSpeed Tools 會把你可以改善的問題列出來

Google Analytics 的【速度建議】報表是 Google Analytics 獨有，在其他的分析工具裡面是看不到的，因為這個報表是 Google Analytics 根據 PageSpeed Tools 所提供的建議指標，裡面的資料是與 PageSpeed Tools 綁定的。

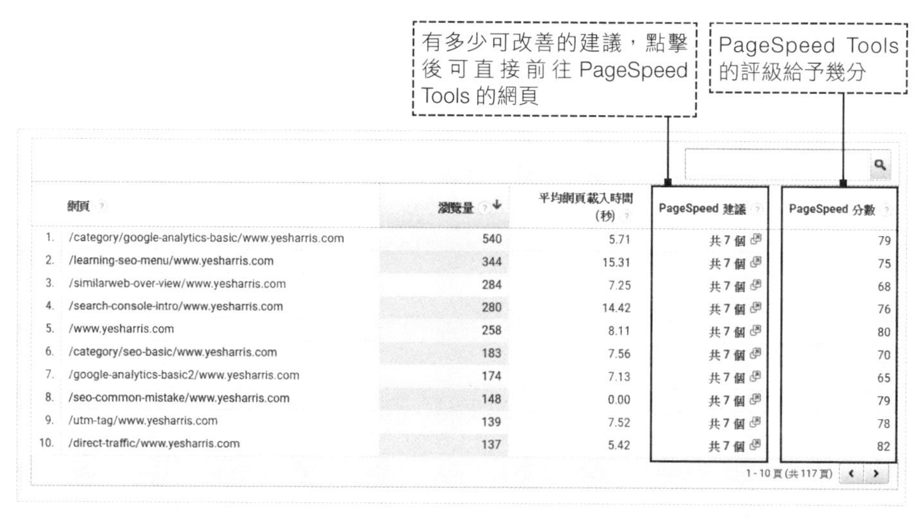

	網頁	瀏覽量	平均網頁載入時間（秒）	PageSpeed 建議	PageSpeed 分數
1.	/category/google-analytics-basic/www.yesharris.com	540	5.71	共 7 個	79
2.	/learning-seo-menu/www.yesharris.com	344	15.31	共 7 個	75
3.	/similarweb-over-view/www.yesharris.com	284	7.25	共 7 個	68
4.	/search-console-intro/www.yesharris.com	280	14.42	共 7 個	76
5.	/www.yesharris.com	258	8.11	共 7 個	80
6.	/category/seo-basic/www.yesharris.com	183	7.56	共 7 個	70
7.	/google-analytics-basic2/www.yesharris.com	174	7.13	共 7 個	65
8.	/seo-common-mistake/www.yesharris.com	148	0.00	共 7 個	79
9.	/utm-tag/www.yesharris.com	139	7.52	共 7 個	78
10.	/direct-traffic/www.yesharris.com	137	5.42	共 7 個	82

1 - 10 頁 (共 117 頁)

圖 6-22 速度建議報表會顯示 PageSpeed 建議與評分

在圖 6-22 中你可以看到 Google 的 PageSpeed Tools 給你的網頁的 PageSpeed 分數、並且顯示出你可以改善的建議有幾項，這個報表的操作邏輯非常單純，Google Analytics 一切都以 PageSpeed Tools 做為數據基礎提供給你資料，你可以利用 Google Analytics 配合 PageSpeed Tools 來審視網站的速度狀況。

站內搜尋報表

現在大多的網站，只要有一定的規模都會有站內搜尋的功能，透過 Google Analytics 可以觀察站內使用者的搜尋行為，除了可以知道站內搜尋引擎有多少人使用，還可以得到以下的洞察：

- 我的訪客都想要什麼樣的商品 / 內容？
- 我的用戶是否因為找不到商品 / 內容而苦惱？
- 我的用戶習慣用的關鍵字詞為何？（理解用戶習慣，可給予更多 SEO 關鍵字策略的 Insight）
- 接下來我該產出什麼樣的商品 / 內容來滿足用戶，優化使用者經驗？
- 我的站內搜尋引擎好不好用？是否需要優化？

以筆者為例，在我的部落格中，我會觀察搜尋報表的搜尋字詞，去理解讀者對哪個類型的文章、知識比較有興趣，並且藉此來規劃自己的文章，滿足讀者的需求。

以圖 6-23 為例，我可以從報表中知道兩件事：

- 因為我的訂閱系統是用 pop-out 的視窗來做，並沒有顯示在網站上，所以有用戶找不到在哪裡訂閱，圖 6-23 中你會看到有人搜尋訂閱，因為找不到在哪訂閱我的部落格，這就是我的網站要改進的地方。

◆ 我的讀者對於 SimilarWeb、跳出率這些主題的文章有知識需求，未來我可以多寫這類型的文章。

次要維度 ▾ 排序類型： 預設 ▾

搜尋字詞	不重複搜尋總數 ↓	結果瀏覽量/搜尋	搜尋離開 %
	174 % 總計: 100.00% (174)	1.28 資料檢視平均值: 1.28 (0.00%)	24.71% 資料檢視平均值: 24.71% (0.00%)
1. SimilarWeb	10 (5.75%)	1.40	40.00%
2. 跳出率	5 (2.87%)	1.40	20.00%
3. Google Analytics	5 (2.87%)	1.60	20.00%
4. search console	5 (2.87%)	1.20	0.00%
5. 訂閱	3 (1.72%)	1.00	0.00%
6. 轉換	3 (1.72%)	1.00	0.00%
7. 關鍵字	3 (1.72%)	1.67	33.33%
8. PPC	3 (1.72%)	1.00	66.67%
9. Search Console	3 (1.72%)	1.00	0.00%
10. 子網域	2 (1.15%)	1.00	100.00%

圖 6-23：透過站內搜尋報表可以觀察到使用者的搜尋行為

【站內搜尋】報表裡面的指標都是其他報表裡面找不到的，你必須要進行站內搜尋設定，這個報表才會有數據，而且這些指標也只有【站內搜尋】報表能看到。

舉例來說，以下兩個為站內搜尋報表獨有、卻又重要的指標：

◆ 搜尋離開：

  結束搜尋行為後就離開網頁的訪客，透過這個指標可觀察有多少比例的訪客在搜尋後得不到自己想要的內容。

◆ 搜尋修正：

  訪客在進行搜尋行為後，沒有做進一步點擊，馬上就再搜尋一次，觀察這個指標也可以了解訪客是否難以找到自己想要的內容。

➔ 站內搜尋 – 使用情況

【使用情況】的報表可以幫助你觀察有多少比例的使用者有使用網站上的搜尋功能，如果你是大型的網站，企業內部正在極力的優化網站上的搜尋功能，這個報表會對你來說非常的重要，因為優化搜尋功能的目的就是為了讓更多使用者使用網站上的搜尋功能。

雖說如此，但實務上還是要看情況來判斷，有時是因為你網站上的導覽列、側欄設計得非常好，能夠讓使用者暢通的導航網站上的任何頁面，所以才會有較少的人使用搜尋功能。

主要維度： 站內搜尋狀態

次要維度 ▼ 排序類型： 預設 ▼

站內搜尋狀態	客戶開發		
	工作階段 ↓	% 新工作階段	新使用者
	17,763 % 總計: 100.00% (17,763)	50.43% 資料檢視平均值: 50.39% (0.09%)	8,958 % 總計: 100.09% (8,950)
1. Visits Without Site Search	17,628 (99.24%)	50.72%	8,941 (99.81%)
2. Visits With Site Search	135 (0.76%)	12.59%	17 (0.19%)

圖 6-24：使用情況報表可以告訴你有多少比例的使用者使用網站上的搜尋功能

➔ 搜尋字詞報表

【搜尋字詞】報表單純的是觀察使用者都在網路上搜尋什麼樣的關鍵字。基本上，使用者搜尋的關鍵字意味著他們想在網站上找什麼樣的資訊，你可以透過這個報表發掘使用者在瀏覽網站時的隱性需求。

若你的網站上並沒有他們想搜尋的商品、內容，你可以考慮為了滿足使用者，來新增這些商品跟內容。但若你明明有這些商品跟內容，該商品搜尋的量卻非常大，或許是網站的導航設計的有問題，讓使用者一定要用搜尋才能夠找到他們要的東西，因此，如果有某關鍵字太多人搜尋，你不妨試著將較多人搜尋的商品、內容放到首頁、導覽列這些容易被使用者看到的地方，並持續觀察數據的變化，看是否經過優化後可以更快滿足使用者的需求。

搜尋字詞	不重複搜尋總數 ↓	結果瀏覽量/搜尋
	174 % 總計: 100.00% (174)	1.28 資料檢視平均值: 1.28 (0.00%)
1. SimilarWeb	10 (5.75%)	1.40
2. 跳出率	5 (2.87%)	1.40
3. Google Analytics	5 (2.87%)	1.60
4. search console	5 (2.87%)	1.20
5. 訂閱	3 (1.72%)	1.00
6. 轉換	3 (1.72%)	1.00
7. 關鍵字	3 (1.72%)	1.67
8. PPC	3 (1.72%)	1.00
9. Search Console	3 (1.72%)	1.00
10. 子網域	2 (1.15%)	1.00

圖 6-25：透過搜尋字詞報表可以發掘使用者在瀏覽網站時的隱性需求

➔ 搜尋網頁

【搜尋網頁】這個報表基本上是顯示出使用者在搜尋的當下，他人在哪一個頁面，如果你在報表中看到 (entrance)，則是代表使用者在搜尋的當下，人已經在「搜尋結果的頁面」。

這個報表非常有用。因為你可以透過此報表了解，使用者都是在哪一個頁面放棄繼續導航你的網頁而直接使用搜尋功能，你可以透過這樣的數據決定應該要優先優化哪些頁面的導航功能，方便使用者找到他們要的資訊、滿足他們的需求。

起始網頁	不重複搜尋總數	結果瀏覽量/搜尋	搜
	174 % 總計: 100.00% (174)	1.28 資料檢視平均值: 1.28 (0.00%)	
1. (entrance)	**51** (29.31%)	1.00	
2. /www.yesharris.com	**19** (10.92%)	1.05	
3. /direct-traffic/www.yesharris.com	**5** (2.87%)	1.00	
4. /category/google-analytics-basic/page/2/www.yesharris.com	**4** (2.30%)	1.00	
5. /category/google-analytics-basic/www.yesharris.com	**4** (2.30%)	1.00	
6. /about/www.yesharris.com	**3** (1.72%)	1.00	
7. /category/google-analytics-advanced/www.yesharris.com	**3** (1.72%)	1.00	
8. /ga-site-search-report/www.yesharris.com	**3** (1.72%)	1.00	
9. /google-analytics-basic2/www.yesharris.com	**3** (1.72%)	1.00	
10. /google-analytics-session/www.yesharris.com	**3** (1.72%)	1.67	

圖 6-26：搜尋網頁報表提供的資訊可以作為優化網頁的參考

➔ 如何設定站內搜尋功能

若沒有事前設定的話，【站內搜尋】的報表是不會有任何數據的。在開始設定【站內搜尋】報表之前，你必須要知道自己網站的「搜尋參數」為何，你可以直接在網站上進行搜尋，並且看看搜尋後網站的網址為何。舉例來說，你在我的部落格內搜尋「SEO」之後，搜尋結果網址會是這樣：「http://www.yesharris.com/?s=SEO」，所以我的搜尋參數就是「=」前面的那個「s」，有時參數的長度可以是一個單字，如 search、keyword 等，如果你真的認不出來，也可以詢問公司內的工程師。

接著只要到資料檢視底下，啟用並輸入查詢參數（如圖 6-27），我們就可以在站內搜尋報表裡開始看到數據。

圖 6-27：在資料檢視底下啟用並輸入查詢參數就可以在站內搜尋報表裡開始看到數據

➔ 使用站內搜尋報表的注意事項

Google Analytics 在判斷使用者搜尋行為時，完全是根據網址上的參數去進行設定，所以你必須確保參數輸入沒有錯誤。需要注意的是：

- 如果你把帶有「搜尋參數」的網址拿出去曝光：

  如果你有將帶有「搜尋參數」的頁面拿去投放廣告、或在 FB、Google+ 等其他地方曝光，即便訪客沒有真的進行搜尋，只要訪客在網址帶有搜尋參數的頁面進站，Google Analytics 就會判定此工作階段有進行搜尋（因為 Google Analytics 完全是根據網址來判斷）。

  這會影響到什麼呢？會直接影響的是，可能你的使用者根本沒有任何搜尋行為，但你在【站內搜尋】報表內卻看到一大堆數據，這時你很難去判定究竟使用者是真的有搜尋，還是只是他們意外的到了有「搜尋參數」的網頁。

- 如果你的網站連結帶有「搜尋參數」：

  同樣的道理，即便訪客沒有進行搜尋，他從站內的其他連結，直接連到帶有搜尋參數的頁面，Google Analytics 一樣會認定他有進行搜尋，因此，你要注意導覽列、側欄有沒有放置搜尋結果的頁面連結。

Chapter 7

轉換 – 透過數據優化使用者的轉換

本章重點

- 轉換分析概論
- 設定 Google Analytics 的目標轉換
- 認識 Google Analytics 的目標報表

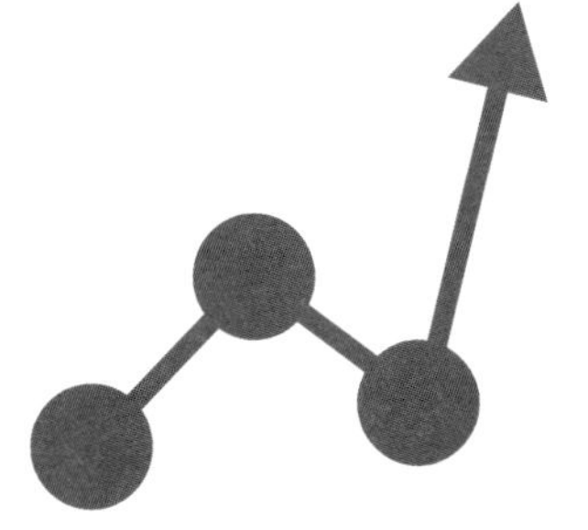

轉換分析概論

在網站分析與行銷領域上，「轉換」一詞意味著你的網站使用者從「沒有為企業帶來價值的訪客」轉換為「有為企業帶來價值的消費者」，對於電商網站來說，只要使用者有下訂單即完成轉換，而每一筆轉換為企業創造了多少價值就等同於那筆訂單究竟購買了多少產品、消費多少金額。

在 Google Analytics 上我們可以稱轉換為「目標」，因為當使用者達到企業的目標時，也就意味著使用者進行了轉換行為。如果你有正確看待轉換的數據、並正確的設定轉換目標，使用者轉換的狀況理應是會直接影響到企業是否會獲利的，至於什麼叫做正確看待轉換數據？請繼續往下閱讀。

Google Analytics 設定轉換的方式相對來說是靈活的，你可以將各種不同的瀏覽行為設定為轉換，但你設定什麼樣的行為作為轉換，都會影響你的分析品質，因為轉換報表與一般報表底下有許多的功能可以來分析轉換行為，若你沒有設定到關鍵的行為上，你就無法觀察到這些行為。

➔ 辨識出關鍵行為來當作主要轉換

在 Google Analytics 裡隨處都可以看到轉換數據的身影，不管是在標準報表、還是特殊報表（像是同類群組分析報表、多層檢視報表就是特殊報表）之下都會有，因為做分析很大的一個目的就是「優化轉換，利用數據為企業提高獲利」，因此轉換行為的選擇及設定，會影響分析的目標、品質、效率，如果追逐錯誤的目標，會讓你浪費掉許多時間。

轉換 目標 4：訂閱（新） ▼		
訂閱（新）（目標 4 轉換率）	訂閱（新）（目標 4 達成）	訂閱（新）（目標 4 價值）
1.16% 資料檢視平均值: 1.16% (0.00%)	318 % 總計: 100.00% (318)	$0.00 % 總計: 0.00% ($0.00)
1.04%	235 (73.90%)	$0.00 (0.00%)
1.54%	49 (15.41%)	$0.00 (0.00%)
1.89%	9 (2.83%)	$0.00 (0.00%)
1.00%	4 (1.26%)	$0.00 (0.00%)
3.31%	10 (3.14%)	$0.00 (0.00%)
0.88%	1 (0.31%)	$0.00 (0.00%)
0.93%	1 (0.31%)	$0.00 (0.00%)

圖 7-1：範例：筆者的轉換數據報表

隨著網站類型、產業、企業目標不同，所要設定的目標轉換也會有所不同。舉例來說，電商網站的轉換便是刷卡下訂單，顧問的品牌網站轉換便是填寫線上表單、提出合作需求，網路論壇的轉換可能會是會員註冊、新會員的獲取，只要是企業的共同目標，都能夠設定為轉換。

這裡要思考的第一個問題是：網站行為這麼多，哪些行為適合作為轉換？如果你是電商網站，基本上你的主要轉換就是訂單交易（電商網站比較沒有爭議）。但如果你是品牌網站、內容網站的話該怎麼辦呢？該如何設定轉換呢？

首先，我會建議你，公司最主要的目標轉換，**最好是跟公司的獲利或 KPI 有關**。舉個負面例子來說，假設你將「每位使用者停留 10 分鐘以上」設定為轉換，接著為了達成這個目標，花了大量的時間制定分析策略以及優化策略，希望讓使用者完成轉換，過了一年半載後終於達到了，每個月有很理想的轉換率，使用者真的在網站上停留比較久了，但問題是，你的企業有因此提高獲利嗎？**答案是，未必，甚至很可能是沒有**。因為使用者停留 10 分鐘以上並不代表就有帶來價值，說不定使用者就算停留的非常短，你的網站也能夠維持獲利的狀況。

就以上範例來說，我建議，轉換的設定最好跟公司的獲利是綁在一起的，以顧問公司的網站來說，公司要獲利就是要有客戶到網站上填寫表單、並提出合作的需求，所以可以用填表單來進行轉換設定，因為客戶填表是你最主要的目標，而且也能為你帶來顧問合作的機會，當然獲利也會因此而提高。**追逐正確的目標很重要，一定要確保你所追逐的能確實提高企業的獲利，我建議你在設定目標轉換時自問：這個目標能為我帶來獲利嗎？**

切記，不要花時間追逐錯誤的目標，說得更直接一點，錯誤的目標會讓你搞半天，結果公司根本沒有因為數據分析來提高收益。

辨識出屬於你的微轉換（Micro Conversion）

微轉換（Micro Conversion）是指使用者在進行主要轉換前會經過的路徑或進行的行為。舉例來說，當使用者在刷卡下訂單以前，可能需要先登入會員、確認購物車內容、確認送貨資料，最後才下訂單，在他完成主要轉換前（下訂單）的這些行為我們都可以設定為微轉換（Micro Conversion）。

為什麼微轉換很重要呢？

簡單來說，微轉換是拿來衡量、分析潛在消費者用的，透過微轉換的設定與分析，可以辨識出完全沒有轉換意圖的使用者、有轉換意圖但沒有完成轉換的使用者、有轉換意圖且完成轉換的使用者。策略上，你可以先找出有進行微轉換的使用者，並針對他們的行為進行網站或行銷策略的優化，最後便能促使有完成微轉換的使用者群進行主要轉換。

當然，微轉換必須要跟主要的轉換分開來進行分析，因為主要轉換才能幫你的企業獲利，而微轉換則不行。**優化主要的轉換是為了幫你的企業獲利，而優化微轉換則是為了讓你得到更多的主要轉換。**

假設今天你的轉換率有 2%，每 100 人會有 2 人進行轉換，也就是有 98 個人沒有進行轉換，但這其他 98 人你就完全不在乎了嗎？事實上，這 98 個人裡面肯定有很多人是幾乎要完成轉換，或在未來是你的潛在消費者，如果你沒有設定微轉換，就無法更進一步地去理解其他 98 個沒有轉換的人，他們離轉換有多近、有多少人是潛在消費者，更沒辦法知道，連微轉換都沒有進行的使用者，該如何讓他們先進行微轉換、再進行轉換。

你的企業目標、轉換、微轉換會根據你的網站不同而不同，我沒辦法確定正在閱讀這本書的你擁有什麼樣的網站、經營什麼樣的產業，但常見的微轉換大致上可能會是：

- 註冊會員
- 訂閱電子報
- 填寫表單
- 完成轉換前的每一步（像是確認購物車、或登入會員）

簡單來說，微轉換就是公司的子目標（或我們常稱為子 KPI），而主要轉換則是公司的主要目標，從小目標開始慢慢往主要目標優化，做分析時的構思才會更加清晰、才能夠有效地提高網站為企業帶來的價值。

設定 Google Analytics 的目標轉換

搞懂上述目標轉換設定的注意事項之後，就可以開始進到執行面來設定 Google Analytics 的目標轉換，只要三個步驟就能完成設定。但首先必須要注意的是，目標轉換是資料檢視層級的設定，你所設定的目標只會套用到該資料檢視之下（關於資料檢視層級的觀念，詳情將於的 11 章中更細節說明）。

因為是資料檢視層級的設定，因此可以在資料檢視底下的「目標」找到設定的位置，在這個面板上可以看到目標設定的概況、並且可以隨時啟用及停用你的目標設定（如圖 7-2）。

圖 7-2：在這個面板上可以看到目標設定的概況、並且可以隨時啟用及停用目標設定

➔ 步驟 1 ｜選擇目標類型

點選圖 7-2 中的新增目標之後，你會看到如圖 7-3 的畫面，這是設定目標轉換的第一步，在第一個步驟中 Google Analytics 已經預設將許多的常見目標範例放在上面，當你選擇了某個類型的目標之後，Google Analytics 會自動把後續的第二步驟與第三步驟選擇好，讓你設定目標更加方便，但在這個步驟即便目標類型選錯或亂選也沒關係，因為到了第二步驟之後，還是可以再任意更改自己希望設定的細節（簡單來說，第一步驟其實不太重要，選擇你希望設定的目標類型、或點選自訂都可以）。

圖 7-3：在此所做的設定，到了後面還可以再修改

➔ 步驟 2 ｜設定目標說明

目標說明上的「名稱」可以隨自己的喜好任意設定（如圖 7-4），這個名稱會影響到你在 Google Analytics 的報表中看到這個目標如何呈現，設定自己可辨認的名稱即可。

圖 7-4 中目標版位的欄位主要是讓你選擇目標的組合編號，Google Analytics 最多可以編輯 4 個目標組合，每個組合可以設定 5 個目標，加起來每個資料檢視共可以設定 20 個轉換目標，這個編號會影響到目標轉換在報表中的呈現，日後你也可以在看報表時，透過組合編號辨識自己設定的轉換，基本上，20 個組合編號絕對足夠你設定主要轉換及微轉換，如果你的轉換目標真的會超過 20 個，那你只能切分不同的資料檢視、讓每個資料檢視有不同的目標設定（但我不建議每個資料檢視設定太多的目標，這會讓你的資料非常雜亂）。從圖 7-4 中你可以看到，在設定目標的細節上，Google Analytics 基本上提供四

種設定方式，分別是：【目標網址】、【時間長度】、【單次工作階段頁數 / 畫面數】、【事件】，請耐心往第三步閱讀，我將詳細說明這四種目標的設定。

圖 7-4

➔ 步驟 3 ｜目標詳情設定

在目標詳情設定上，你必須要設定 Google Analytics 該如何判定使用者是否有完成目標轉換，依據你在第二步所選的目標類型的不同，在第三步驟看到的設定細節也會有所不同。

目標網址

若你在第二步選擇的是目標網址，會看到如圖 7-5 的畫面，這個目標類型是最廣泛被使用到的，它的運作方式很簡單，只要使用者在你的網站中到達這個網頁，就算目標完成。舉例來說，大部分網站在使用者完成註冊時會出現註冊完成的頁面，你只要在設定時填入「註冊完成的頁面」網址，就可以確實判定使用者是否有完成註冊。實務上我們在設計網頁時，若沒有註冊完成的頁面，也會請工程師設計這樣的頁面來幫助行銷人追蹤數據。同理來說，如果你的目標是刷卡下訂單、甚至只是填表並送出表單，一樣可以在使用者完成轉換時把使用者引導到某個完成轉換的頁面（比方說刷完卡會出現感謝購買的頁面、填完表單會出現感謝填表的頁面），為了顧及數據分析的品質，若你本來沒有這樣的轉換頁面，筆者也建議你將它規劃出來。

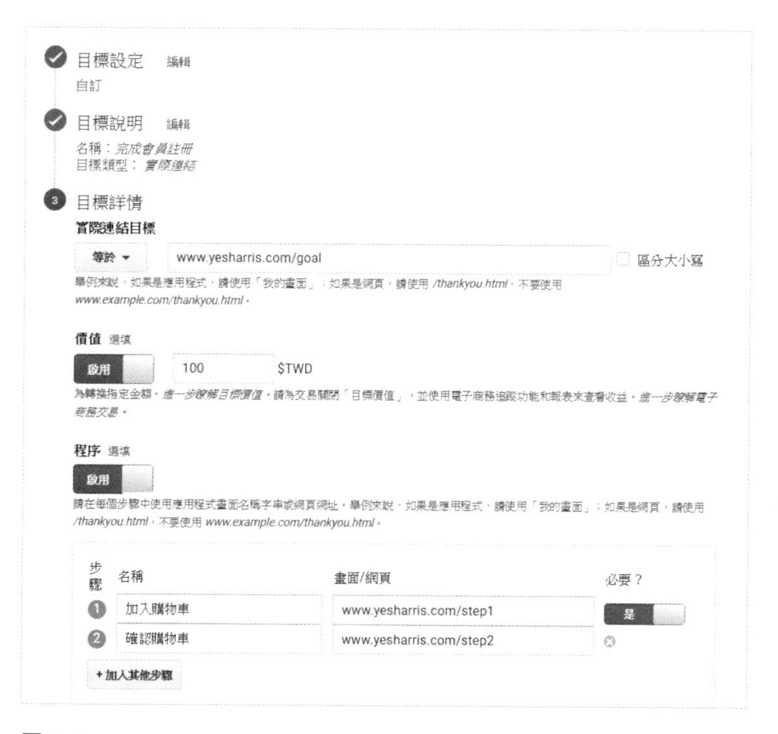

圖 7-5

除了主要完成轉換的頁面之外，在第三步驟的畫面中可以看到另外兩個欄位，分別是【價值】以及【程序】。在【價值】的欄位上，你可以填寫完成這個目標後，使用者為網站產生了多少價值，每個目標都可以獨立設置不同的價值，而這個價值最終將呈現在 Google Analytics 的報表中，可用來分析使用者的轉換總共為你帶來多少利益。在圖 7-6 中可以看到，Google Analytics 的報表會為你計算出目標的價值（像是客戶開發底下的來源 / 媒介報表就會有目標價值，幾乎所有的標準報表都會有目標轉換率、目標達成、還有目標價值的指標）。

轉換 所有目標

目標轉換率	目標達成	目標價值
15.66% 資料檢視平均值: 15.66% (0.00%)	444 % 總計: 100.00% (444)	$4,370.00 % 總計: 100.00% ($4,370.00)
15.42%	357 (80.41%)	$3,510.00 (80.32%)
14.61%	58 (13.06%)	$570.00 (13.04%)
25.93%	7 (1.58%)	$70.00 (1.60%)
32.00%	8 (1.80%)	$80.00 (1.83%)
17.65%	3 (0.68%)	$30.00 (0.69%)
18.75%	3 (0.68%)	$30.00 (0.69%)

圖 7-6：Google Analytics 的報表會為你計算出目標的價值

最後，你可以從 7-5 中看到有一個可以自由選擇關閉、打開的「程序」欄位，如果你的目標是會需要使用者經歷不同的頁面才能完成轉換，基本上就會使用到這個欄位，舉例來說，當使用者要進行會員註冊時，你可能會需要它歷經三個頁面才能完成註冊，第一個頁面填寫姓名、基本資料，第二個頁面填寫信用卡資料，第三個頁面才是完成註冊，這時你必須要把第一頁、第二頁按照順序填到「程序」的欄位中，當你的目標設定是有「程序」時，Google Analytics 才會幫你分析使用者都是在哪一個步驟放棄轉換，尤其像註冊會員這樣的轉換通常轉換歷程都很繁瑣、且需要填寫一大堆的資料，有很大部分的使用者在填寫資料時就會放棄註冊，這個程序的設定能夠幫助你日後在「程序視覺呈現」報表中觀察使用者的轉換放棄率、轉換達成率（稍後馬上就會提到程序視覺呈現報表）。

設定此類型的轉換目標時的【注意事項】

如果沒有轉換的使用者到了你所設定的目標網頁…

假設你今天的轉換目標是「註冊會員」，那你必須要確定「有註冊會員的人」才有機會到達此頁面，因為 Google Analytics 是以網址來判定目標是否達成，因此，如果沒有進行註冊的使用者，會從其他地方意外地到達此頁面，那這些沒有進行註冊的使用者都會被記錄為轉換達成，也因為這樣的狀況，你必須要確保只有完成轉換的人會到達這個頁面。

目標價值請一定要填寫（超重要）
管理學之父 Peter Drucker 曾經說過：
If you can't measure it, you can't improve it.
（如果你不能衡量它，你就無法改善它）

雖然 Google Analytics 沒有強迫你一定要填寫目標價值，但就實務來說，目標價值是一個必須要填寫的欄位，原因很簡單，當你無法衡量出使用者達成目標後能為你的企業創造多少價值，你根本沒有辦法優化，同時也代表你在選擇目標時是有問題的，目標價值不一定要絕對精準，但它必須要盡可能地接近企業的獲利狀況。

舉例來說，顧問的網站主要轉換是填表單，假設平均每十個客戶填寫表單，就會談成一個顧問合約（所以填表單到成交的轉換率為 10%），而平均每一個顧問合約價值一百萬，那你可以回推出每一個表單平均價值十萬元，那此目標在 Google Analytics 中的目標價值就可以設定為十萬元（當然，一定會有誤差，但你一定要想辦法去衡量使用者能為你創造多少利益）。

同時，你的網站可能有多個不同的目標轉換（包含主要轉換與微轉換），每一個主要的目標轉換為你所帶來的價值可能也有所不同，你必須要依賴「目標價值」來衡量轉換能為企業帶來多少利益，才有辦法更有品質地進行分析工作。

最後舉個很簡單的例子，在沒有設定目標價值的前提下，假設你的網站有 5 種不同的主要轉換，而每個月關鍵字廣告跟 Facebook 廣告都能為你帶來共 1,000 個轉換，但老闆突然問你：【同樣都是每個月 1,000 個轉換，我應該要投資在哪一個流量管道？成本跟收益算起來投資報酬率各是多少？】，難道你要在沒有數據的狀況猜測給他聽嗎？還是平均投資呢？還是再回頭用手動的慢慢想辦法，硬把數據算出來？這時你就會懊悔，當初沒有去計算目標價值。

時間長度

如圖 7-7，如果你在第二步驟選擇的是時間長度，Google Analytics 可以讓你設定當「工作階段持續多少時間」時完成轉換，這個目標類型通常是用在微轉換、或是部落格、媒體這些內容型網站，因為你必須要透過工作階段的時間長度來衡量使用者是否喜歡你的網站內容，當然，電商網站也可以進行此項設定來衡量使用者瀏覽商品的狀況，若此項目被你設定為微轉換的話，你就可以不設定目標價值，免得這個目標搞混了你的主要目標為網站帶來多少價值。

圖 7-7：以「時間長度」作為轉換設定

單次工作階段頁數 / 畫面

【單次工作階段頁數 / 畫面】這個目標類型與【時間長度】類似，通常是拿來設定為微轉換，當使用者瀏覽了特定的頁數之後就算完成轉換，這兩個目標類型都是拿來衡量使用者的「**互動狀況**」，透過瀏覽的頁數以及時間長度，你可以將「互動良好」的使用者個別區隔開來，並觀察他們的行為數據。

圖 7-8：以「單次工作階段頁數」作為轉換設定

事件

如果你的 Google Analytics 有設定事件，可以利用事件來設定轉換，用事件的方式設定轉換會相對來說較為活躍、也能設定較多的行為。

題外話：本書是為初學者所設計的，內容是以初學者為主。事件的設定與規劃屬於較進階的 Google Analytics 技巧，因此不會在本書進行討論。未來筆者會在我的網站「Harris 先生」中分享更多進階技巧。若是本書銷量達到預期，我也會比較有機會撰寫第二本 Google Analytics 的書籍分享進階的 Google Analytics 技巧，並分享「事件」的操作與分析技巧，敬請期待。

目標設定 編輯
自訂

目標說明 編輯
名稱：完成會員註冊
目標類型：事件

目標詳情
事件條件
設定一或多項條件，事件觸發時，如果您設定的所有條件都符合，系統就會計算一次轉換。您必須設定至少一個事件，才能建立這類目標。瞭解詳情

類別	等於	click
動作	等於	banner_click
標籤	等於	home_page
價值	大於	價值

使用事件價值做為這項轉換的目標價值
是
如果您在上方條件中定義的值與事件追蹤程式碼不符，將不會有目標價值。

驗證此目標 根據近 7 天的資料瞭解此目標的轉換頻率。

儲存 取消

取消

圖 7-9：以「事件」作為轉換設定

認識 Google Analytics 的目標報表

在 Google Analytics 底下有許多轉換相關的報表，這整個報表是 Google Analytics 之所以強大的原因之一，於上一章節曾提到 Google Analytics 在分析行為上並不是非常全面，但轉換分析就不同了，是 Google Analytics 的強項，於下一個章節也會詳細的介紹 Google Analytics 底下最重要的「多管道程序報表」（本書沒有介紹到電子商務的分析，若有機會出版下一本系列書籍，我會細談到電子商務的分析）。

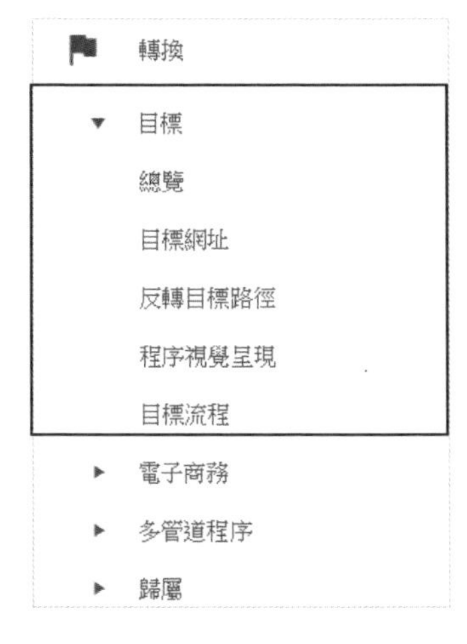

圖 7-10

➔ 目標 – 總覽

目標底下的【總覽】報表基本上會顯示出你的目標達成概況以及目標達成位置，這個報表適合用來進行每天的例行觀察，而目標底下的報表基本上在左上方都可以選擇你想觀察的目標，因為一個資料檢視可能會設定多個目標，視你的分析策略而定。

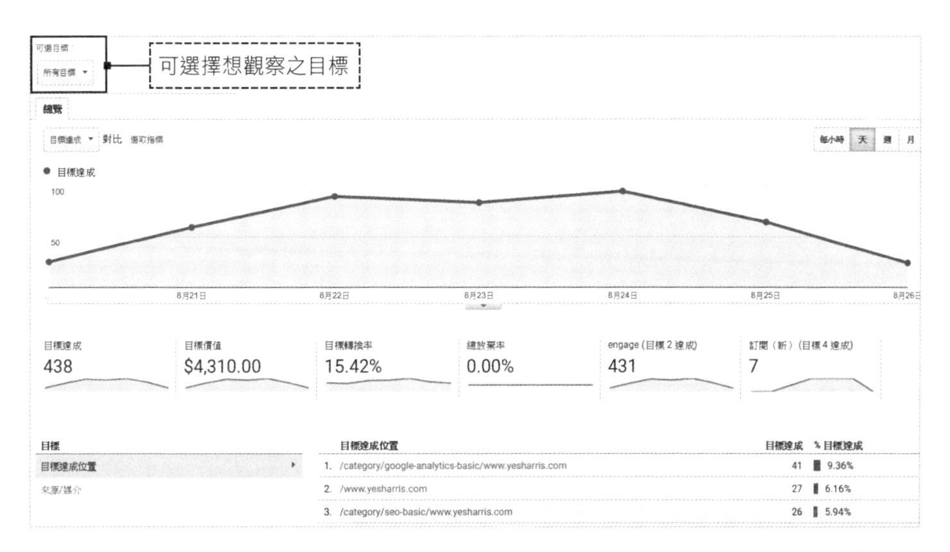

圖 7-11：標底下的【總覽】報表基本上會顯示出你的目標達成概況以及目標達成位置

➔ 目標 – 目標網址

在【目標網址】的報表內，你可以看到使用者都是在哪一個頁面達成目標轉換、並為你創造了多少目標價值。一般來說，如果是非電商網站，這個報表會對你來說很重要，因為你會想知道使用者都是在哪一個頁面進行會員註冊、電子報訂閱、或是表單的填寫。若是電商網站的話，因為產品較多、可達成轉換的位置也很多，所以這個報表觀察起來會較為吃力一點，建議你不如直接使用電子商務相關的功能。

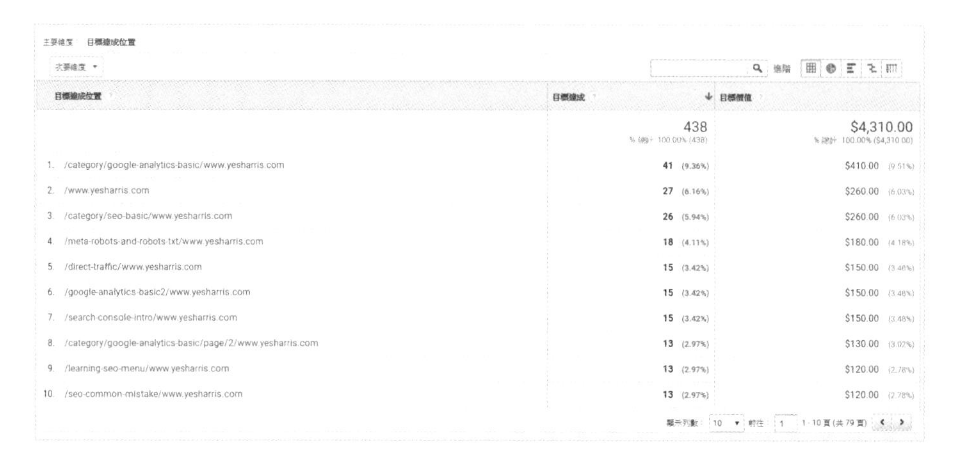

主要維度：目標達成位置

目標達成位置	目標達成	目標價值
	438 % 總計：100.00% (438)	$4,310.00 % 總計：100.00% ($4,310.00)
1. /category/google-analytics-basic/www.yesharris.com	41 (9.36%)	$410.00 (9.51%)
2. /www.yesharris.com	27 (6.16%)	$260.00 (6.03%)
3. /category/seo-basic/www.yesharris.com	26 (5.94%)	$260.00 (6.03%)
4. /meta-robots-and-robots-txt/www.yesharris.com	18 (4.11%)	$180.00 (4.18%)
5. /direct-traffic/www.yesharris.com	15 (3.42%)	$150.00 (3.48%)
6. /google-analytics-basic2/www.yesharris.com	15 (3.42%)	$150.00 (3.48%)
7. /search-console-intro/www.yesharris.com	15 (3.42%)	$150.00 (3.48%)
8. /category/google-analytics-basic/page/2/www.yesharris.com	13 (2.97%)	$130.00 (3.02%)
9. /learning-seo-menu/www.yesharris.com	13 (2.97%)	$120.00 (2.78%)
10. /seo-common-mistake/www.yesharris.com	13 (2.97%)	$120.00 (2.78%)

圖 7-12

同樣地，【目標網址】報表的左上角一樣可以選擇你想觀察的目標（如圖 7-13）。

可選目標：

所有目標

所有目標	438
目標 2：engage	431
目標 4：訂閱（新）	7
目標 1：訂閱	0
目標 3：Share	0

圖 7-13

反轉目標路徑報表

【反轉目標路徑】報表可以讓你觀察到，使用者在完成轉換之前瀏覽了哪些頁面，在轉換之前它經過了哪些網頁，用這個報表你可以從不同的角度觀察使用者的行為、並進一步理解它為什麼要進行轉換。

如果你在報表上看到 (entrance)，這代表使用者從該步驟才進到網站。

多層檢視

	目標達成位置	目標必經步驟 - 1	目標必經步驟 - 2	目標必經步驟 - 3	目標達成
1.	/search-console-intro/www.yesharris.com	/search-console-intro/www.yesharris.com	(entrance)	(not set)	10 (2.28%)
2.	/category/google-analytics-basic/page/2/www.yesharris.com	/category/google-analytics-basic/www.yesharris.com	(entrance)	(not set)	7 (1.60%)
3.	/category/google-analytics-basic/www.yesharris.com	/category/google-analytics-basic/www.yesharris.com	(entrance)	(not set)	6 (1.37%)
4.	/meta-robots-and-robots-txt/www.yesharris.com	/learning-seo-menu/www.yesharris.com	(entrance)	(not set)	6 (1.37%)
5.	/direct-traffic/www.yesharris.com	/google-analytics-basic2/www.yesharris.com	(entrance)	(not set)	5 (1.14%)
6.	/learning-seo-menu/www.yesharris.com	/learning-seo-menu/www.yesharris.com	(entrance)	(not set)	5 (1.14%)
7.	/similarweb-over-view/www.yesharris.com	/similarweb-over-view/www.yesharris.com	(entrance)	(not set)	5 (1.14%)
8.	/category/google-analytics-basic/www.yesharris.com	/ga-site-search-report/www.yesharris.com	/category/google-analytics-basic/www.yesharris.com	(entrance)	4 (0.91%)
9.	/category/seo-basic/www.yesharris.com	/learning-seo-menu/www.yesharris.com	(entrance)	(not set)	4 (0.91%)
10.	/google-analytics-basic2/www.yesharris.com	/google-analytics-basic2/www.yesharris.com	(entrance)	(not set)	4 (0.91%)

顯示列數：10 前往：1 1 - 10 頁 (共 348 頁)

圖 7-14

➔ 程序視覺呈現報表

如果你在轉換設定時有設定步驟（如同本章節的圖 7-5），這個報表就會呈現出使用者的轉換程序，並告訴你每個進入轉換程序的使用者在哪裡放棄轉換，藉此優化自己的轉換流程。

舉例來說，今天在你的網站完成註冊會員需要五個步驟，於前三個步驟使用者都能夠順利地繼續進行轉換，且放棄率都低於 10%，但到了第四步時轉換放棄率卻飆升到了 70%，那代表第四步驟是有問題的，假設第四步驟是填寫信用卡資料的頁面，那你是否應該要思考：是不是填寫信用卡資料讓使用者感到反感？註冊會員時我是不是不該強迫使用者填信用卡資料？還是我這個頁面的 UI 設計有問題，導致他們轉換有困難？

如果你有找到像這樣的問題頁面，你應該要思考背後可能的原因，並透過其他數據報表、或使用者訪談、問卷調查、A/B Test 等手法來進行優化，簡單來說，這個報表可以幫你更快速地診斷出轉換歷程的問題出在哪裡。

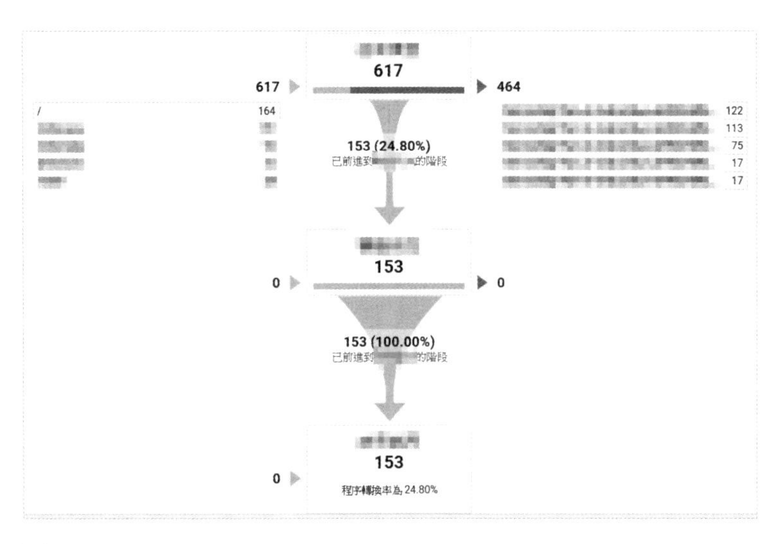

圖 7-15

➔ 目標流程

目標流程的報表跟上一章介紹到的【行為流程】報表很相似，但它是針對轉換歷程的分析，同樣的如果你的轉換是有分好幾個步驟的，你可以透過這個報表來觀察使用者的轉換狀況。

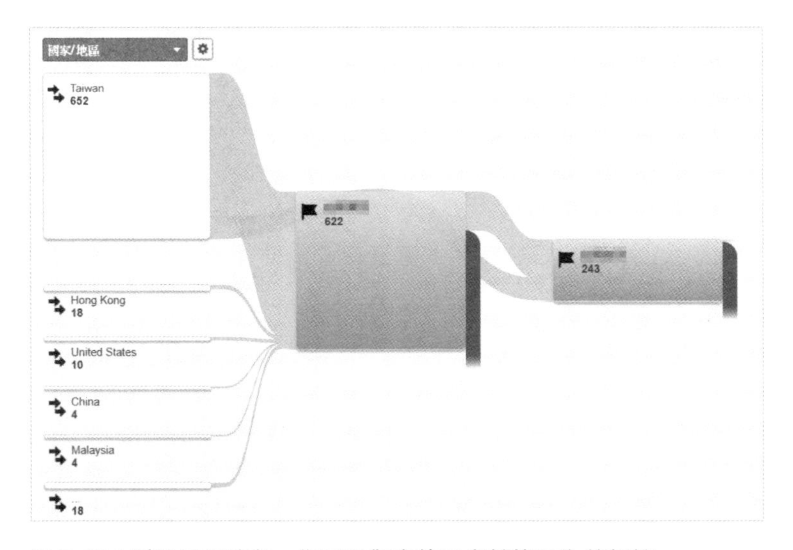

圖 7-16：透過目標流程，你可以觀察使用者轉換行為的細節

這個報表比【程序視覺】報表好用的地方在於可以看到轉換路徑流動狀況的細節。你可以在任何一個路徑上點擊「突顯途經此處的流量」，就能看到該路徑的詳細數據（如圖 7-17）。

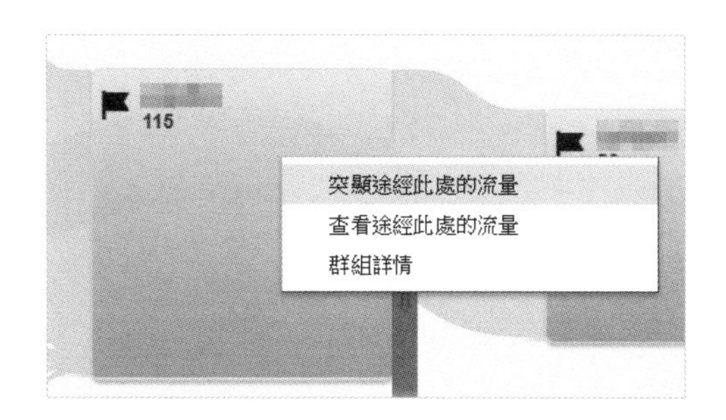

圖 7-17

在你選擇突顯某個路徑時，會看到該路徑的轉換動線以深色呈現，有時使用者的轉換狀況是，他們已經到了最後要完成轉換的步驟，卻沒有完成轉換、也沒有放棄轉換，而是選擇回到上一步，這時你必須要深入的思考為什麼使用者沒有轉換，而是回到上一個步驟？是我的轉換流程設計讓使用者產生疑問嗎？

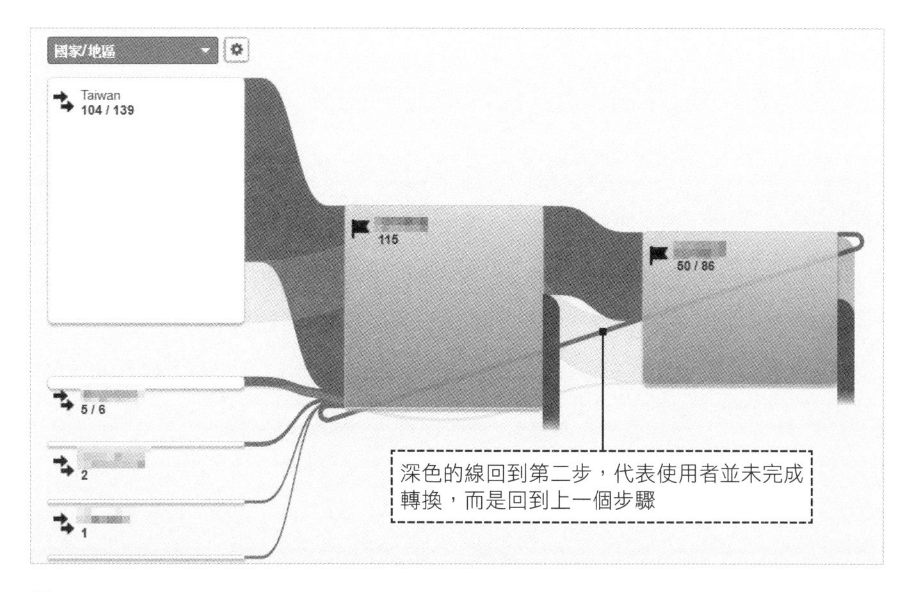

圖 7-18

當你把游標放到路徑上時，Google Analytics 會提供給你更細節的數字，以圖 7-19 來說，明明可是完成轉換的最後一個步驟，但仍然有使用者前往其他步驟，代表他回到了更先前的步驟中。

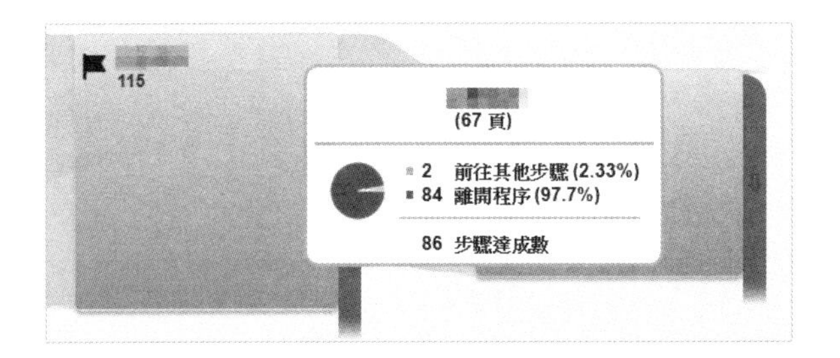

圖 7-19

Chapter 8

認識網站分析的點擊歸屬

本章重點

- 點擊歸屬如何幫助我們分析數據？
- 為什麼要學點擊歸屬？
- 認識多管道程序報表及點擊歸屬

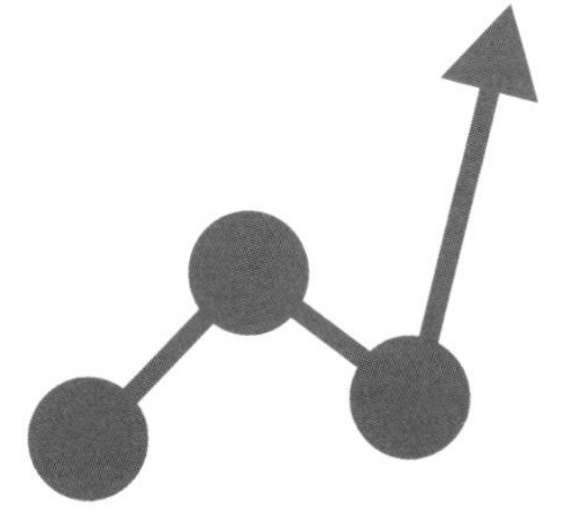

點擊歸屬又稱為「歸屬模式」或「歸因分析」（Attribution Model），是網站分析領域的一個大學問，也是轉換優化的關鍵概念，若要善用「點擊歸屬」來強化你的分析成效，你必須要非常理解該網站的產業、消費者模式，才有辦法確實應用。

點擊歸屬如何幫助我們分析數據？

事實上，點擊歸屬分析就是在分析流量來源 / 管道，究竟哪個流量管道為企業帶來較高的價值，網站應該如何曝光才能有效地提升轉換率，我們來看個簡單的例子：

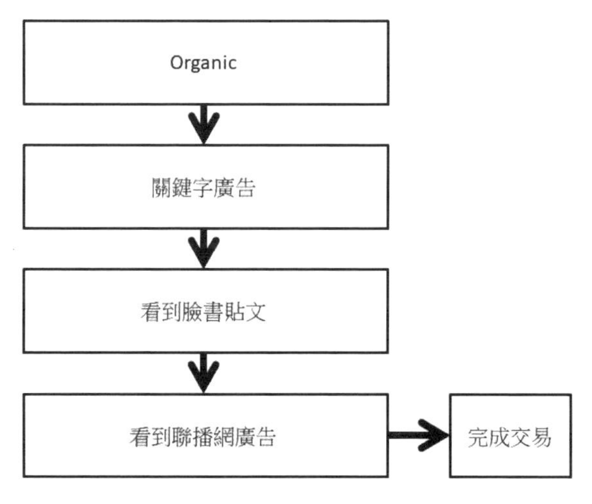

圖 8-1

以圖 8-1 這個範例來說，使用者透過 Organic 搜尋初次認識到我們的品牌，並進到我們的網站；然後該使用者變成再行銷名單，又透過關鍵字廣告進站瀏覽；接著因為該使用者有對我們粉絲團按讚，又從 Facebook 的貼文第三次進站瀏覽，並猶豫是否要進行轉換；最後他被我們的聯播網再行銷打中，再度點擊了廣告進站，並完成交易。

該使用者與我們品牌接觸的過程中，你覺得下列誰是讓他完成交易的關鍵，功勞應該歸給哪一個流量管道？

- Organic ？
- 關鍵字廣告？
- Facebook 貼文？
- 聯播網的再行銷？

答案是，四個都有功勞。

如果沒有 Organic 以及關鍵字廣告讓該使用者初次認識到我們品牌，也不會被後續的 facebook 貼文吸引進站，如果沒有聯播網的廣告吸引他購買產品，在他猶豫時推他最後一把，這位使用者也不會進行購買。

而分析這些使用者交易前的所有點擊進站的歷程，就是所謂的「點擊歸屬」分析。也就是分析訪客在進站前從哪個流量管道進站、究竟哪個流量管道的功勞比較大？

為什麼要學點擊歸屬？

在做點擊歸屬分析時（如圖 8-2），我們經常將流量管道，依照他在訪客轉換中的「功勞」，分為初次點擊（初次接觸品牌的流量管道）、輔助點擊（助攻的流量管道）、最終點擊（讓訪客完成轉換的流量管道）。

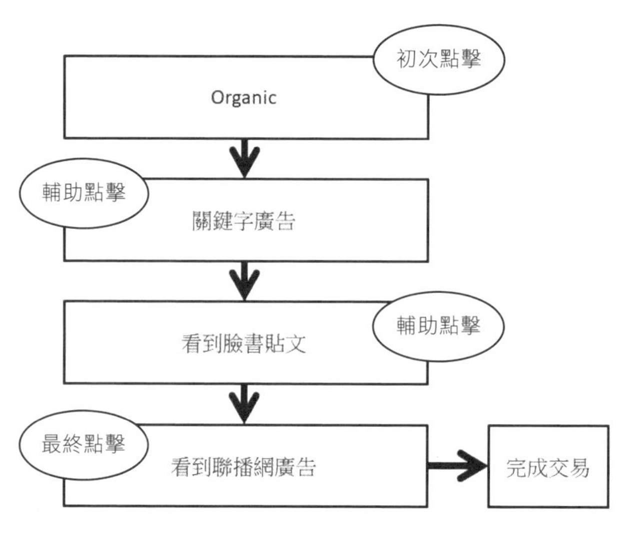

圖 8-2

在這個範例中，這四個流量管道對於這筆訂單都有功勞，但他們扮演的角色完全不一樣，初次點擊、輔助點擊、最終點擊，缺一不可，少了其中一環都會影響訪客的轉換歷程。學習點擊歸屬就是要理解應該如何去佈局網站的曝光、如何控制行銷預算。如果你只看一般的 Google Analytics 報表，代表你對於點擊歸屬的概念並不足夠，忽略了網站之所以能有良好的轉換，前面的輔助點擊都占有很大的功勞，而只重視「最終點擊」的行銷人，最終將沒辦法做好轉換優化。

其實初次點擊同時也是輔助點擊，稍後馬上會提到。

認識 Google Analytics 的「最後非直接來源點擊歸屬」

Google Analytics 有多種不同的點擊歸屬，但除了「多管道程序報表」以外，在 Google Analytics 看到的數據其實是「最後非直接來源點擊歸屬」。如圖

8-3 所示，「最後非直接來源點擊歸屬」會將直接來源直接忽略，並且 Google Analytics 會往前去尋找更早之前的流量管道，並將功勞歸屬給它。

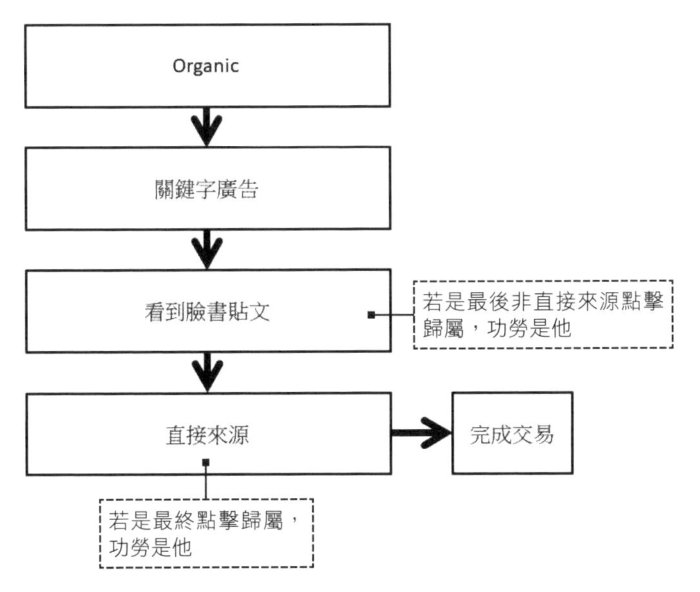

圖 8-3：「最後非直接來源點擊歸」會把直接來源忽略掉

在 Google Analytics 裡，除了「多管道程序報表」外的所有報表都是使用這個點擊歸屬模式（包含自訂報表）。

我們馬上來看一個範例你會更好理解：

- 假設今天我禮拜一透過 Organic 進到網站首頁，Google Analytics 會將我的來源歸屬到 Organic，並且到達網頁為 yesharris.com。
- 在禮拜二我透過直接來源（比方說瀏覽器的書籤）再度回訪到首頁，這時候我的來源仍然是 Organic（因最後非直接來源點擊歸屬的關係，不是 Direct，是 Organic 才對），到達網頁則是 yesharris.com。
- 在禮拜三我再度透過儲存好的書籤，進到文章 A 頁面，這時候我的來源仍然是 Organic（再說一次，因最後非直接來源點擊歸屬的關係，不是 Direct），到達網頁是 yesharris.com/ 文章 A。

之所以會有以上的狀況，是因為 Google Analytics 忽略了禮拜二跟禮拜三的直接來源，將我的造訪來源歸屬到禮拜一的 Organic 去了，這就是所謂的「最後非直接來源點擊歸屬」。

「最後非直接來源」點擊歸屬可以讓我們忽略直接流量（direct traffic）來評估數據，舉例來說，我在 1 月下了大量的關鍵字廣告，希望能觀察 2 月之後的成效、品牌效應是否有提升，這些都可以利用這個歸屬模式觀察到，假設在廣告停止後，仍然有看到該管道帶來流量跟轉換，代表你的廣告是有創造品牌效應與回訪效應的。

實際狀況會是，即便 2 月你的關鍵字廣告停止投放了，你還是會看到關鍵字廣告的流量持續有再進站，這代表 1 月被關鍵字廣告打中的受眾，2 月還是有用輸入網址、或瀏覽器的書籤來回訪，這也讓你從不同的角度觀察關鍵字廣告的成效如何。

➔ 認識其他點擊歸屬

最終 Adwords 點擊歸屬（Last Adwords Click Attribution Model）

這個點擊歸屬會出現在 Adwords 的點擊數據裡，基本上，若轉換前有多個點擊並非是來自於 Adwords，這些點擊會被 Adwords 忽略，並將功勞歸屬於 Adwords 的最終點擊上，這個歸屬模式將幫助我們觀察 Adwords 的成效。舉例來說：

- 狀況 1：假設今天小美花了一個星期才完成轉換，轉換歷程是→點擊 Adwords 廣告 A →點擊 Facebook 廣告→自然搜尋→完成訂單（在此歸屬模式下，轉換功勞是 Adwords 的廣告 A，轉換的來源也會被歸類在 Adwords 之中，這同時也解釋了為什麼 Adwords 跟 Google Analytics 的報表數據經常會不同）。

◆ 狀況 2：假設今天小美花了一個星期才完成轉換，轉換歷程是→點擊 Adwords 廣告 A →點擊 Facebook 廣告→點擊 Adwords 廣告 B →自然搜尋→完成訂單（在此歸屬模式下，轉換功勞是 Adwords 的廣告 B）

最初點擊歸屬 / 又稱最初互動

在訪客轉換的過程中，這組點擊歸屬佔有很大的功勞，因為它讓訪客「初次」認識到我們的品牌，如果沒有最初互動，當然也就不會有後續的回訪以及轉換行為。在網站分析的佈局中，你必須要思考哪一個流量管道適合接觸「初次造訪的訪客」，你可以利用【最初點擊】歸屬來觀察，哪一個流量管道帶來最高的【最初點擊】價值，如果你的廣告策略是大量的對沒有接觸過品牌的人進行廣告投放，該廣告管道帶來的轉換，會大量的歸屬在【最初點擊】歸屬之下，你可以藉此來評估，對於這些新接觸品牌的受眾投放廣告是否有效。

再更細節來說，假設你的廣告策略是針對沒有接觸過品牌的人進行廣告投放，你設計了一組 Facebook 廣告、投入了大量的預算來為網站曝光，接著使用者都透過你的 Facebook 廣告初次進到網站後就離站，而且同一群使用者在一週內都從關鍵字廣告回訪進行轉換，這個狀況下如果只看【最終點擊】，你會一股腦地把預算改為投資到關鍵字廣告上，而忽略其實這些人能完成轉換，Facebook 廣告佔有很大的功勞（說不定還會讓整個團隊誤以為 Facebook 的廣告完全沒成效），等於你很直接地忽略掉了 Facebook 廣告的價值，甚至從此把廣告預算投資在錯誤的管道上（這種狀況下，你一定要依賴【最初點擊】才能精準觀察成效）。

如果你看到來自 Facebook 的使用者，用【最初點擊】歸屬的模式下帶來了一百萬台幣的收益，那代表著：「第一次從 Facebook 進到我們網站的這群使用者，在後續的行為中總共完成了價值一百萬台幣的轉換」，無論這些使用者後續是從聯播網回訪後才轉換、抑或是透過關鍵字廣告回訪才進行轉換，只要他初次從 Facebook 造訪，轉換功勞就會被算在【最初點擊】之下。

其實，歸屬模式的應用非常廣泛，你也可以針對不同的廣告素材做測試與觀察：「究竟首次接觸我們品牌的受眾，對於哪一種廣告素材容易產生共鳴？」

輔助點擊歸屬

基本上，只要不是【最終點擊】，就會被歸類為【輔助點擊】歸屬。因此，【輔助點擊】歸屬是**有包含【最初點擊】**歸屬的。假設你看到 Facebook 來源的工作階段產生的價值大多都發生在【輔助點擊】上，代表這些工作階段的功勞可能是歸類在【最初點擊】、或【最終點擊】前的任何一個點擊，這個點擊歸屬有「助攻」的意味。

除了可以觀察【最終點擊】歸屬之外，【輔助點擊】是一個很大的觀察重點。舉例來說，假設我們今天看到「聯播網」在多管道程序報表中，【輔助點擊】帶來比較多的轉換價值，代表鮮少有用戶會點擊聯播網後立刻進行轉換，聯播網大多是扮演助攻的角色、讓使用者接觸我們的品牌。

最終點擊歸屬 / 又稱最終互動、最終轉換

顧名思義，這是使用者在轉換前的最後一次造訪網站的來源，因為使用者的網站瀏覽行為及轉換歷程是複雜的，透過數據分析你會發現部分的使用者回訪多次，但卻終究沒有造成轉換，甚至極端一點來說，有些使用者第一次、第二次的造訪都產生了很高的互動價值（瀏覽很多頁面、停留時間很長、也有完成微轉換），但這些使用者終究沒有轉換，有時是因為你並沒有給予網站強而有力的【最終點擊】管道。

什麼叫做強而有力的【最終點擊】管道？舉例來說，小美首次透過 Facebook 進到我們的網站、並在隔天透過搜尋再次回訪網站，小美在兩次的造訪中都瀏覽了超過 20 分鐘，並且徘徊在同樣的 1 ～ 2 項商品中，小美因為價格的關係考慮許久，認為你的產品雖然品質優良，但卻超出自己的預算，這時小

美只差臨門一腳就要下訂單了，你只要用特別為【最終點擊】轉換設計的廣告文案，透過聯播網的再行銷、或透過 EDM 等其他的方式給予小美強而有力的訊息，告訴她產品的價值絕對能滿足需求，小美可能就會在 EDM、或是聯播網再行銷的廣告中被廣告文案說服，下定購買的決心，點擊你的廣告後完成轉換（當然，該組廣告的文案設計也必須要特別規劃，才能促使小美進行最後的轉換），以上述案例來說，這樣的曝光方式適合拿來佈局【最終點擊】。

➔ 理解點擊歸屬的應用

若要正確的使用點擊歸屬，必須要結合上述所有的歸屬模型，來真正理解訪客的轉換歷程，並加以優化，每個網站 / 產業的受眾都有不同的點擊歸屬模型，舉例來說，以往在聯播網或入口網站置入以「品牌行銷」為目的的圖像式廣告時（如圖 8-4），目的並非是要使用者點擊，而是要讓它認識到我們的品牌（因為這則廣告的目的是大量的曝光品牌），並希望他日後想到我們的品牌，透過搜尋引擎再回來瀏覽我們的網站。

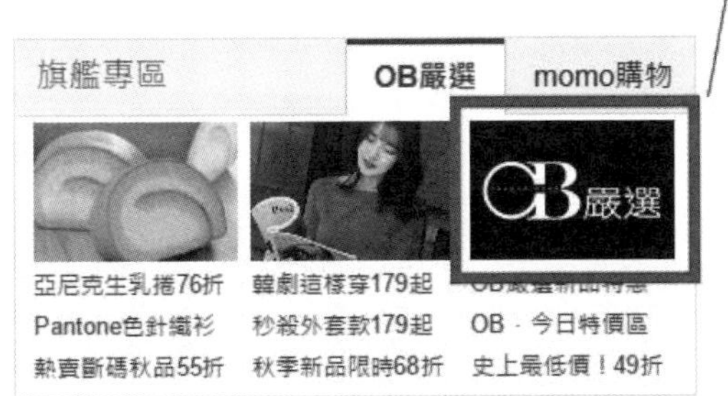

圖 8-4：圖像式廣告的目的並非是要使用者點擊，而是要使其認識到我們的品牌

以這則圖像式的廣告的範例來說（圖 8-4），它偏向【初次點擊】或【輔助點擊】，訪客看過廣告後，日後若產生興趣要回訪購物時，會搜尋我們的品牌名稱，Organic 就很容易被歸類在【最終點擊】歸屬。

請記得，往往只重視一種點擊歸屬是沒辦法實際優化轉換率的，因為所有的管道集合起來，才能造就一個訪客的轉換。

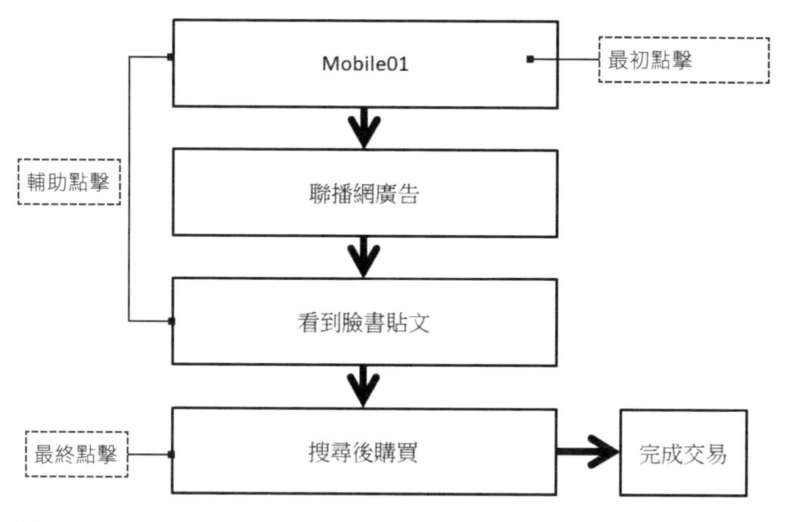

圖 8-5

我再舉最後一個例子，以圖 8-5 來說，假設今天我要購買電競鍵盤（筆者是個電動宅），在資訊不足的情況下，肯定會先打聽朋友的意見或上網 Google 看開箱文、評論文章，以下有可能是我會進行的流程：

1. 禮拜一，我 Google 了電競鍵盤，出現了 T 客邦的介紹文章、mobile01 的開箱測評，大多論壇的網友都推薦用羅技的電競鍵盤。

2. 十分鐘後，我點擊了 mobile01 討論版上的連結，進去官網上看到了一大堆不同型號的鍵盤，我很想買、但又因為價格超出預算，因此我決定不進行購買。

3. 禮拜二早上，看到羅技鍵盤的廣告以聯播網的形式出現，廣告的文案再度吸引我進入網站，我還是猶豫不買，因為價格超出預算，但我至少按了羅技粉絲團的讚。

4. 禮拜三早上，我在公車上滑 Facebook 時，再度被 Facebook 貼文打中，貼文中強調規格業界第一、CP 值超高，我再次燃起購買的慾望。

5. 禮拜三晚上，我狠心決定購買，搜尋了羅技鍵盤，進入官網下訂、完成購買。

以上述這個狀況來說，你覺得是哪一個媒體 / 曝光管道造就了我購買產品？如果沒有論壇網友的口碑推薦，第一時間我可能不會去看羅技的鍵盤規格 / 價格，如果沒有聯播網廣告，我可能不會去粉絲團按讚，如果沒有 Facebook 的貼文，我也可能不會再度燃起購買的慾望。

我的這筆訂單是由論壇的網友口碑、廣告聯播網、Facebook 一起助攻而完成的，但如果你單純看 Google Analytics 預設的報表，並觀察流量來源跟轉換率，那這筆訂單的轉換會被歸屬到 Organic 裡，因為我最後造訪並完成訂單是在「禮拜三晚上，搜尋進入官網」。

但你覺得促進這筆訂單的真的是 Organic 嗎？並不是。實際上，mobile01 的網友口碑、廣告聯播網、Facebook 廣告都有功勞，各個管道都有達到助攻的效果。

如果過去你沒有點擊歸屬的概念，只有看一般報表，那你只看到了冰山的一角。

若你的網站有下關鍵字廣告、聯播網、Facebook 廣告，經營這麼多管道，在評估成效時你更不能只看一般報表，因為各個管道的成效可能會彰顯在【輔助點擊】、或【最初互動】裡，沒有【輔助點擊】跟【最初互動】，就不會造就最後的轉換，以現在的網路行為來看，極少數的訂單成交是單一點擊就造成的，必須要再行銷、Facebook 經營、配合 SEO 等不同的管道，甚至要花心思設計不同的廣告文案、不同的廣告投放策略。

認識多管道程序報表及點擊歸屬

如同本章節所說明，訪客再進行轉換之前，可能會先透過多次造訪，並在不同的時間、地點、上線瀏覽我們的網站，經過比價、思考、猶豫後才會下訂單。

分析訪客轉換前的點擊歸屬、訪客轉換的功勞歸屬於哪個流量來源，這一切的過程我們可以利用點擊歸屬來完成，這是一種優化轉換率的手段，在 Google Analytics 的轉換報表底下的【多管道程序報表】能讓我們能更容易地運用每一種點擊歸屬來執行分析工作。

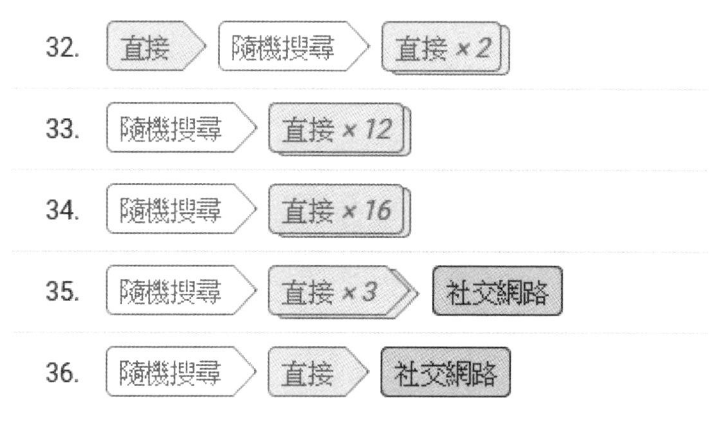

圖 8-6

訪客的轉換、每一筆訂單都是由複雜的流量管道共同完成，而其中的應用又因為不同的產品、產業、網站的使用者經驗不同而不同，即便你理解歸屬模式的運作也未必能出色的應用，但相信理解歸屬模式是網站分析更上一層樓的其中一步，長久的應用後，你將會越來越熟練、並理解如何從中得到洞察。

➔ 認識多管道程序報表（Multi-Channels Funnel，簡稱 MCF Report）

『多管道程序報表』是我們在 Google Analytics 裡面分析點擊歸屬時的重要工具，在開始說明多管道程序報表之前，有一件很重要的事我必須要先提醒你，多管道程序報表的資料預設使用的是【最終點擊】歸屬，若你在來源 / 媒介報表觀察資料，可能會看到 Organic 帶來最多的轉換，但在多管道程序報表卻是「直接流量」帶來最多的轉換，那是因為一般報表使用的是【最後非直接流量點擊】歸屬，而多管道程序報表卻是使用【最終點擊歸屬】。

也因為多管道程序報表與一般報表不同，它用的是【最終點擊】歸屬，因此透過多管道程序報表，我們可以更準確地觀察有多少轉換是直接流量帶來的。

多管道程序報表的位置位在「轉換」之下，在使用此報表之前，請先確保你有正確設置「轉換」目標（若你沒有設置，請閱讀第 7 章的解說），報表內才會有數據。

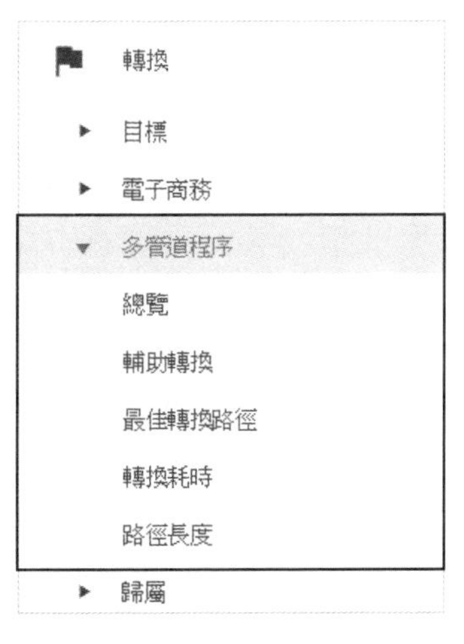

圖 8-7

➔ 輔助轉換報表

打開【輔助轉換】報表後，Google Analytics 會預設將你的來源 / 媒介分至直接、隨機搜尋、社交網路等管道裡面，並在右側呈現出該管道究竟是屬於【輔助轉換】居多、還是【最終點擊】居多。

以隨機搜尋為例，所有媒介是 Organic 的流量來源都會預設被歸類到「隨機搜尋」裡面。（在此我也必須補充說明，每一個管道都會同時扮演著輔助與最終點擊的角色，只是該管道在哪一個歸屬模式上扮演得比較出色）

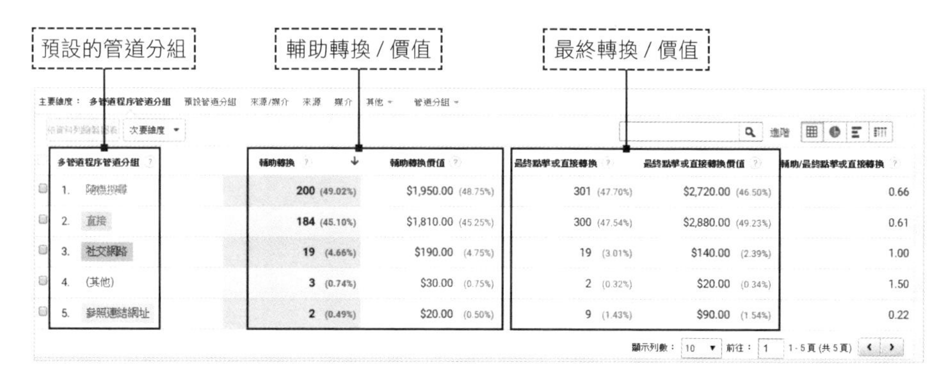

多管道程序管道分組	輔助轉換	輔助轉換價值	最終點擊或直接轉換	最終點擊或直接轉換價值	輔助/最終點擊或直接轉換
1. 隨機搜尋	200 (49.02%)	$1,950.00 (48.75%)	301 (47.70%)	$2,720.00 (46.50%)	0.66
2. 直接	184 (45.10%)	$1,810.00 (45.25%)	300 (47.54%)	$2,880.00 (49.23%)	0.61
3. 社交網路	19 (4.66%)	$190.00 (4.75%)	19 (3.01%)	$140.00 (2.39%)	1.00
4. (其他)	3 (0.74%)	$30.00 (0.75%)	2 (0.32%)	$20.00 (0.34%)	1.50
5. 參照連結網址	2 (0.49%)	$20.00 (0.50%)	9 (1.43%)	$90.00 (1.54%)	0.22

顯示列數：10 前往：1 1-5 頁 (共 5 頁)

圖 8-8：每一個管道都會同時扮演著輔助與最終點擊的角色

如果你覺得將來源 / 媒介分組到「管道」裡面去的數據太過粗糙，也可以點擊上方的其他維度，從不同的角度分析（如圖 8-9）、或進行管道分組（第 11 章將有管道分組的教學）。

主要維度： 多管道程序管道分組 預設管道分組 **來源/媒介** 來源 媒介 其他 管道分組 —— 選擇不同的維度來呈現資料

次要維度

來源/媒介	輔助轉換	輔助轉換價值
1. google / organic	200	$1,950.00
2. (direct) / (none)	184	$1,810.00
3. facebook.com / referral	18	$180.00
4. email / subscription	3	$30.00
5. ga.awoo.com.tw / referral	1	$10.00
6. l.facebook.com / referral	1	$10.00
7. tm-robot.com / referral	1	$10.00
8. yahoo / organic	1	$10.00
9. m.facebook.com / referral	–	–
10. tw.search.yahoo.com / referral	–	–

圖 8-9：你可以選取不同的維度來觀察點擊歸屬

輔助 / 最終點擊 / 或直接轉換的計算

在報表的最右側會看到一個值，這個值可以幫助我們快速理解該管道 / 來源的轉換狀況。這個值越接近 0，代表這個管道是扮演著【最終點擊】居多，也就是說，如果這個值是 0，代表這個管道完全沒有輔助功能，全部都是【最終點擊】(基本上這狀況不可能發生，最多很接近 0，但不可能真的是 0)，這個值越接近 1，代表這個管道扮演【輔助轉換】與【最終點擊】的情況是各半，也就是該管道在【輔助】與【最終】點擊所帶來的轉換均等。如果這個值高於 1，高越多則代表這個管道扮演著【輔助】的角色越多。

進階

	最終點擊或直接轉換	最終點擊或直接轉換價值	輔助/最終點擊或直接轉換
0	1,357	$12,360.00	0.70
0	1,512	$14,340.00	0.61
0	40	$360.00	1.35
0	46	$430.00	0.41
0	2	$10.00	6.50
0	–	–	–
0	5	$30.00	1.60
0	2	$20.00	1.50
0	5	$40.00	0.20
0	1	–	1.00

圖 8-10

➔ 最佳轉換路徑

【最佳轉換路徑】報表可以幫助我們更實際地觀察訪客的轉換歷程，他們究竟先從哪裡接觸我們的品牌？接著中間又回訪幾次後完成轉換？在這裡都可以一目瞭然。

許多網站主在設定轉換時，可能不只有一種轉換，以我的部落格來說，我有兩個轉換，互動時間超過 x 分鐘（微轉換）、或實際完成 EDM 訂閱（主要轉換），但在做分析時，我們可能只想分析某個轉換目標（比方說註冊會員、登入會員、實際購買，這些都具有不同的目標意義），【多管道程序報表】底下，所有的報表都可以勾選想分析的轉換目標（如圖 8-11）。

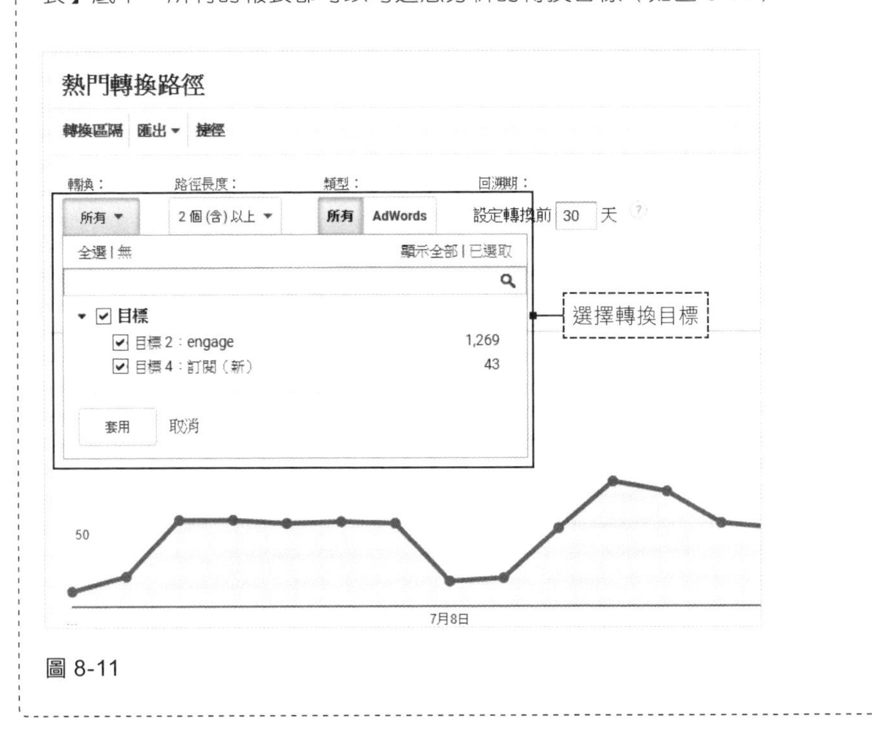

圖 8-11

接著回來談【最佳轉換路徑】報表，這個報表會詳細分析使用者轉換的歷程，因此在最上方可以看到，訪客大多都是經過幾個點擊才進行轉換（如圖 8-12）。

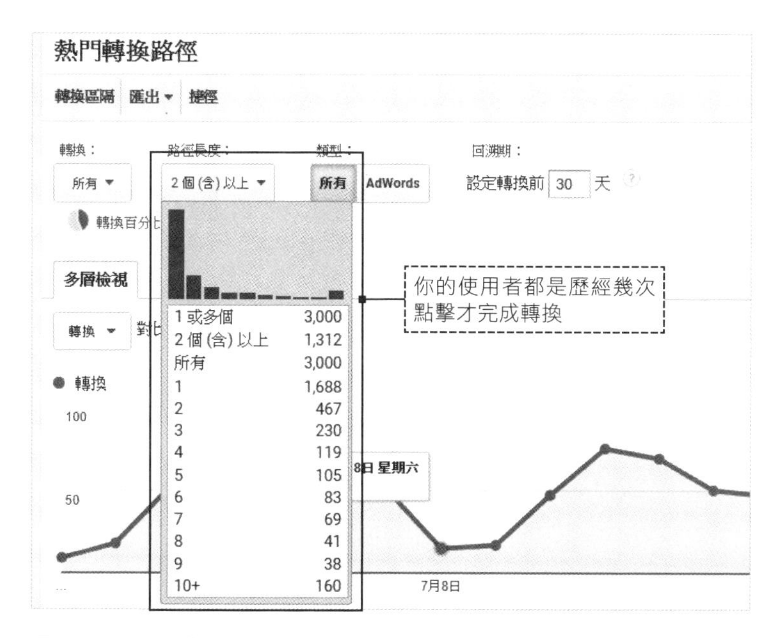

圖 8-12：在最上方你可以看到，訪客大多都是經過幾個點擊才進行轉換

報表內將細節地呈現，用戶在轉換的過程中都是歷經幾次點擊進站。在此可以很清楚的看到，轉換路徑其實五花八門，也有用戶透過直接流量進站多次之後才完成轉換。

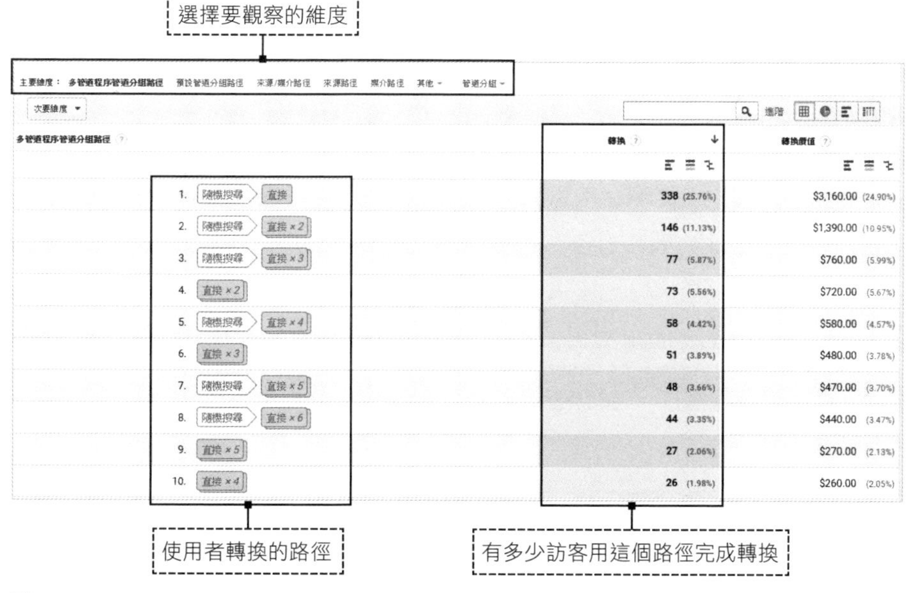

圖 8-13

小提醒：【多管道程序報表】只會將常見、預設的來源 / 媒介名稱進行分組，分到管道分組內，但如果你有利用 UTM 標記來更改來源 / 媒介的名稱，則 Google Analytics 會辨認不出這個來源 / 媒介，而顯示無法使用，若希望將所有的來源 / 媒介都進行分組，請參考的 11 章的「管道分組」的（比方說，我經常看到有客戶會在 Facebook 的貼文 / 廣告上使用 UTM 標記，並將來源媒介更改為 fb/cpc，fb/cpc 並非是預設的來源媒介，所以 Google Analytics 就會辨識不出來）。

圖 8-14

➔ 轉換耗時

這個報表可以幫助你觀察，使用者大多花了多少天數才完成轉換，即便一個訪客在轉換的過程中，歷經了 10 次以上的點擊，但它也有可能是在一天內完成；即便一個訪客在轉換的過程中，只有歷經三次的點擊，但它可能卻用了七天才完成轉換，因此實際狀況必須要配合【最佳轉換路徑】報表、【輔助轉換】報表、還有【路徑長度】報表來一起觀察。

轉換耗時 (以天數表示)	轉換	轉換價值	佔總數的百分比 ■ 轉換 ■ 轉換價值
0	2,145	$19,400.00	71.50% 69.76%
1	122	$1,200.00	4.07% 4.31%
2	77	$750.00	2.57% 2.70%
3	38	$360.00	1.27% 1.29%
4	50	$480.00	1.67% 1.73%
5	34	$340.00	1.13% 1.22%
6	43	$420.00	1.43% 1.51%
7	32	$320.00	1.07% 1.15%
8	36	$360.00	1.20% 1.29%
9	26	$260.00	0.87% 0.93%
10	20	$200.00	0.67% 0.72%
11	15	$150.00	0.50% 0.54%
⊞ 12-30	362	$3,570.00	12.07% 12.84%

圖 8-15：這個報表可以觀察訪客在轉換時究竟花了多少天。

➔ 路徑長度

【多管道程序報表】內也提供了【路徑長度】的報表，在此報表下，可以更清楚地觀察出，訪客歷經幾次點擊才完成轉換、且他們產生的價值又是多少。

以圖 8-16 來看，造訪 2 次就完成轉換的使用者反而產生了比較高的價值。

路徑長度 (以互動次數表示)	轉換	轉換價值	佔總數的百分比 ■ 轉換 ■ 轉換價值
1	1,688	$15,120.00	56.27% 54.37%
2	467	$4,380.00	15.57% 15.75%
3	230	$2,200.00	7.67% 7.91%
4	119	$1,180.00	3.97% 4.24%
5	105	$1,050.00	3.50% 3.78%
6	83	$810.00	2.77% 2.91%
7	69	$680.00	2.30% 2.45%
8	41	$410.00	1.37% 1.47%
9	38	$380.00	1.27% 1.37%
10	22	$220.00	0.73% 0.79%
11	22	$220.00	0.73% 0.79%
12+	116	$1,160.00	3.87% 4.17%

圖 8-16：在此報表下，可以更清楚地觀察出，訪客歷經幾次點擊才完成轉換

➔ 重點還是在優化轉換歷程

在理解點擊歸屬、甚至開始實務觀察後，你會發現每個管道多少都有扮演著輔助、最初、最終點擊的角色，只是各個管道的比重應該為多少？我們應該要去思考，哪些管道適合負責最初的曝光 / 點擊、哪些管道適合當作【輔助轉換】、【最終轉換】。以再行銷來說，做再行銷總不會拿到最初點擊吧？再行銷本身就是在輔助與最終轉換上發揮價值的行銷概念。因此，在進行策略規劃時，利用點擊歸屬來觀察，可以幫助我們更審慎地思考每個管道該扮演的角色。

若你對沒接觸過品牌的人投放廣告，但光是看一般報表，看到轉換都發生在自然搜尋，這時就會對廣告的價值有所誤解，因為你只有看到自然搜尋有帶來轉換，忽略了廣告的價值並不一定是發生在最終點擊。**永遠不要只用一種點擊歸屬來斷章取義流量管道的成效**，我們的工作就是讓每個管道，都應該各自在最初、輔助、最終點擊上發揮價值。

Chapter 9

「資料層級」與「取樣數據」如何影響 Google Analytics

本章重點

- 認識資料層級
- 認識 Google Analytics 的取樣數據

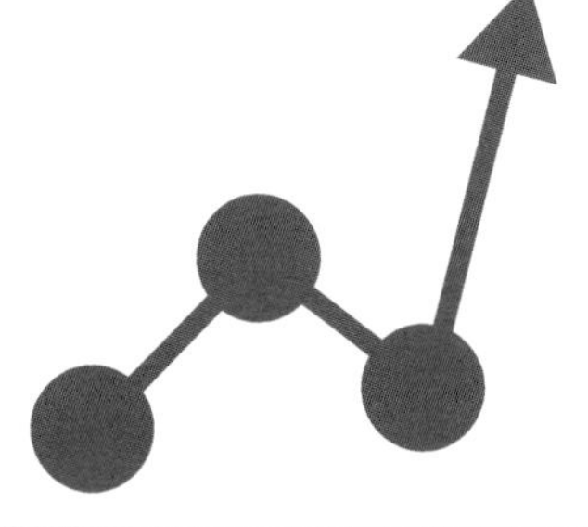

資料層級、以及數據取樣都是 Google Analytics 的重要觀念，這兩個觀念與 Google Analytics 如何收集資料有關，第 1 章我們就提到過，確保數據的可信度、以及數據品質是很重要的，如果你不知道數據本身的來由，你會更加難判斷數據的品質如何、以及如何解讀。

本章可以幫助你更了解 Google Analytics 以及它的資料運作模式，並了解如何在分析工作中解讀、使用報表。

認識資料層級

資料層級（Data Scope）是 Google Analytics 非常重要的一個概念，你是否曾經好奇，使用者、工作階段、瀏覽量這些指標的關係是什麼？為什麼【所有網頁】的報表不是使用「工作階段」，而是使用「瀏覽量」？

假設若有一位住在台北的 30 歲男性，從 Google 搜尋進到你的網站，那麼 Google Analytics 會用多個維度來整理這位訪客的數據：

- 性別：男性
- 年齡層：25-34
- 地區：台北
- 來源 / 媒介：google / organic

只要有某位訪客進站，Google Analytics 就會針對他的特徵、各項細節資料，將數據盡最大可能放到各個維度資料裡。的確，我們在操作 Google Analytics 時，這些維度跟指標很好用，但事實上維度與指標有不同的層級，很多指標維度甚至不能交叉使用。

➔ 什麼是資料層級？

Google Analytics 在收集數據時，會將指標、維度資料都記錄下來，並且分為以下四種層級：

- 使用者層級（User Level Scope）
- 工作階段層級（Session Level Scope）
- 匹配層級（Hit Level Scope）
- 產品層級（Product Level Scope）

在各個層級常見的指標維度有：

使用者的資料層級（User Level Scope）

指標	維度
使用者	使用者類型
每位使用者的工作階段	地理區域
新使用者	年齡
	性別

工作階段的資料層級（Session Level Scope）

指標	維度
工作階段	來源
工作階段平均時間	媒介
	廣告活動

匹配的資料層級（Hit Level Scope）

指標	維度
瀏覽量	網頁
不重複瀏覽量	網頁標題
不重複事件	主機名稱

我們可以把匹配想像成是「網頁行為」，基本上網頁瀏覽、網頁事件，都算是匹配層級（Hit Level）。

產品的資料層級（Product Level Scope）

指標	維度
交易	產品
平均訂單價值	產品類別

以上各個層級的指標與維度為本書列出來的範例，但 Google Analytics 有上百個指標、維度，若你希望看到完整的資料層級資料，可以參考以下網址：https://developers.google.com/analytics/devguides/reporting/core/dimsmets

➔ 資料層級如何影響 Google Analytics ？

使用 Google Analytics 就是為了要盡可能地認識我們的網站、認識我們的使用者、並研究他們的行為，但 Google Analytics 的數據有諸多的獨特架構，透過理解資料層級的架構，就會知道限制在哪、未來該解讀哪些報表。

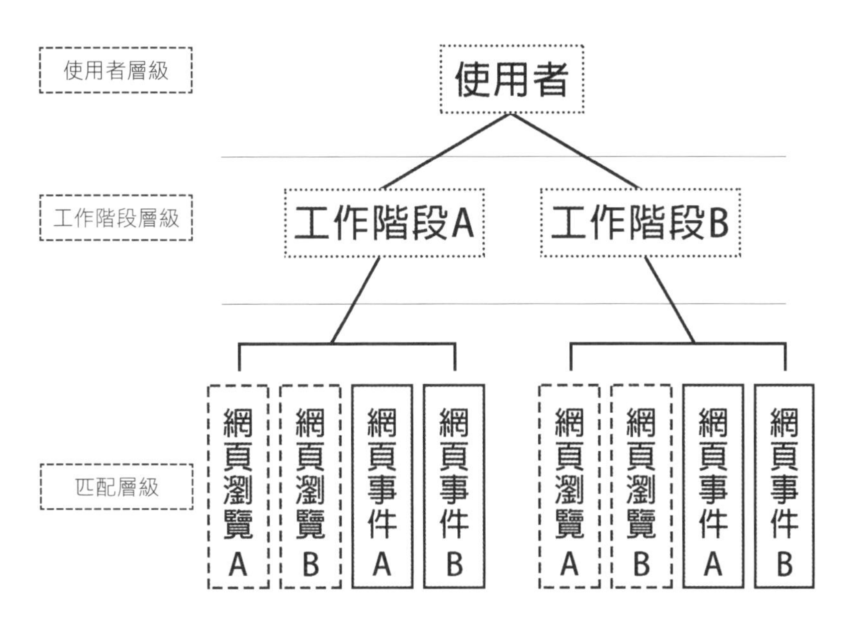

圖 9-1：透過理解資料層級的架構，就會知道限制在哪、未來該解讀哪些報表

Google Analytics 裡面層級最高的資料為「使用者」，接著才是工作階段、然後是匹配，而產品層級則不再此樹狀架構中（另一個獨立層級）。

我們也可以從上圖中看到層級之間的關係，一個使用者可以包含有多個工作階段，一個工作階段也可以包含有多個匹配（也就是網頁瀏覽與事件），Google Analytics 在收集資料時，也會將各個指標與維度依照層級將資料放進資料庫，因此「使用者包含工作階段的資料」，「工作階段也包含有匹配的資料」。所以我們可以說，一個使用者產生了幾個工作階段、一個工作階段產生了幾個匹配（瀏覽量與事件）。

但是，「匹配」並不包含有「工作階段層級」的資料，因為工作階段層級在匹配層級的上面。

這個層級關係，將直接影響數據解讀、以及報表產出。例如，「所有網頁」是匹配層級的維度，「工作階段」是工作階段層級的指標，他們兩個不能互相組合。

為什麼【所有網頁】報表裡面使用的指標是「瀏覽量」，而不是工作階段？很簡單，因為他們層級不同。

圖 9-2

這也是自訂報表為什麼有時候，設定指標維度後，數據並不會顯示出來，因為你跨了層級使用指標與維度。

舉例來說，用自訂報表的「所有網頁」維度搭配「收益」指標，報表就會一片空白，因為他們的資料層級根本不同。如果你要跨層級去把指標與維度交叉使用，是沒辦法的。

➜ 例外狀況、以及報表解讀

基本上 Google Analytics 的預設報表已經按照層級的規則顯示出來，但在某些情況下，你利用自訂報表以及 Google AnalyticsAPI，跨層級組合指標與維度，就可以得到你要的組合，但事實上這些報表根本不合邏輯，例如：

假設你開自訂報表用「網頁」（匹配層級維度）搭配工作階段（工作階段層級的指標），雖然報表會出現數據，但這個報表本身並不合邏輯，因為工作階段本身就是一整組的互動匹配，一整組的互動匹配也不可能在一個網頁內完成，但…你會發現 Google Analytics 的自訂報表還是會將這個跨層級的組合呈現出來。

網頁	工作階段
	9,874 % 總計: 100.00% (9,874)
1. /category/google-analytics-basic/www.yesharris.com	1,956 (19.81%)
2. /utm-tag/www.yesharris.com	608 (6.16%)
3. /google-analytics-basic2/www.yesharris.com	534 (5.41%)
4. /www.yesharris.com	516 (5.23%)
5. /search-console-intro/www.yesharris.com	425 (4.30%)
6. /google-analytics-session/www.yesharris.com	363 (3.68%)
7. /similarweb-over-view/www.yesharris.com	326 (3.30%)
8. /direct-traffic/www.yesharris.com	299 (3.03%)

圖 9-3：一整組的互動匹配也不可能在一個網頁內完成

事實上，如果你開了這個報表，這個報表呈現的是，「有多少組工作階段從這個網頁開始」（根本就是當「到達網頁」在呈現資料，那維度還不如選「到達網頁」維度），相較之下，使用瀏覽量或不重複瀏覽量，會更符合邏輯、也更貼近 Google Analytics 的資料收集方式。

了解資料層級後，建議你在使用報表時，先想想，這些指標與維度組合起來是否合理？是否符合 Google Analytics 的資料收集方式？我這樣使用資料正確嗎？

 認識 Google Analytics 的取樣數據

「取樣數據」是為了能更快速地完成資料分析的工作，常用於資料過於龐大時，為了降低分析成本以及效率，我們可能會取其中一部份的樣本來進行分析，基本上，只要取用的樣本足夠代表整個資料群體，分析出來的結果就有一定的參考價值。在台灣你常常能看到新聞說，此問卷樣本為 xxx 萬人、或是某市長的民調顯示 xxx，這些都是取樣數據。

舉例來說，如果你想知道台灣人口的 2300 萬人的行為資料，但 2300 萬人的資料過於龐大、處理起來會花費龐大的成本與時間，因此你取了 20% 的 460 萬人口來做分析、理解他們的行為，並用這 20% 的人口樣本做為參考來理解整個 2300 萬人，在概念上，20% 的取樣必須包含所有可能影響到資料的族群特徵，像是這 20% 的取樣裡面必須包含所有的年齡層、性別、生活型態，這就是所謂的取樣數據。

➔ Google Analytics 的取樣數據可能對你的分析工作造成傷害

Google Analytics 裡面一樣會有取樣數據的狀況，雖然取樣數據能夠讓整個分析過程加速進行、並具備高效率的特徵，但取樣數據的問題在於，你所得到的資料並非絕對精準，有極大的可能，你所看到的取樣資料，與沒有被取樣到的資料具備著完全不同的特徵與結果。

如圖 9-4，從 Google Analytics 報表的左上方可以看到該報表是否有被取樣（幾乎所有的報表右上方都會有這個欄位），上面會顯示「這份報表是以 xx% 的工作階段來計算，只要這裡顯示的不是以 100% 的工作階段來計算，就代表你當下正在看的報表，存在著取樣數據的問題。

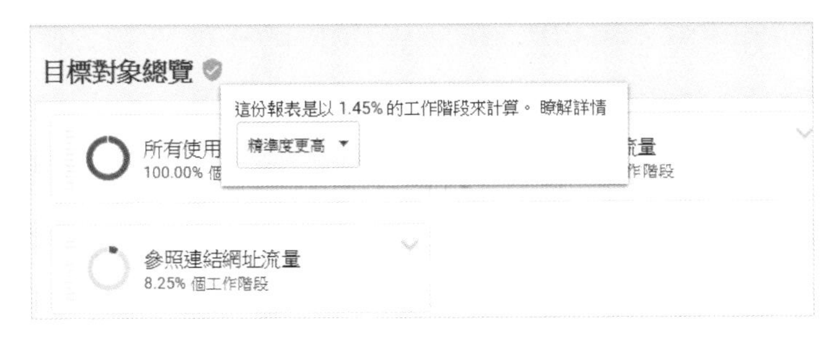

圖 9-4：只要這裡不是以 100% 的工作階段來計算，就代表這份報表存在著取樣數據的問題

在網站分析上取樣數據並不是一件有正面影響的事情，因為這代表你看到的資料並不精準，尤其當你要計算網站收益、廣告成效這些重要指標時，取樣數據更可能誤導你的決策。

Google Analytics 的取樣數據如何運作

Google Analytics 在收集資料時，會先將資料整理、運算好，並預先儲存到資料庫裡面，當你在使用預設報表時（像是目標對象、客戶開發裡的預設標準報表），Google Analytics 因為已經把這些資料提前運算並整理好，所以你可以在很短的時間內看到數據報表（Google Analytics 的數據這麼龐大，但還能一點報表就立刻跑出數據，就是這個原因）。

但如果你今天使用了次要維度、或進階區隔來篩選出客製化的資料，因為 Google Analytics 並沒有預先把你要的資料運算好，為了加速報表呈現給你的速度，它就會取樣部分的資料來運算你的需求給你，這當然也是為了更快地呈現出報表。

➔ 什麼樣的狀況 Google Analytics 可能會使用取樣數據？

當資料太龐大、或你提出客製化的資料需求時（如進階區隔或次要維度），Google Analytics 會先檢視這些資料條件是否需要取樣，如果 Google Analytics 判定需要，它會為了加快給你數據報表的時間，採用取樣數據，這些特定狀況如下：

- 在指定日期範圍中，資源層級的工作階段量超過 500,000 個。
- 你在預設的報表內使用了客製化的進階區隔、或次要維度。
- 在自訂報表內的篩選器使用了客製化的篩選條件。
- 在多管道程序報表中，你所選取的指定日期範圍中，超過一百萬個轉換。
- 在行為流程報表中，你所選取的指定日期範圍中，超過十萬個工作階段。

➔ 如何解決 Google Analytics 的取樣數據問題？

取樣數據並不能完整地被解決，這是 Google Analytics 的缺陷之一，但你可以用以下的方式來稍微改善取樣數據的問題。

調整取樣數據的設定

在報表的左上方，如果看到數據並不是來自於 100%，你可以選擇「精準度更高」來降低取樣的狀況，假設原先設定為「回應速度更快」，並且取樣為 1% 的工作階段，在更改為精準度更高之後，Google Analytics 會根據你的需求，花上更多時間運算，並把取樣的比例調高到 4%。基本上取樣的比例越高，數據會越精準，若沒有趕時間的話，我建議都選取「精準度更高」給 Google Analytics 多一點時間運算、並觀察取樣比例較高的數據資料。

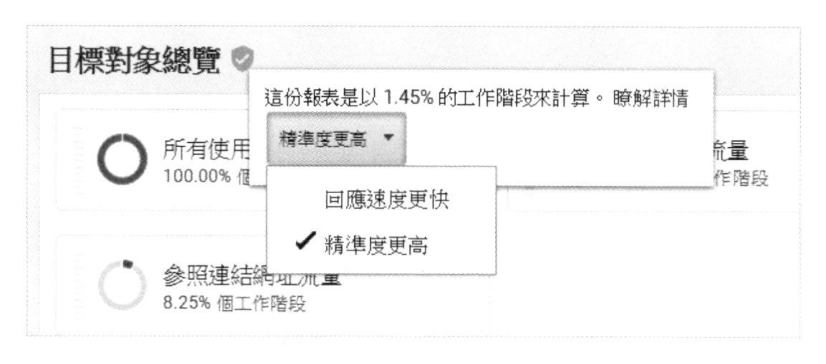

圖 9-5

➔ 縮短觀察的時間比例

有時候取樣數據會發生在所選取的時間範圍太長，假設你一次選取了一整年的數據資料來觀察，因資料過於龐大，Google Analytics 為了加快運算，會用取樣數據，建議你不妨把觀察的時間範圍縮短來減少資料量以取得更精準的數據。

盡量使用預設報表

如果你的需求都能被預設報表滿足的話，只使用預設報表可以減少數據取樣不精準的狀況。

MEMO

Chapter 10

認識自訂報表、資訊主頁

本章重點

- 認識自訂報表
- 認識資訊主頁

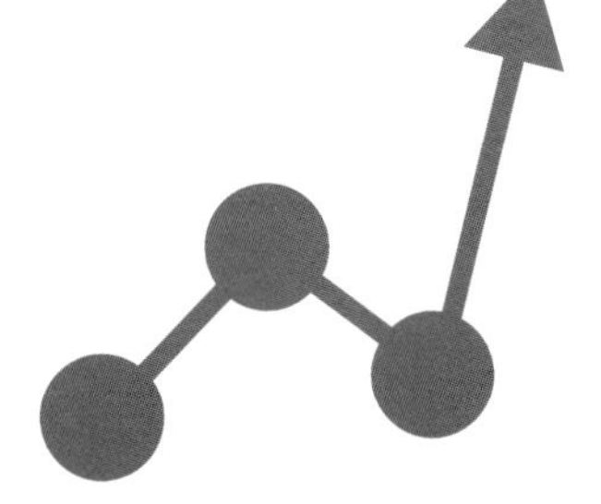

認識自訂報表

自訂報表（Custom Report）是 Google Analytics 最強大的功能之一，你可以在 Google Analytics 左上角的「自訂」裡面找到它。它可以根據你的需求來客製化報表，加快工作效率、提升數據品質，而且你的報表設定還能分享給自己的同事，讓團隊協作上更加順暢。

圖 10-1

為什麼要使用自訂報表？

Google Analytics 有上百個維度跟指標，以 Adwords 報表來說，裡面就有許多 Adwords 特有的維度，像是廣告活動、廣告群組、搜尋比對類型、搜尋字詞、關鍵字等，但 Google Analytics 的維度都四散在系統預設的報表內，有些維度甚至沒有預設報表。所以我們要依靠自訂報表來組合自己需要看的維度跟指標，來得到不同角度的數據洞察。

自訂報表可以組合的維度非常非常多，你必須要在熟悉基本操作後，大量地使用、或是參考其他先進報表用法，才能熟悉如何用自己的報表來觀察數據。

➔ Google Analytics 自訂報表使用流程

1. 新增自訂報表

於 Google Analytics 的左方「自訂」你可以找到自訂報表，並且在這個面板中可以新增、刪除自訂報表，甚至自訂報表過多時，可以點選「新增類別」，以拖曳的方式做報表歸類及整理。

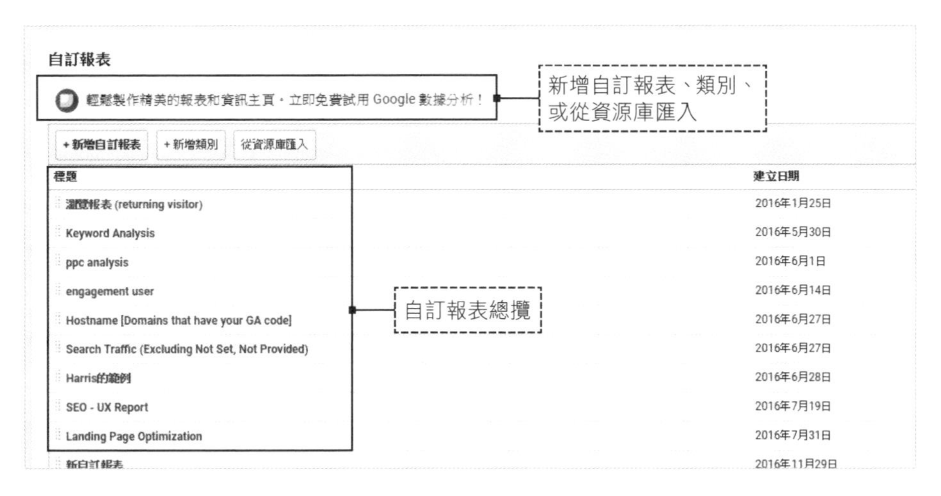

圖 10-2：新增、刪除自訂報表

比較有趣的是這裡有一個「從資源庫匯入」，這個功能可以讓你瀏覽網路上別人所分享的自訂報表，並將他們所做的設定直接 download、套用到你的帳戶中。在我剛開始接觸自訂報表時，也 download 了業界前輩所用的設定，來學習他們使用自訂報表的方式。

2. 報表功能設定

點選「新增自訂報表後」，你會看到以下的頁面，這個頁面就是設置自訂報表的地方，以下我將根據標示的號碼來解釋如何使用自訂報表（但圖中的 5 跟 6 號的指標維度，會根據你選擇的報表類型而不同）。

圖 10-3

❶ **標題：**標題欄位純粹提供你日後辨識用，可以隨意取名為容易辨識的名稱就好。

❷ **報表分頁：**一個自訂報表可以有多個報表分頁，在此新增分頁會讓你之後在同一個報表可以看到多個不同的指標、維度組合。以我來說，我有一個報表裡面專門去觀察使用者瀏覽文章的狀況，A 分頁我會設定跳出率及平均瀏覽頁數，B 則是設定入站以及瀏覽量，兩個分頁用來觀察不同的數據。

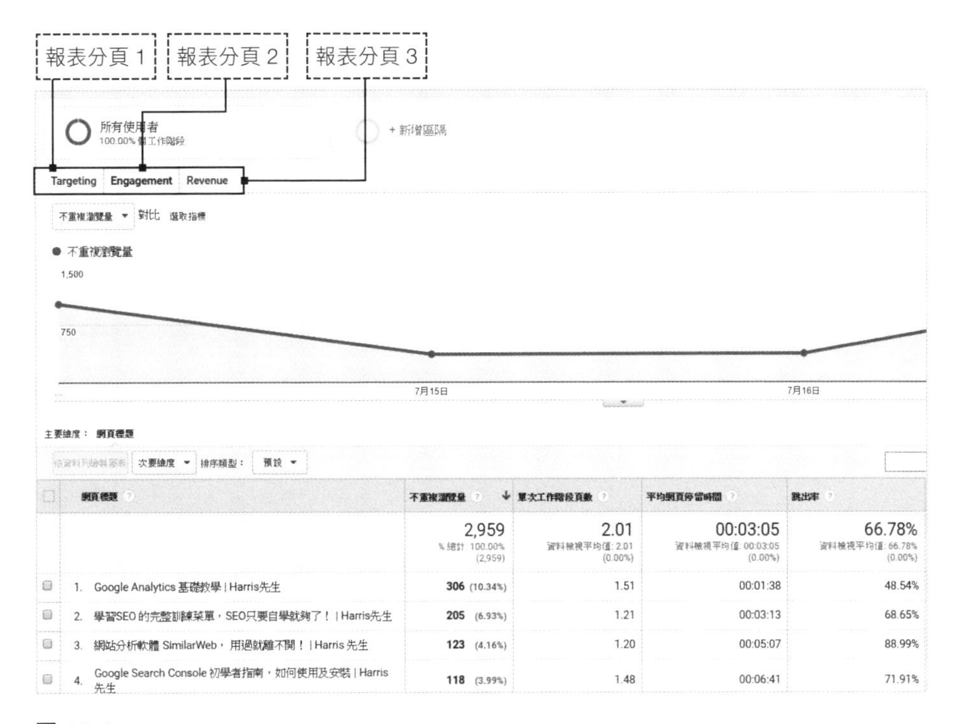

圖 10-4

❸ **報表分頁名稱：**這個欄位純粹為每個分頁進行命名，供日後辨識用，可依照自己習慣與喜好設定。

❹ **報表類型：**自訂報表共有三種報表類型可以選擇，稍後會詳細解說這三種類型的使用。

❺❻ **指標及維度：**這個區域可以選擇想觀察的指標及維度，但指標維度的設定會依據你在第四點所選擇的報表類型不同而異，稍後會詳細說明。

❼ **篩選器：**此篩選器為自訂報表內建的篩選器（超實用），比方說你想要觀察 Google 關鍵字廣告的成效，可以用篩選器去限制流量來源為 google/cpc。

圖 10-5

❽ 套用之資料檢視：自訂報表為「資料檢視」層級的功能，如果你跟我一樣有非常多個資料檢視，必須要在這裡設定要套用到哪些資料檢視內，而沒被套用到的資料檢視，就不會看到你所設定的自訂報表。

圖 10-6

3. 認識 Google Analytics 的自訂報表類型

在自訂報表內共有三種報表類型，並且各類型的指標、維度設定方式都不同，你必須依照需求來選擇報表類型：

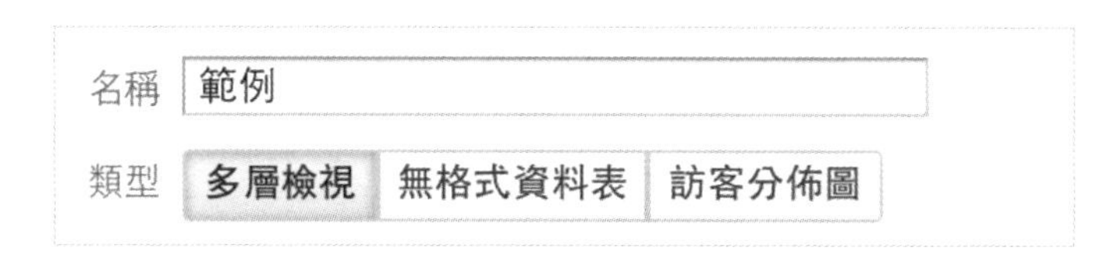

圖 10-7

◆ 【多層檢視】自訂報表

多層檢視自訂報表為階層式的維度深入分析，這個報表類型為標準的 Google Analytics 報表，你可以選擇多個維度進行深入觀察。以下圖來說，我設定第一層維度為網頁標題，第二層為使用者類型，再來是來源媒介及廣告活動。

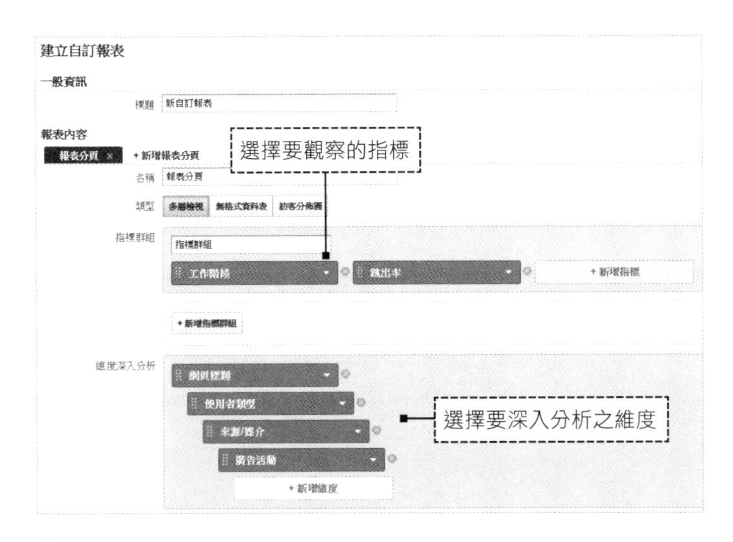

圖 10-8

在報表設定完之後，會在報表呈現看到如圖 10-9：一開始只會看到有「網頁標題」的維度，接著點擊任意一個標題，Google Analytics 會顯示該標題的下一層維度資料。

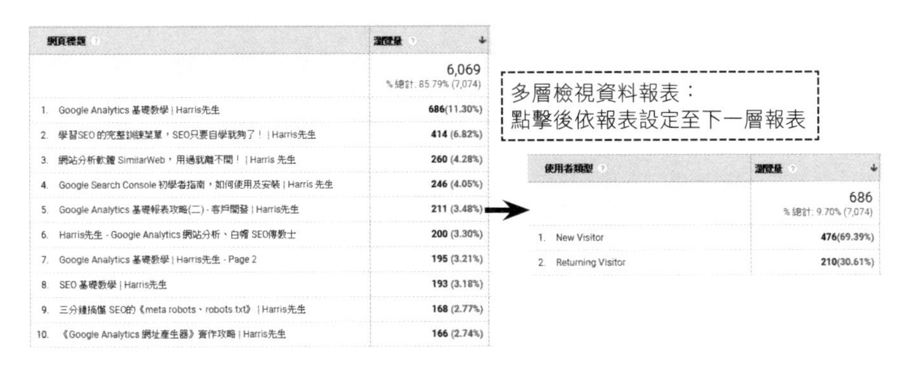

圖 10-9

舉例來說，我看到「Google Analytics 基礎教學 | Harris 先生」這個網頁標題流量特別高（網頁標題為第一層維度），點擊進去就會看到此頁面新舊訪客的比例（第二層為使用者類型）。這個一層層往下觀察的報表就是【多層檢視自訂報表】。

◆【無格式資料表】自訂報表

【無格式資料表】則是可以一次檢視多個維度，並且此報表不能使用次要維度，它的設定介面也和多層檢視的自訂報表有點不同。

圖 10-10

做好簡單的維度以及指標設定之後，【無格式資料表】的顯示結果如圖 10-11，多個維度將同時顯示（所以這個報表才不用次要維度），有別於多層檢視，【多層檢視】一次只顯示一個主要維度，【無格式資料表】則是一次顯示所有維度的資料。

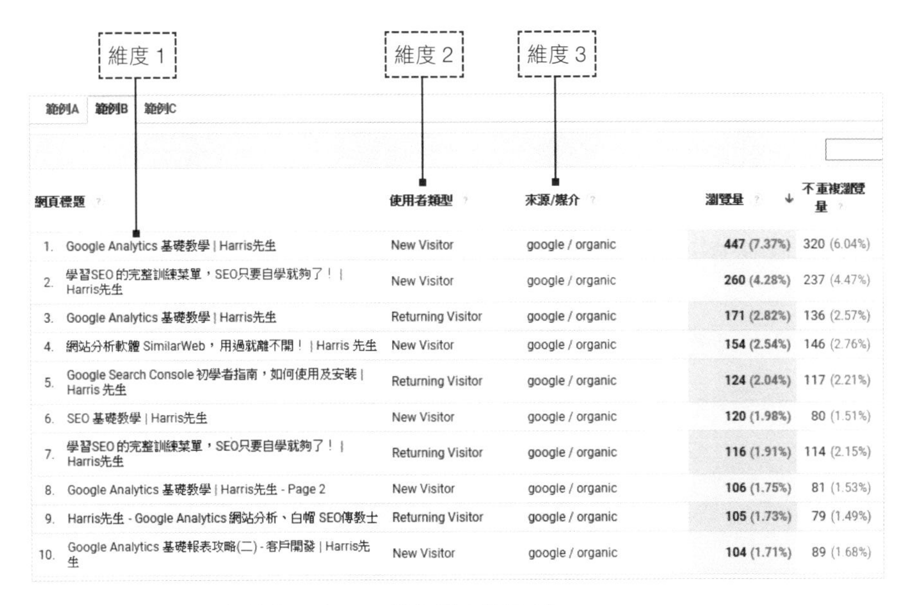

	網頁標題	使用者類型	來源/媒介	瀏覽量	不重複瀏覽量
1.	Google Analytics 基礎教學 | Harris先生	New Visitor	google / organic	447 (7.37%)	320 (6.04%)
2.	學習SEO的完整訓練菜單，SEO只要自學就夠了！ | Harris先生	New Visitor	google / organic	260 (4.28%)	237 (4.47%)
3.	Google Analytics 基礎教學 | Harris先生	Returning Visitor	google / organic	171 (2.82%)	136 (2.57%)
4.	網站分析軟體 SimilarWeb，用過就離不開！ | Harris 先生	New Visitor	google / organic	154 (2.54%)	146 (2.76%)
5.	Google Search Console 初學者指南，如何使用及安裝 | Harris 先生	Returning Visitor	google / organic	124 (2.04%)	117 (2.21%)
6.	SEO 基礎教學 | Harris先生	New Visitor	google / organic	120 (1.98%)	80 (1.51%)
7.	學習SEO的完整訓練菜單，SEO只要自學就夠了！ | Harris先生	Returning Visitor	google / organic	116 (1.91%)	114 (2.15%)
8.	Google Analytics 基礎教學 | Harris先生 - Page 2	New Visitor	google / organic	106 (1.75%)	81 (1.53%)
9.	Harris先生 - Google Analytics 網站分析、白帽 SEO傳教士	Returning Visitor	google / organic	105 (1.73%)	79 (1.49%)
10.	Google Analytics 基礎報表攻略(二) - 客戶開發 | Harris先生	New Visitor	google / organic	104 (1.71%)	89 (1.68%)

圖 10-11：無格式資料表一次顯示所有維度的資料

◆【訪客分佈圖】自訂報表

【訪客分佈圖】自訂報表主要是根據訪客的地區來觀察數據，報表內已有跟「地理位置」有關的維度供你選擇，可以從全球、洲別、國家地區這幾個級別來觀察數據，如果你的產品定位僅在台灣之內的話，級別可以如圖 10-12 選擇「國家地區」就好。

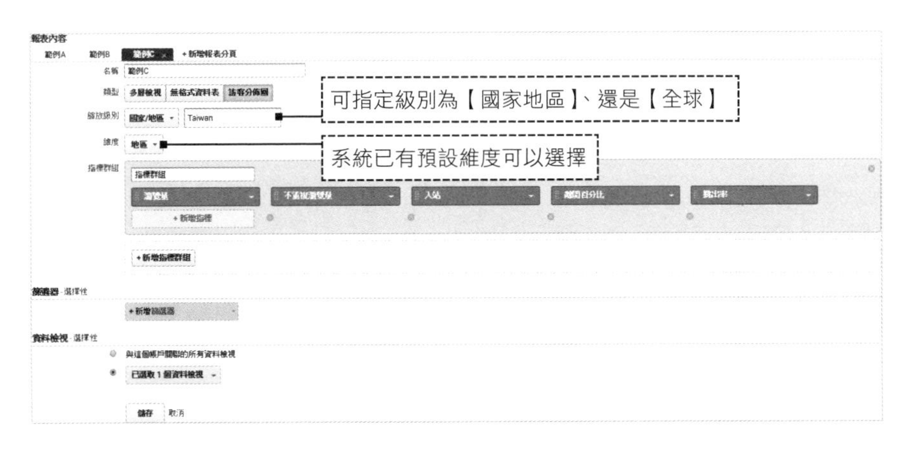

圖 10-12

設定完之後，如果你跟我一樣縮放級別是選擇台灣，你會看到如圖 10-13 的圖表，Google Analytics 會直接告訴你選取指標的分佈狀況。

舉例來說，如果選擇瀏覽量，分佈圖會告訴你瀏覽量的分佈狀況，以圖 10-13 來說，流量都集中在台灣北部；但如果指標選擇「轉換」可能就未必了，或許產品的主要轉換在台灣南部，這必須要透過實際觀察才知道。

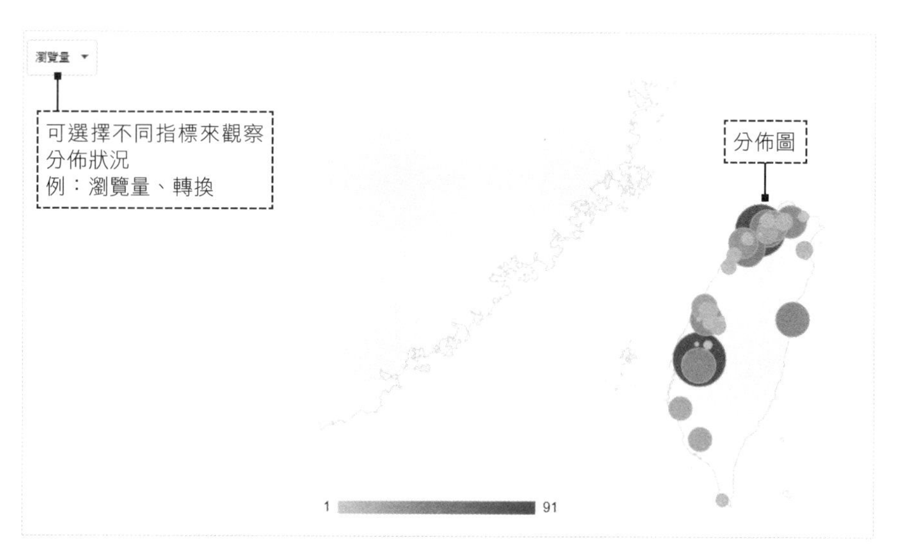

圖 10-13：透過自訂報表，你可以只特定的觀察台灣的分佈狀況

➔ 規劃自己的 Google Analytics 自訂報表

自訂報表的用法非常靈活，可以根據公司、部門的 KPI 做報表設定、或是依照分析工作的主要項目去做設定。以筆者自身為例，從 SEO 關鍵字分析、Adwords 廣告成效分析、使用者互動的數據觀察，都非常依賴自訂報表。目前我的專案每個禮拜也都有要固定觀察的重點指標（網站轉換率、訪客回訪、新訪客獲取…等）。

認識資訊主頁

資訊主頁位於 Google Analytics 的左上方，同樣在左上角的【自訂】裡面可以找到。

圖 10-14

【資訊主頁】為另一個 Google Analytics 所提供的自訂功能，可以幫助你更有效率的進行日常的數據監控工作，甚至將數據概況分享給主管、同事。

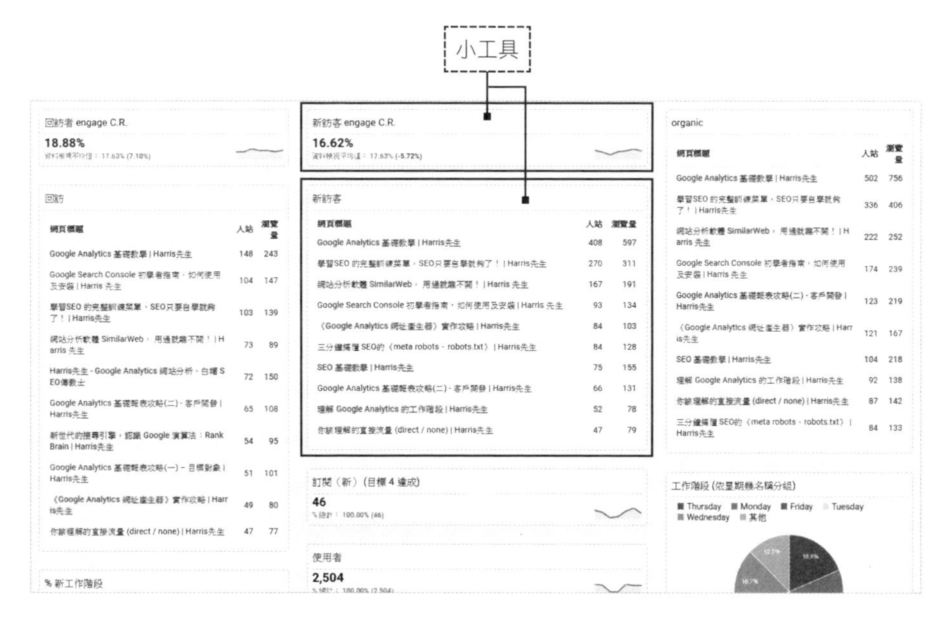

圖 10-15：資訊主頁也俗稱為「Dashboard」，可以讓你在一個畫面內快速看到數據概況

我們可以在上方的圖中看到【資訊主頁】的範例報表，【資訊主頁】資訊主頁本身是一塊空白的畫布，你可以在畫布上新增各式各樣的「小工具」，這些小工具有圓餅圖、訪客分布圖、長條圖等，你可依據自己的需求配置自己的資訊主頁，它與自訂報表不同的地方是，資訊主頁能在一個畫面內放入各種不同的指標、維度，也有許多圖像化的功能。

➜ 建立資訊主頁

建立資訊主頁時，系統會出現空白畫布、以及新手資訊主頁兩個選擇，新手資訊主頁是 Google Analytics 幫你預設好的一組資訊主頁設定，這裡不多做說明。本節將帶你認識一下如何從空白畫布開始建立資訊主頁。

圖 10-16：「新手資訊主頁」為 GA 幫你預設好的設定範例

當你選擇了空白資訊主頁之後，你會看到如圖 10-17 的畫面，Google Analytics 會請你建立第一個「小工具」。

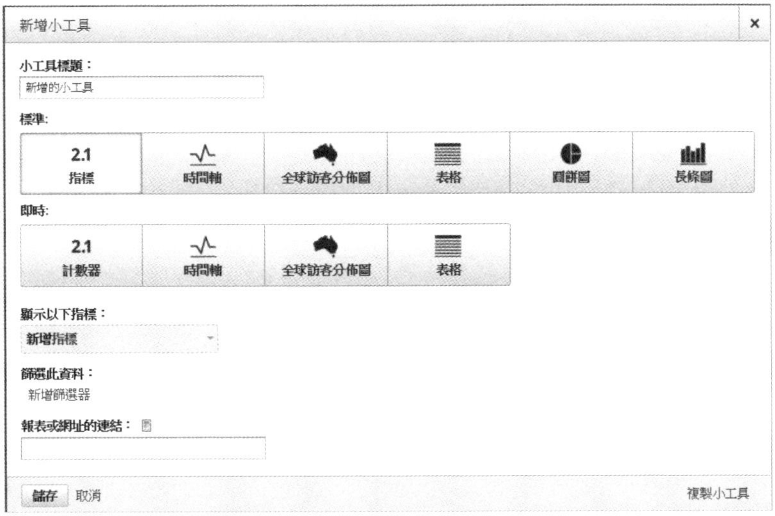

新增小工具 ×

小工具標題：

新增的小工具

標準:

2.1 指標 | 時間軸 | 全球訪客分佈圖 | 表格 | 圓餅圖 | 長條圖

即時:

2.1 計數器 | 時間軸 | 全球訪客分佈圖 | 表格

顯示以下指標：

新增指標

篩選此資料：

新增篩選器

報表或網址的連結：

儲存 取消 複製小工具

圖 10-17：GA 的「資訊主頁」提供了多種不同的小工具

小工具主要分為兩種類型，分別是【標準】以及【即時】。【即時】的小工具是直接顯示出當下的即時數據，因此數據會不斷變動，而【即時】的小工具 Google Analytics 主要只提供四種（圖 10-18）。

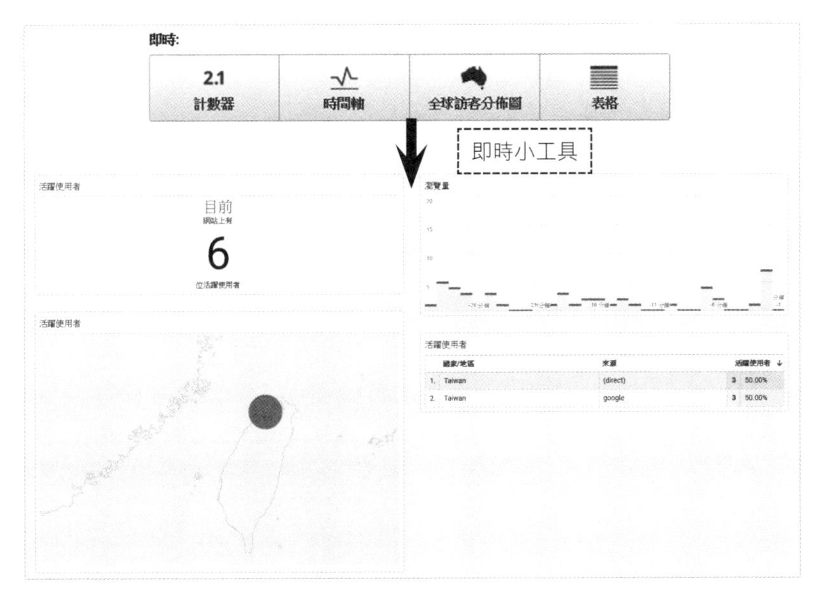

圖 10-18

你必須要學會使用的是【標準】的小工具，【標準】的小工具在維度與指標的組合上有較多的變化可以幫助到你每日觀察資料。

以圖 10-19 來說，相關的操作細節如下：

圖 10-19

【A】小工具選擇，選擇你想使用的小工具類型

◆ 第 1 個【標準】小工具：【指標】

【指標】小工具是單純的顯示出該指標的狀況，你可以設定最常需要觀察的指標（像是收益轉換、工作階段）。

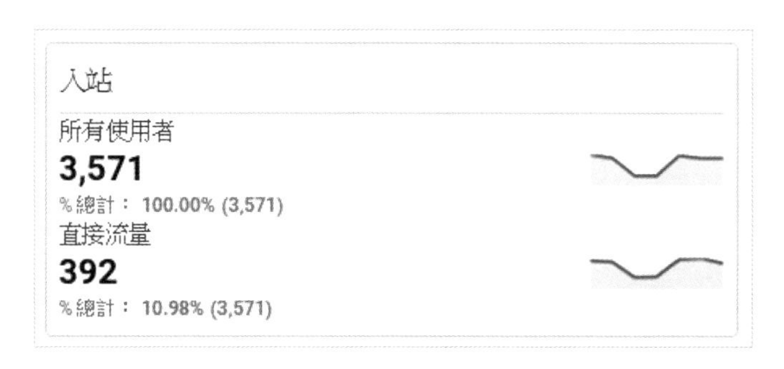

圖 10-20：【指標】小工具示意圖

◆ 第 2 個【標準】小工具：【時間軸】

【時間軸】會依據你所設定的時間、指標，將數據以圖像化的方式呈現出來，適合拿來觀察數據的近況及趨勢。

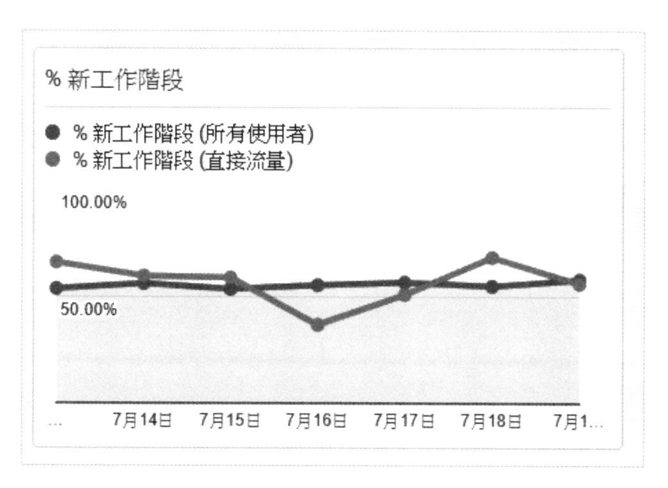

圖 10-21

◆ 第 3 個【標準】小工具：【全球訪客分佈圖】

【全球訪客分佈圖】將數據以地圖的方式呈現出來。可以選擇看全球的分佈、或是僅限於某特定國家，圖 10-22 是設定台灣區的流量分佈狀況。

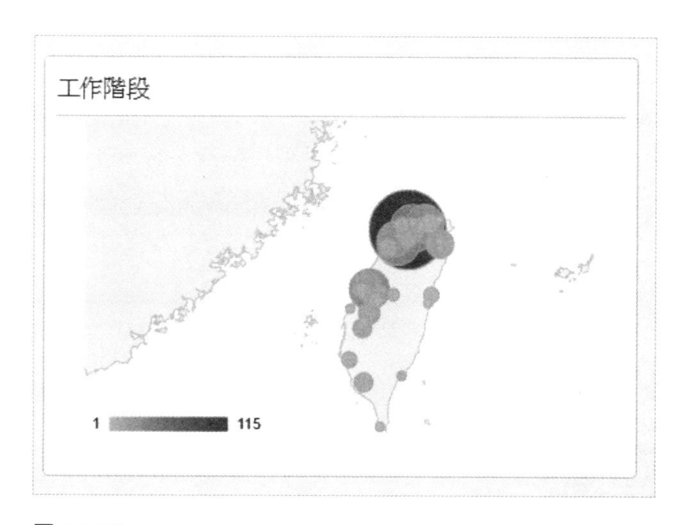

圖 10-22

◆ 第 4 個【標準】小工具：【表格】

【表格】為資訊主頁裡最好用的小工具之一，可以自行設定要觀察的維度、指標，一次可以選擇一個維度、兩個指標，每天只需打開設定好的資訊主頁，就能看到預先設定的數據資料。

工作階段和跳出率 (依來源/媒介分組)

來源/媒介	工作階段	跳出率
google / organic	2,978	65.82%
(direct) / (none)	392	69.64%
email / subscription	63	74.60%
facebook.com / referral	51	60.78%
171.171.171.190 / referral	28	85.71%
m.facebook.com / referral	16	87.50%
tw.search.yahoo.com / referral	12	58.33%
l.facebook.com / referral	9	100.00%
ga.awoo.com.tw / referral	8	87.50%
yahoo / organic	5	80.00%

圖 10-23

◆ 第 5 個【標準】小工具：【圓餅圖】

【圓餅圖】將單純以百分比的方式，呈現出你所設定的維度以及指標，以圖 10-24 來說，設定的維度為「媒介」，指標則是「工作階段」。

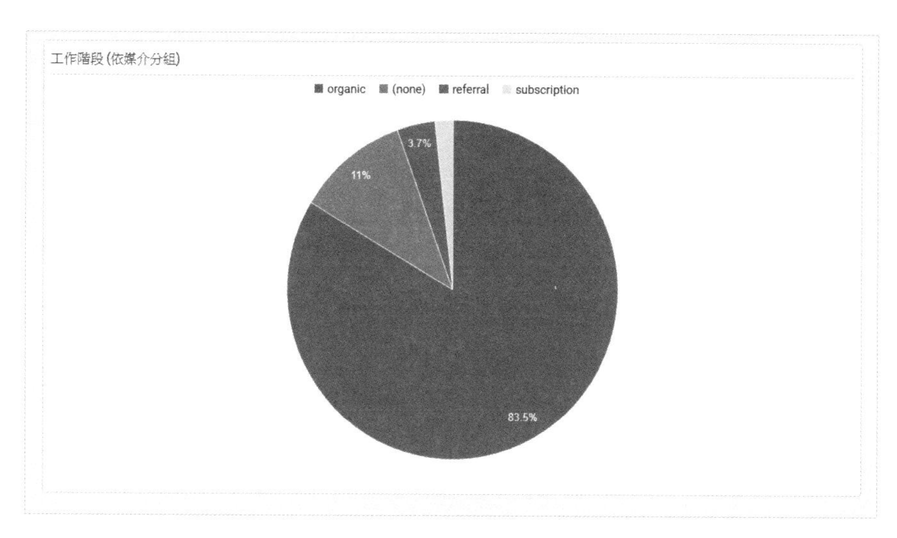

圖 10-24

◆ 第 6 個【標準】小工具：【長條圖】

除了圓餅圖之外，【長條圖】也是圖像化數據的另一個選項，同樣也能自行選擇維度、指標。

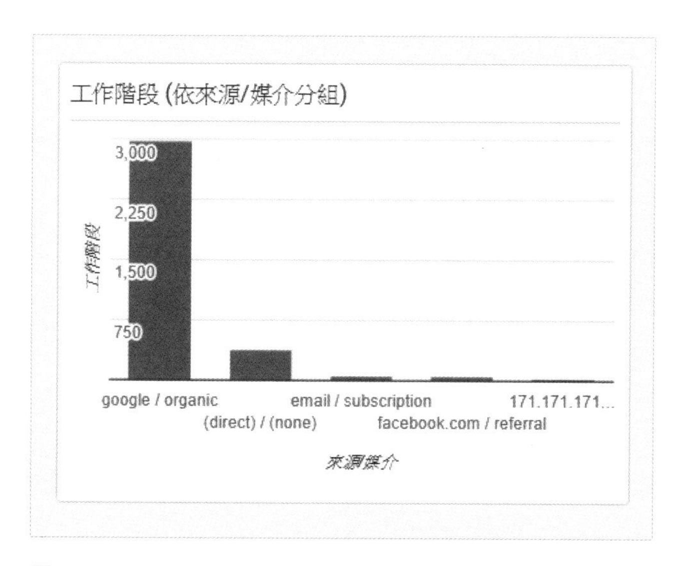

圖 10-25

【B】指標、維度選擇

在這個區塊可以選擇你想觀看的指標與維度，但並非所有的小工具都有指標與維度可以選擇，以小工具「指標」來說，就沒有維度可以選擇，在一開始學習設定時，建議每一個小工具都嘗試使用看看，在幾次操作後就能使用得得心應手。

【C】篩選器

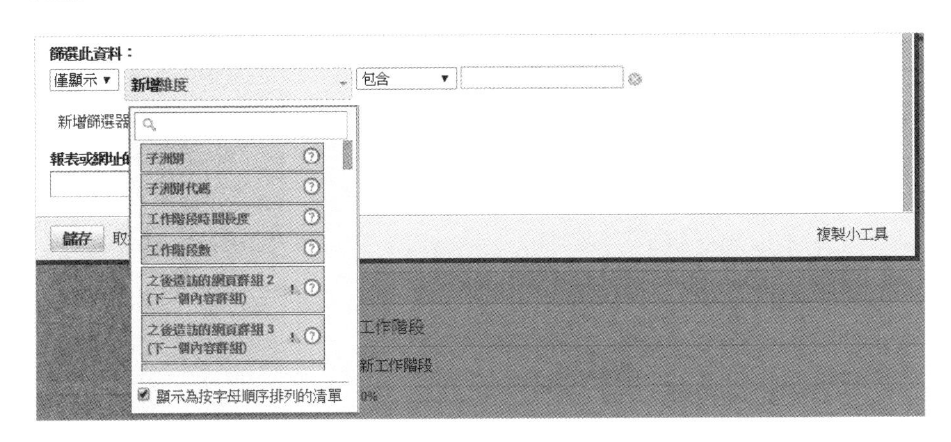

圖 10-26：未必所有的小工具都有維度可以選擇，建議每一個小工具都學著使用看看

篩選器可以針對不同的小工具進行不同的維度篩選。舉例來說，你可以設定兩個一模一樣的【指標】小工具，並將觀察指標設定為「轉換」，但其中一個篩選器設定媒介為 organic，另一個則是設定媒介為 referral，如此一來，就可以同時在一個畫面上快速地觀察兩個不同媒介的轉換狀況（如圖 10-27）。

以圖 10-27 來說，我們就可以看到兩個同樣都是看「轉換」數據的【指標】小工具，但我用篩選器設定了不同的來源，一個為 organic，另一個則是 referral。不過，你也要記得小工具的「命名」必須要用不同的名字，觀察數據時，才能有效地分辨出每個小工具的數據與設定有何不同。

organic的轉換

421

% 總計： 79.73% (528)

referral 的轉換

40

% 總計： 7.58% (528)

圖 10-27

➔ 其他資訊主頁必須注意的功能

進階區隔

如同其他的一般報表，資訊主頁可以使用進階區隔，你必須要配合進階區隔才能組合出更複雜的數據組合、給你更多不同角度的數據洞察。

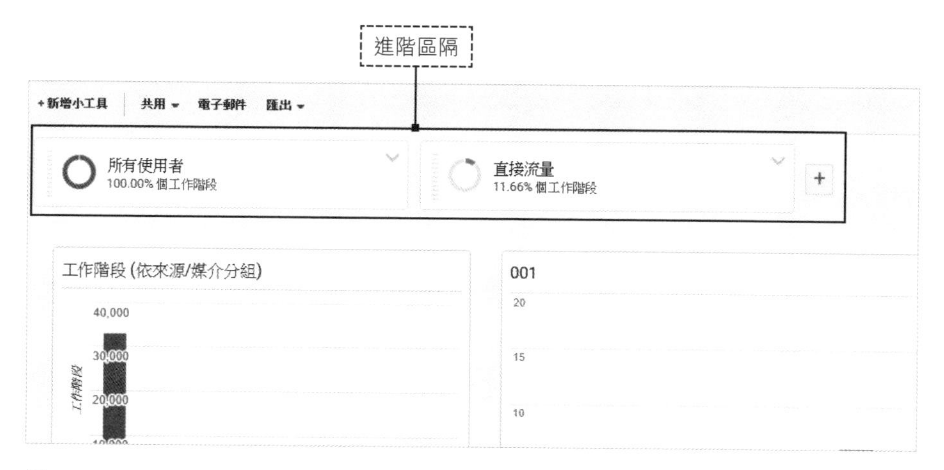

圖 10-28

版面配置

位於資訊主頁的右上角有「自訂資訊主頁」的按鈕，點擊之後會出現版面配置的選項，你可以選擇如何將資訊主頁的畫布進行分割。

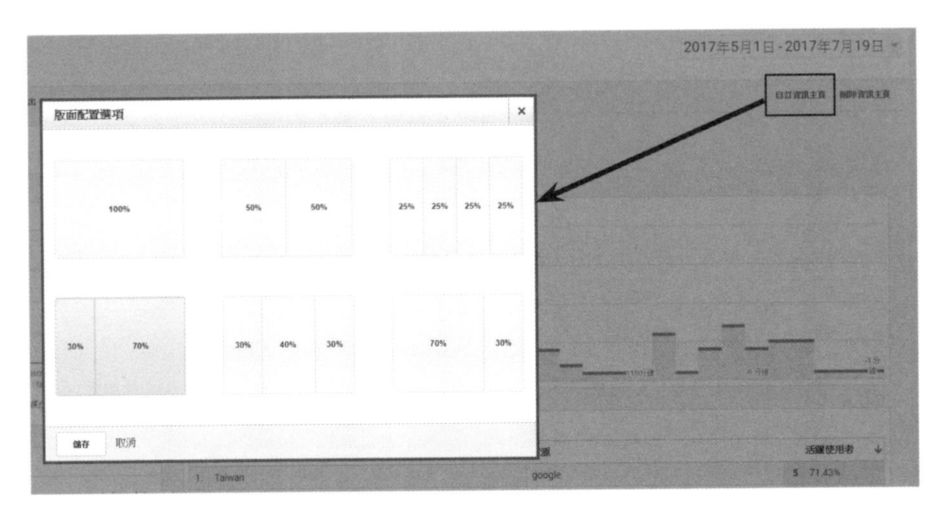

圖 10-29：透過「自訂資訊主頁」你可以更改排版

拖曳功能

因為資訊主頁可能是由長條圖、圓餅圖、分佈圖…等不同的小工具組成，因此 Google Analytics 也提供了排版的功能，你可以隨時拖曳進行排版。

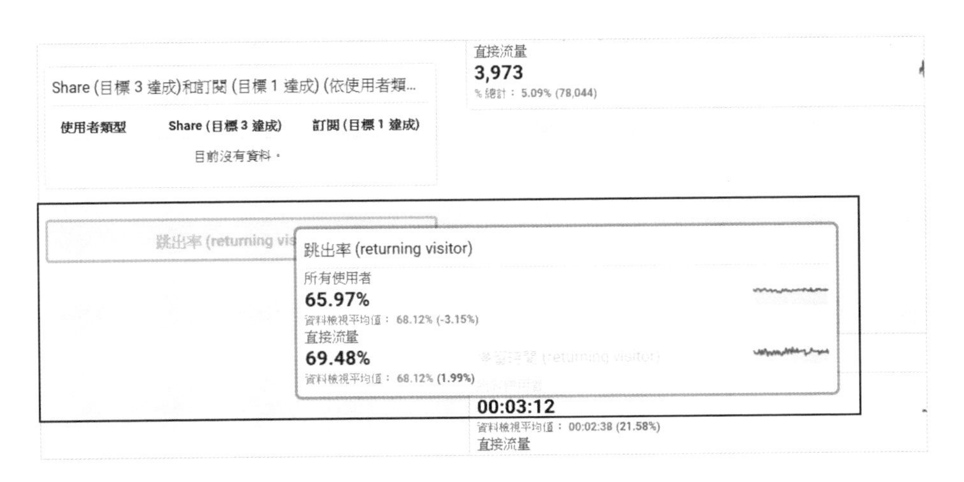

圖 10-30

Chapter 11

掌握 Google Analytics 的帳戶、資源、資料檢視

本章重點

- 帳戶、資源、資料檢視如何影響 Google Analytics
- 資源層級設定
- 資料檢視層級設定

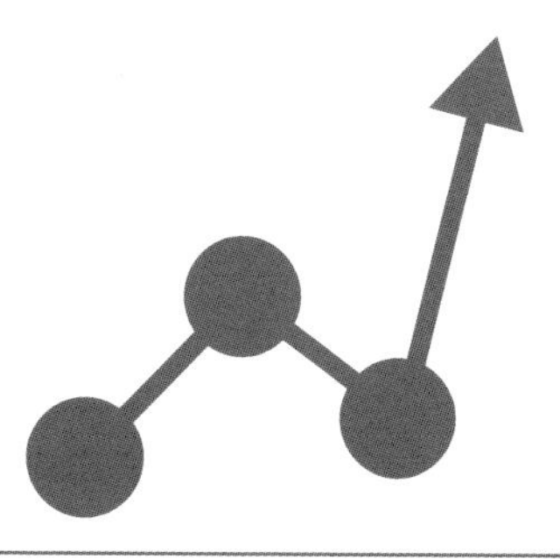

 帳戶、資源、資料檢視如何影響 Google Analytics

Google Analytics 的管理介面有三個不同的層級：帳戶、資源、資料檢視，每個層級各有不同的設定，同時，如何設定 Google Analytics 又會大大影響你的數據品質、數據分析策略。所以，你一定要搞懂這三個層級，並學會如何正確的設定 Google Analytics、提升網站分析的成效。

➔ 使用者權限

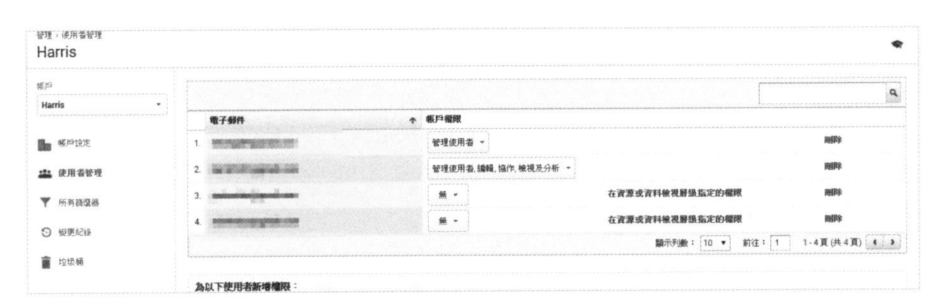

圖 11-1：編輯 > 協作 > 檢視 & 分析

在開始介紹 Google Analytics 的「帳戶層級、架構」之前，我必須要先跟你說，Google Analytics 在「權限」管理的部分，分為四種不同的權限：

1. **管理使用者**

   擁有這個權限的人可以管理別人在 Google Analytics 裡有多大的權限，但擁有「管理使用者」權限不代表你可以看到 Google Analytics 的數據、報表，這是一個與編輯、協作分開的獨立的權限。簡單說若你只有「管理使用者權限」，你只能「管理使用者」，但不能看到報表。通常只有「管理使用者權限」的都是人力資源部門，負責掌控公司內部員工的權限狀況。

2. 編輯

編輯權限基本上是 Google Analytics 的最高權限，當你擁有編輯權限代表你可以任意更改 Google Analytics 的設定、甚至刪除公司的數據資料。所以在給予其他人編輯權限時必須謹慎思考。假設，若以你的狀況來說，你的老闆並不熟悉 Google Analytics 的操作，為了避免老闆誤觸到 Google Analytics 的設定，你可以向老闆說明，並且不要提供他編輯權限，僅提供檢視權限即可。

3. 協作

擁有協作權限的人可以建立共用的資產，像是在報表上作「註解」、或是更改資訊主頁，基本上這個權限跟「檢視及分析」差不多。

4. 檢視及分析

若你的權限只有到這，代表你只能觀看報表，不能對 Goolge Analytics 做任何的設定、更改、變動。

➔ 層級概念

點擊在 Google Analytics 左下角的「管理」介面（左下角的齒輪），你將會看到下面的畫面，而管理介面裡面主要有三個層級的管理功能，分別是帳戶、資源、資料檢視。

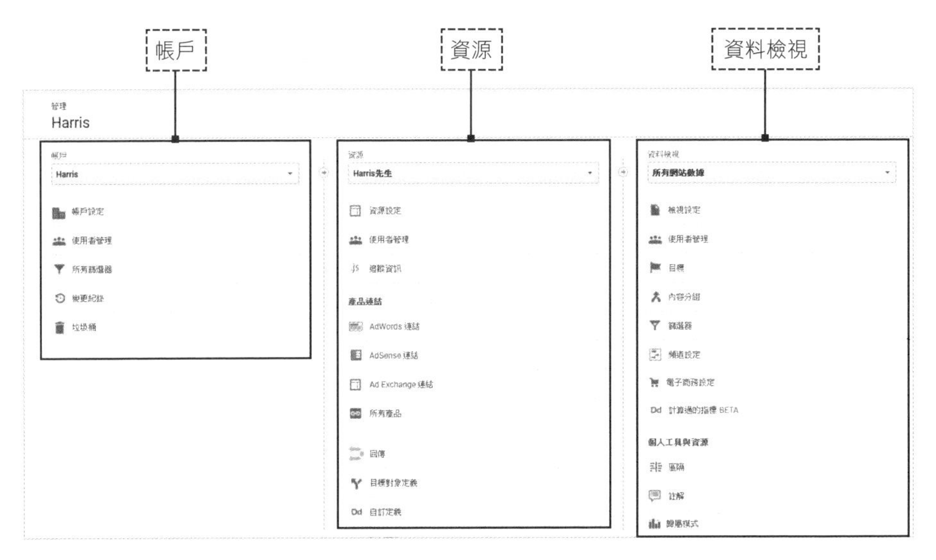

圖 11-2：GA 主要的帳戶架構是由「帳戶」、「資源」、「資料檢視」所組成

至於為什麼一定要特別介紹這三個層級呢？因為有兩個很重要的重點：

1. **權限**

   這三個層級有各自獨立的權限，也有上下關係，當我擁有 A 帳戶的編輯權限，代表我同時擁有 A 帳戶底下的所有資源、資料檢視的編輯權限。以我來說，我的帳戶底下就有四個資源，每個資源又各別有至少 15 個資料檢視。所以在做權限分配的時候要小心，如果你給 A 同事「帳戶」的「編輯」權限，代表他可以看到你帳戶底下的所有網站數據。如果你的同事、下屬只是要看報表數據，其實只要開「資料檢視」層級的「協作」權限給他就足夠了。

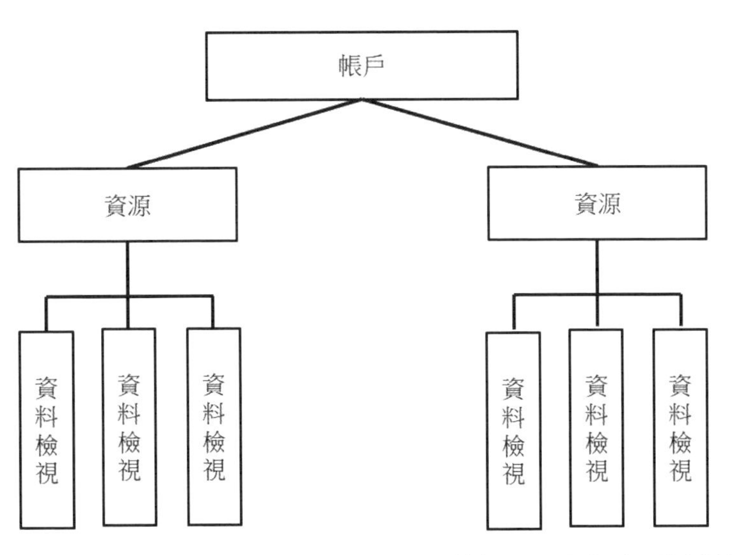

圖 11-3：「帳戶」為最高層級，再來才是「資源」，最後則是「資料檢視」

2. **Google Analytics 設定與帳戶架構規劃（非常重要）**

帳戶、資源、資料檢視各有不同的設定，將會影響你的數據呈現、數據計算方式、價值計算、轉換目標⋯等，這些設定也會影響你進行網站分析的成效。

圖 11-4

通常一個資源都會有多個不同的資料檢視，甚至一個帳號底下會有多個不同的資源，在不同的層級你可以進行許多 Google Analytics 的設定：

1. **資料檢視層級的設定**

   當你進行資料檢視 A 的設定時，你只會套用到「資料檢視 A」，比方說我將資料檢視 A 的「目標」設定為註冊會員，那我資料檢視 A 的轉換報表則會看到註冊會員的相關數據；若我將資料檢視 B 的目標設定為下訂單，那僅有資料檢視 B 的轉換報表會看到下訂單的數據。不同的資料檢視將會有不同的報表及數據呈現方式，這也是為什麼操作 Google Analytics 時需要多個資料檢視的原因，因為你的網站分析會需要做多種不同的設定來整理數據。

2. **資源層級的設定**

   當你進行資源層級的設定時，這個資源底下所有的資料檢視都會套用到這個設定，比方說我將資源 A 的 Google Analytics 與我的 Google Adwords 資料做連結，那資源 A 底下的所有資料檢視都會有 Google Adwords 連結後的數據。

3. **帳戶層級的設定**

   帳戶層級的設定基本上是最少會去動到的，但同樣的，當你更改了帳戶層級的設定，這個帳戶底下所有的資源也都會受到影響。若你能理解不同層級的設置差別，可以幫助你在設定 Google Analytics 時有更清楚的規劃。

究竟什麼是帳戶（Account）

帳戶這個單位基本上是根據你註冊 Google Analytics 所使用的 Gmail 帳號。比方說你三個資源是用三個不同的 Gmail 帳戶註冊，然後再互相給予權限，那你在面板上就會有三個帳戶。而帳戶這個層級基本上沒有太多設定，在這個層級有兩個主要功能：

1. **管理 Google Analytics 的 Data 權限**

如果你跟我一樣，同時管理多個網站的 Google AnalyticsData，又或者你是一位主管，需要注意 Data 的權限設置，什麼樣的員工、同仁會需要得到多大的權限，這是很重要的，若你要進行權限設置只要到帳號的」使用者管理」即可進行。

要使用帳戶層級的「使用者管理」，你必須要有帳戶層級的「管理者」權限。

2. **篩選器**

你必須要擁有「帳戶」層級的「編輯」權限，才能使用篩選器的設定（後面將會更詳細說明篩選器的應用）。篩選器這個東西比較特別一點，它本身是資料檢視層級的設定，也就是設定之後只會套用到該資料檢視之下，但你必須要有帳戶層級的編輯權限才能夠使用篩選器。

究竟什麼是資源（Property）

很多人其實不太理解資源這個層級到底是做什麼的，Google Analytics 裡每一個資源代表的其實就是一組「追蹤代碼」，你的追蹤代碼裡面會有屬於你這個資源獨特的追蹤編號。

通常一個網站只要有一個資源（也就是一組追蹤代碼）就夠了，除非你要進行跨網域的追蹤，或是你的分析規劃需要用到兩組追蹤碼。而資源層級的設定也會套用到你這組追蹤碼底下的所有資料檢視。

圖 11-5

什麼是資料檢視（View）

每一個資料檢視，代表一種不同的報表設定方式，在做網站分析時，必須要依照你的分析策略，建立不同的資料檢視，不同的資料檢視會依照你的設定呈現出不一樣的報表，比方說：如果公司的主要客群分為香港及新加坡，就應該要建立兩個資料檢視，並各自從篩選器做設定，一個資料檢視只看得到香港的數據、另一個則是新加坡的數據。在做分析之前，資料檢視、資源層級的設定、規劃都會影響你的分析效率。

同時，在創建資料檢視之前要注意：資料檢視只有在創建的當天之後，數據才會開始收集。也就是說在 2 月 1 號才建立的資料檢視，並不會有 2 月 1 號以前的數據。同時，不管你打算如何設定資料檢視，請記得永遠要保留一個最原始設定的資料檢視，因為有些 Google Analytics 的設定是會破壞數據的，保留一個乾淨的資料檢視才能讓你在做錯設定時還不會失去舊有的數據。

資源層級設定

在本章節後面的內容中，我將會介紹資源層級、資料檢視層級的相關設定，以及這些設定如何影響數據。如何設定將會影響你利用 Google Analytics 做網站分析的策略、以及數據的彙整方式。

本書不會介紹「帳戶層級」的設定，因為帳戶層級中的設定非常少、且非常簡單，也跟數據收集沒有太大的關係，在此段落中我將說明幾個【資源層級】重要的設定教學。

➔ 工作階段設定

在第 2 章中曾經稍微提過工作階段設定這個功能，如果你在資源層級更改了工作階段的設定，將會套用到整個 Google Analytics 的資源底下（也就是此資源底下所有的資料檢視都會依照此設定來更改數據收集的方式）。

在工作階段設定上，主要有兩個非常重要的設定：

圖 11-6

❶ 工作階段逾時

如同第 2 章中所提到，系統預設工作階段逾時時間為 30 分鐘，也就是 30 分鐘內，訪客所有的網頁行為、互動皆會被計算為一個工作階段；相反來說，若訪客超過 30 分鐘並沒有網頁互動行為，訪客當前工作階段將會結束，之後若訪客又跟網頁產生新的互動，則會以另一個新的工作階段計算。

❷ 廣告活動逾時

在第 8 章「認識網站分析的點擊歸屬」曾經提到，Google Analytics 的預設報表為「最後非直接流量點擊歸屬」，而 Google Analytics 會透過 Cookie 記錄你先前的造訪來源、以及其他的來源資訊，這個設定會影響 Google Analytics「用 Cookie 記錄這些資訊要持續多久？」，若沒有特殊需求的話，我個人會覺得系統預設的六個月就能帶給你客觀的數據價值，可不用經常去更動此設定。

➔ 參照連結網址排除清單

如果你的網站有用第三方金流系統（如歐付寶、Paypal），並且訪客在刷卡時會進行跳轉（訪客先跳去歐付寶刷卡，刷完後再跳轉回你的網站），那你的流量數據很可能會被搞得亂七八糟，而這個功能將解決協助你解決這樣的問題。

假設：

使用者從 Organic 進到網站 A → 瀏覽了幾個頁面→ 進行刷卡 → 跳轉到歐付寶（allpay）的網域做刷卡行為 → 跳回網站 A 繼續瀏覽

按照以上的流程來說，為公司帶來這筆訂單收益的應該是 Organic，在做成效分析時，我們也會將功勞歸屬在 Organic 上，但因為此訪客刷卡時有跳轉到歐付寶的網域，所以在 Google Analytics 裡面，收益跟轉換會被計算在歐付寶的網域裡。

基本上這樣的狀況發生在所有的網站跳轉，只要訪客在刷卡時會被引導到 Paypal、歐付寶等第三方網站，完成刷卡後才跳轉回你的網站，Google Analytics 都會將原始的流量來源改判定為「跳轉的網域」，這會大大影響我們的分析工作。

以上的狀況影響到所有的流量判讀，不管訪客從廣告、Facebook、還是 Organic 進站，只要他有交易行為，功勞歸屬就會跑到歐付寶裡，你會看到歐付寶的網域有極高的轉換率，而其他來源則幾乎完全沒有轉換數據，這也會讓我們完全無法分析到底哪個流量來源對於企業是有價值的。

為什麼會造成這樣的狀況？

因為 Google Analytics 計算工作階段的方式，當訪客重新更改了來源，工作階段將會重新計算為一個新的工作階段（於第 2 章我們解釋工作階段的定義時有提到過）。

也就是說，當訪客從 Organic 進站，因為刷卡而跳轉到第三方網站後（歐付寶、Paypal）再轉回本來網站，舊有來源為 Organic 的工作階段將會結束，重新計算一個來源為第三方網站（歐付寶、Paypal）的工作階段。

發生狀況的原因如上所述，但聰明的你應該也會注意到，這樣的狀況並非只是影響收益跟轉換的成效分析，同樣會造成工作階段大量膨脹，同一個訪客只要進行刷卡，Google Analytics 就會重新開始一個新工作階段來計算，因此有交易的訪客將會在短期產生兩個工作階段。間接的，甚至會影響停留時間、離開率等數據指標。

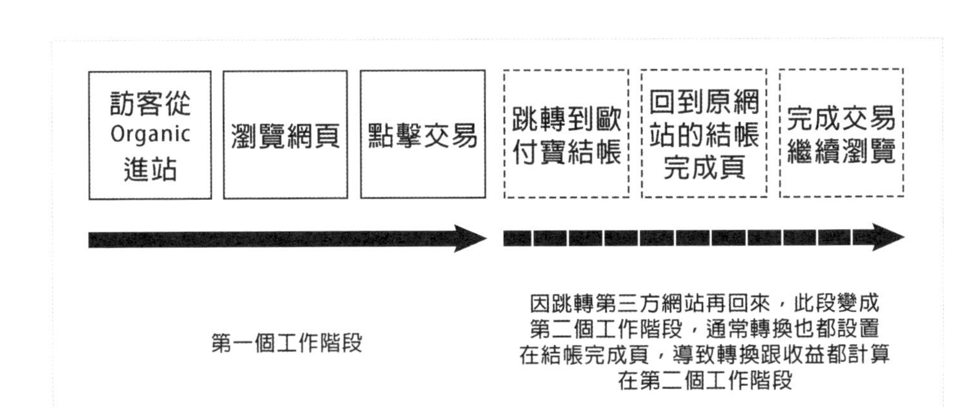

圖 11-7

若上述狀況你都有仔細閱讀並且理解，那唯一解決的辦法，就是要在訪客進行跳轉時，讓 Google Analytics 忽略那段跳轉行為，而參照連結網址排除清單的功能，正好可以處理這個問題！你可以在資源→追蹤資訊→參照連結網址排除清單裡找到這個設定（如圖 11-8）。

圖 11-8

如圖 11-9，以台灣最常見的金流系統歐付寶為例，直接輸入網域就可以將這個狀況完整排除掉。

圖 11-9

填入網域到參照連結網址排除之後，Google Analytics 會自動忽略所有來自此網域的工作階段，這可以一勞永逸的解決跳轉問題。

使用「參照連結網址排除」後會發生的狀況

將 allpay.com.tw 加入在排除清單後，Google Analytics 會自動忽略來自這個網域的工作階段，並且將該工作階段的轉換、來源數據歸類到更先前的來源。

假設：

若訪客到訪的路徑為 Organic 進站→轉到 allpay.com.tw 刷卡→跳回你的網站繼續瀏覽。

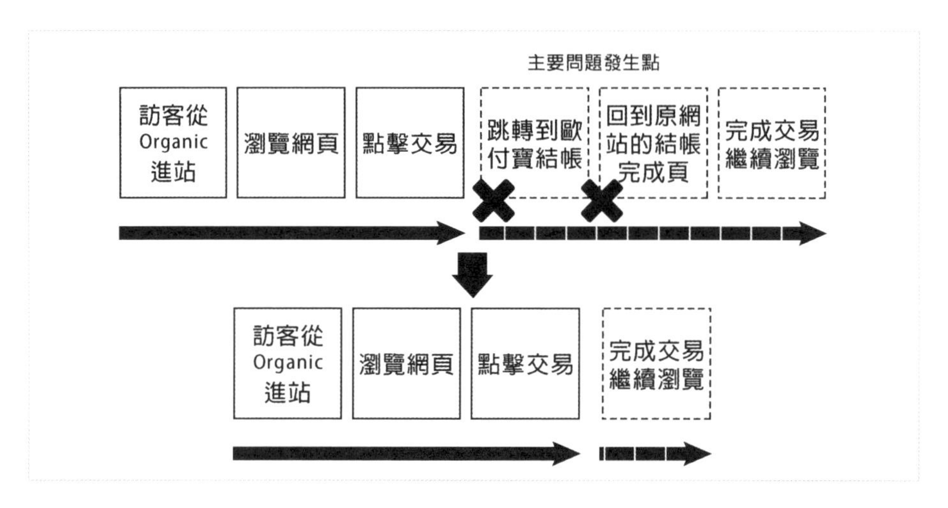

圖 11-10

在以上範例中，因為 allpay 已經被我們排除，所以來源跟轉換等所有數據都會被歸類在上一個來源，也就是 Organic，這的確是我們期望看到的數據樣貌。但同時，Google Analytics 排除的是所有來自 allpay 網域的流量（不只是跳轉，而是這整個網域來的流量），若 allpay.com.tw 這個網域有擺放你的靜態廣告、連結，真的有訪客是從 allpay.com.tw 網域的行銷活動連結進來，Google Analytics 同樣會將它忽略，並且歸類到更先前的來源，簡單來說，將有兩種狀況：

- 狀況 1，訪客先前曾經有從其他來源造訪過：比方說禮拜一小明從 Facebook 造訪過我們網站，禮拜二在 allpay.com.tw 看到靜態廣告再次造訪，但 allpay 網域已經被我們設定排除，Google Analytics 只好把小明視為從 Facebook 進站的流量。

- 狀況 2，小明第一次從 allpay 造訪我們網站：因為 allpay 網域已經被設定排除，Google Analytics 往先前的來源數據去找，找不到來源，導致 Google Analytics 沒辦法判斷來源，只好把小明計算為 direct/none。

這個概念，也就是「最後非直接流量點擊歸屬」的概念。基本上將「參照連結網址排除」運用在第三方金流跳轉的議題是絕對沒問題的，因為訪客在刷卡之前一定會有一個確切的來源數據，但如果你拿去排除 Facebook、104.com 這些網域，很可能會產生大量的 direct/none（關於「最後非直接流量點擊歸屬」請參考第 8 章）。

使用「參照連結網址排除」的注意事項

最後還是要提醒你，「參照連結網址排除清單」是資源層級的設定，套用之後將影響你整個資源的所有數據，請謹慎使用，另外補充以下兩個注意事項給你參考：

1. **若要運用在「社群網站」登入系統 – 請三思**

   基本上本章探討的狀況，除了刷卡之外，也會發生在 Facebook、Google+ 的登入，因為訪客只要進行 Facebook 登入行為，一樣會有跳轉行為，流量來源同樣會被更改為 Facebook，這個問題同樣可以用「參照連結網址排除」來解決。但這樣的做法會造成 Facebook 來的流量都會變成 direct/none，或 Google Analytics 自動歸屬到更早的流量來源，反而影響分析工作。

2. **廣告活動適時設定（關鍵注意事項）**

   若你在設定此功能之後，沒有出現預期的效果，那是因為只要有訪客曾經交易／刷卡，並有跳轉過的紀錄，該訪客的數據將會被 Google Analytics 的 Cookie 記錄下來，並一直把訪客的來源歸類在第三方金流的網域。你必須等到該訪客的 Cookie 過期，「參照連結網址排除」的功能才會生效，若要加速 Cookie 過期時間，你可以在資源→追蹤資訊→工作階段裡找到此設定，系統預設為 6 個月，你可以暫時縮短為 1 個月甚至數週，先讓使用者瀏覽器上的 Cookie 漸漸失效。

圖 11-11

➔ AdWords、AdSense 連結

AdWords、AdSense、Ad Exchange 連結的設定在此不多做贅述，若你有使用這幾套同為 Google 所推出的軟體，只要綁定 Google Analytics，就能在 Google Analytics 裡面看到這些工具的相關數據。

圖 11-12

但我還是特別在這提醒你，這些工具的綁定是資源層級的，只要綁定後，該資源底下所有的資料檢視都會有這些數據，但綁定的條件一定要釐清，

假設你想綁定 AdWords 與 Google Analytics，你的 Gmail 帳號裡必須同時擁有 AdWords 與 Google Analytics 的最高權限才能進行綁定（如果你的權限不夠，在你的帳號裡面根本看不到這些設定）。

資料檢視層級設定

在資料檢視底下有許多的設定都會影響實際進行分析工作時的效率以及數據品質，因此，我建議你這個部分的所有設定都花時間理解一下會比較理想。

➔ 內容分組

「內容分組」可以幫你把幾百頁甚至幾千頁以上的頁面，按照自己想要的方式做分類，從資料夾層、產品類別、首頁、客服頁去分類都沒有問題，可以幫助你更輕鬆的觀察 Google Analytics 的資料，也有助於我們後續分析的工作 。

假設你的網站有上千個商品，並且有上百個分類散落在各個頻道頁，那你的 Google Analytics 的「所有網頁」報表會如圖 11-13 所示，頁面資料過多，導致你在分析上不易。

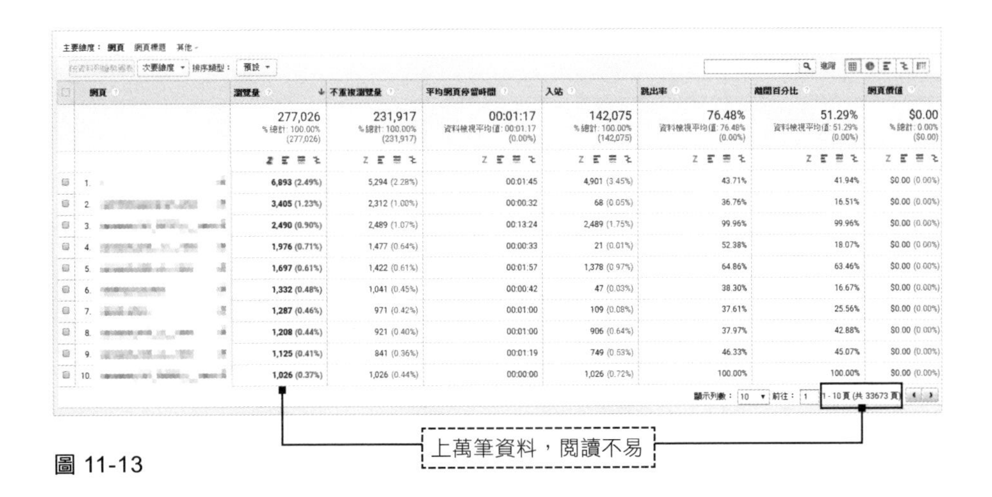

主要維度： 網頁 網頁標題 其他

次要維度 排序類型： 預設

網頁	瀏覽量	不重複瀏覽量	平均網頁停留時間	入站	跳出率	離開百分比	網頁價值
	277,026 % 總計: 100.00% (277,026)	231,917 % 總計: 100.00% (231,917)	00:01:17 資料檢視平均值: 00:01:17 (0.00%)	142,075 % 總計: 100.00% (142,075)	76.48% 資料檢視平均值: 76.48% (0.00%)	51.29% 資料檢視平均值: 51.29% (0.00%)	$0.00 % 總計: 0.00% ($0.00)
1.	6,893 (2.49%)	5,294 (2.28%)	00:01:45	4,901 (3.45%)	43.71%	41.94%	$0.00 (0.00%)
2.	3,405 (1.23%)	2,312 (1.00%)	00:00:32	68 (0.05%)	36.76%	16.51%	$0.00 (0.00%)
3.	2,490 (0.90%)	2,489 (1.07%)	00:13:24	2,489 (1.75%)	99.96%	99.96%	$0.00 (0.00%)
4.	1,976 (0.71%)	1,477 (0.64%)	00:00:33	21 (0.01%)	52.38%	18.07%	$0.00 (0.00%)
5.	1,697 (0.61%)	1,422 (0.61%)	00:01:57	1,378 (0.97%)	64.86%	63.46%	$0.00 (0.00%)
6.	1,332 (0.48%)	1,041 (0.45%)	00:00:42	47 (0.03%)	38.30%	16.67%	$0.00 (0.00%)
7.	1,287 (0.46%)	971 (0.42%)	00:01:00	109 (0.08%)	37.61%	25.56%	$0.00 (0.00%)
8.	1,208 (0.44%)	921 (0.40%)	00:01:00	906 (0.64%)	37.97%	42.88%	$0.00 (0.00%)
9.	1,125 (0.41%)	841 (0.36%)	00:01:19	749 (0.53%)	46.33%	45.07%	$0.00 (0.00%)
10.	1,026 (0.37%)	1,026 (0.44%)	00:00:00	1,026 (0.72%)	100.00%	100.00%	$0.00 (0.00%)

顯示列數： 10 前往： 1 1 - 10 頁 (共 33673 頁)

圖 11-13

如圖 11-13 範例，一打開就是上百頁甚至上千頁，如果這時主管問你：哪個產品類的頁面流量最高？在你沒做內容分組的情況，就只能用搜尋框慢慢搜尋並整理到 excel，或是跟主管說：抱歉，我不知道。內容分組能夠幫你避免這個狀況。

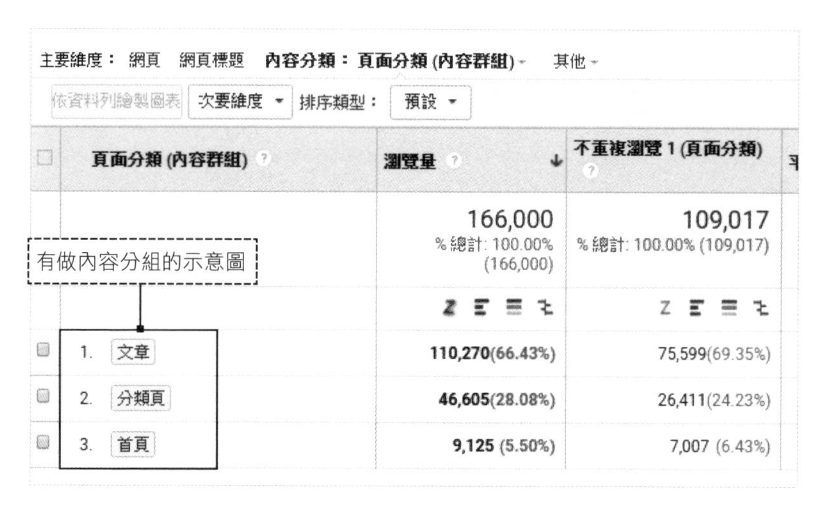

圖 11-14：有作內容分組的話，哪一類頁面流量最高可以一目了然

Google Analytics「內容分組」可應用的報表

在進入內容分組設定教學之前，我先大致上說明一下，內容分組在設定後，可應用在下列報表：

- 行為流程報表

  以往的行為流程報表會雜亂無章，內容分組後可以較清楚的看到使用者流程。

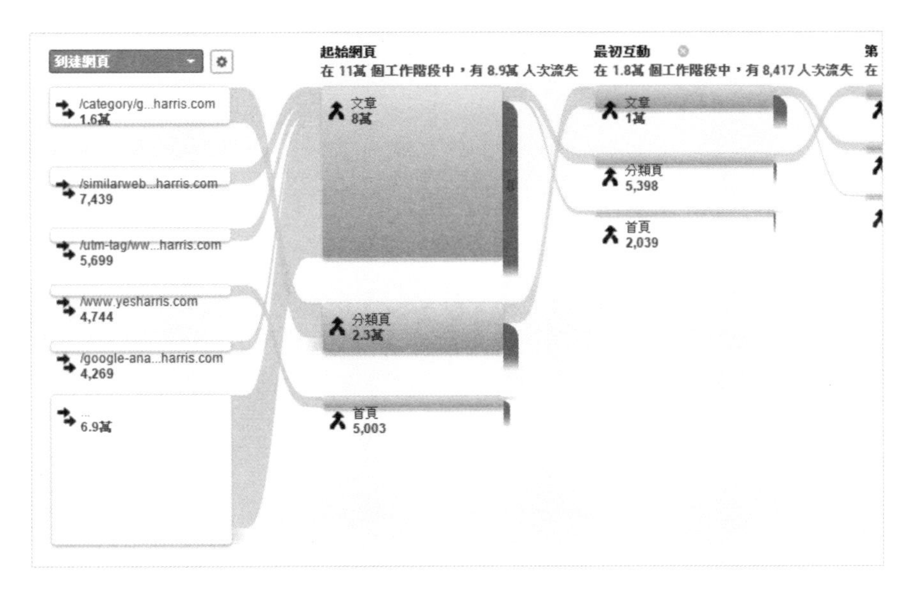

圖 11-15

◆ 行為－所有網頁

如果你的網站頁面超級多，內容分類過後，在這裡可以清楚看到那些產品頁面、那些產品分類有較高的流量，並且也能觀察入站、離站、跳出率等指標。

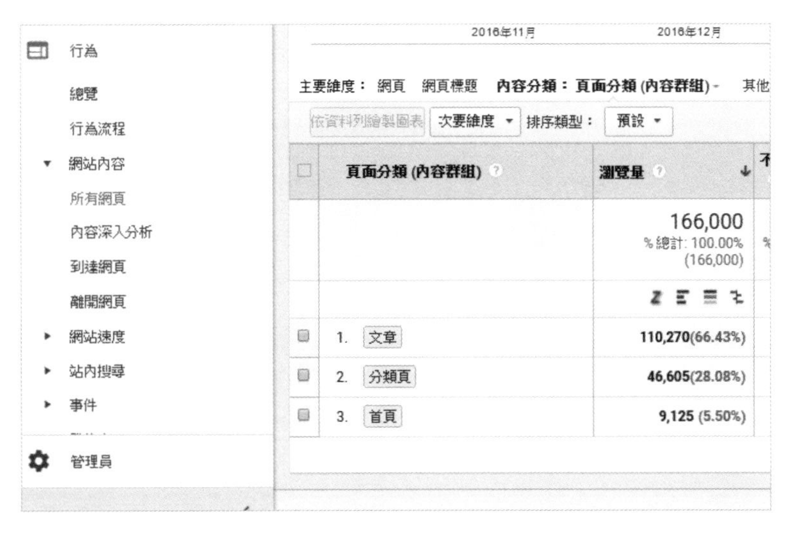

圖 11-16

◆ 行為－到達網頁報表

如同【所有網頁】的報表，能用分類過後的方式看到達網頁確實方便許多！

圖 11-17

◆ 行為－事件－網頁報表

如果你沒有做事件設定，這個報表對你來說意義就不大，若有設置事件的話，便可以從分類好的頁面去觀察事件的狀況。

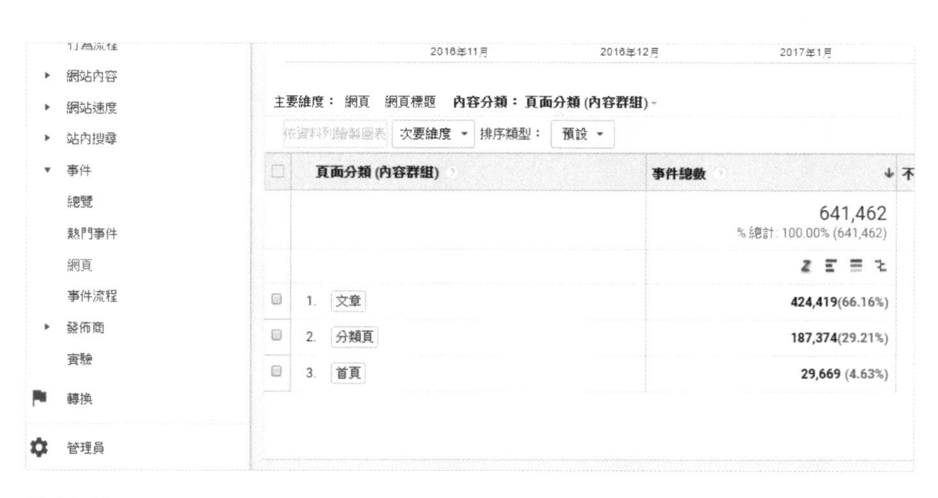

圖 11-18

設定 Google Analytics 的「內容分組」

下面我將說明如何用內容分組做分類、你該注意的事項。

先到管理→資料檢視底下的內容分組（如果你沒有編輯權限，會看不到此選項），並且點選「新增內容分類」。

內容分組為資料檢視層級的設定，一個資料檢視可以設定多個內容分組，並且可以隨時啟用與關閉。

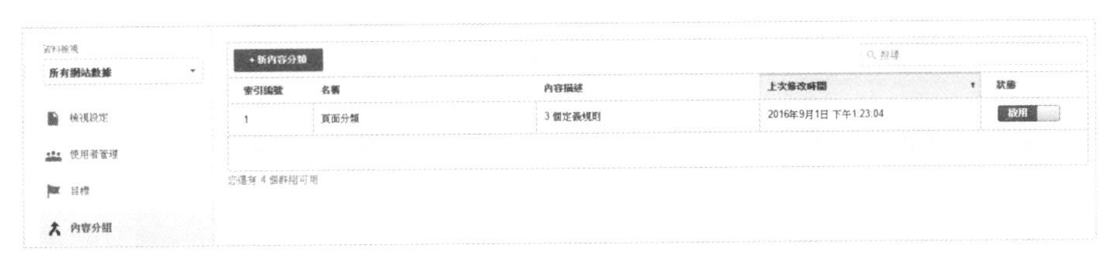

圖 11-19 ：請確保你的 GA 權限要夠，才能進行設定

內容分組共有三種分類方式，分別是按追蹤碼、資訊擷取、使用者規則定義。如果你是初學者，我建議你用第三種，稍後我會有詳細說明。

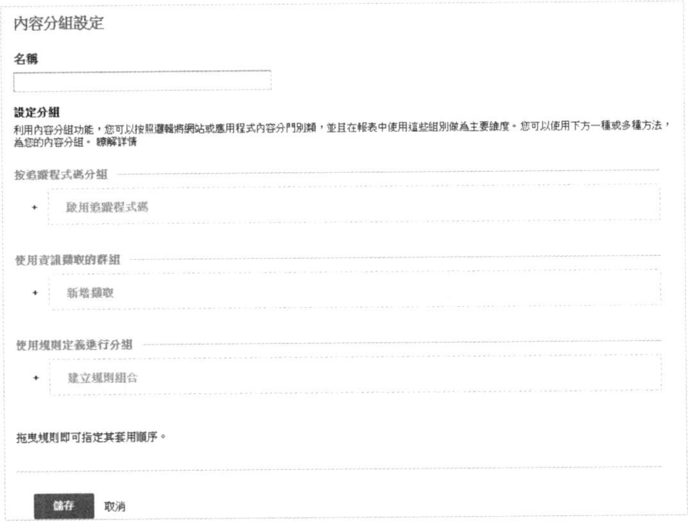

內容分組設定

名稱

設定分組

利用內容分組功能，您可以按照邏輯將網站或應用程式內容分門別類，並且在報表中使用這些組別做為主要維度。您可以使用下方一種或多種方法，為您的內容分組。 瞭解詳情

按追蹤程式碼分組

+ 啟用追蹤程式碼

使用資訊擷取的群組

+ 新增擷取

使用規則定義進行分組

+ 建立規則組合

拖曳規則即可指定其套用順序。

儲存 取消

圖 11-20

◆ 按追蹤程式碼分組

按追蹤碼進行分組其實是比較少用到的，但這個做法可以讓你有不同的分類方式。基本上，只要請工程師將 Google Analytics 所提供的追蹤碼放到前台上，就可以使用此內容分組，但在剛開始接觸時我會建議你先使用第三種的「使用規則定義進行分組」。

設定分組

利用內容分組功能，您可以按照邏輯將網站或應用程式內容分門別類，並且在報表中使用這些組別做為主要維度。您可以使用下方一種或多種方法，為您的內容分組。瞭解詳情

按追蹤程式碼分組

1. 啟用追蹤程式碼

啟用

啟用

選取索引

1 ▾ 選取索引號碼 (1-5)。

修改 JavaScript 追蹤程式碼，並加入下方其中一段程式碼。瞭解詳情

舊版 Analytics (分析) 追蹤程式碼 (ga.js)：

```
_gaq.push(['_setPageGroup', 1, 'My Group Name']);
```

通用 Analytics (分析) 追蹤程式碼 (analytics.js)：

```
ga('set', 'contentGroup1', 'My Group Name');
```

完成 取消

使用資訊擷取的群組

圖 11-21

◆ 使用資訊擷取的群組

在這個分類方式裡，你可以按照網頁、網頁標題、或畫面名稱來進行分類，但你可能要先好好的認識「規則運算式」之後你比較能夠做好這個內容分類（第 12 章將會介紹規則運算式），這個分類基本上邏輯跟「使用規則定義進行分組」是一樣的，請繼續往下看。

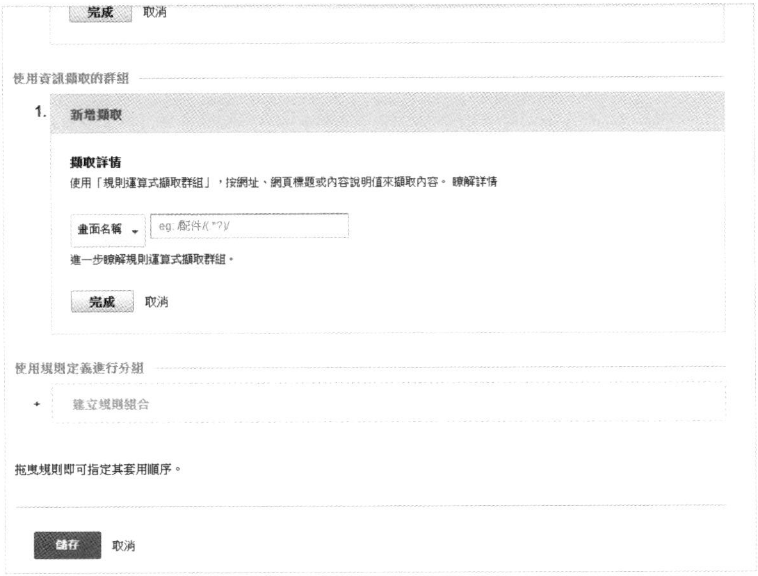

完成 取消

使用資訊擷取的群組

1. 新增擷取

擷取詳情

使用「規則運算式擷取群組」，按網址、網頁標題或內容說明值來擷取內容。 瞭解詳情

畫面名稱 eg: 配件/(.*?)/

進一步瞭解規則運算式擷取群組。

完成 取消

使用規則定義進行分組

+ 建立規則組合

拖曳規則即可指定其套用順序。

儲存 取消

圖 11-22：使用「資訊擷取」的方式分組前，你一定要先搞懂第十二章的「規則運算式」

◆ 使用規則定義進行分類

這個分類方式為最常用的方法，以網站分析來說，只要選擇網頁或是網頁標題，並且將定義的規則寫入即可。

圖 11-23 ：用「規則定義」來分組的入門門檻較低，建議新手使用

如果你用的是「網頁」來做分類的話，只要給予條件，並給該分類一個名稱，之後就能在報表內看到分好的內容群組。

舉例來說，我有上百個電腦的產品頁面，而電腦的產品頁面網址結構都是 www.example.com/pc/product01、www.example.com/pc/product02⋯ 以此類推，那我規則只要「開頭為 /pc」，並將分類名稱填上去，Google Analytics 就會依照你的方式顯示出來。

圖 11-24

以我的部落格來說，圖 11-25 是設定範例。

圖 11-25

【網頁標題】以及【網頁】該怎麼選擇？

【網頁標題】跟【網頁】的分類用途有非常大的差異，如果你的網址結構非常單純，你可以根據網頁來進行分類，單純的網址結構範例如下：

- www.example.com/pc/productxxx →電腦產品頁
- www.example.com/food/productxxx →食品產品頁
- www.example.com/sport/productxxx →運動器材產品

但如果你的網址帶有一堆的參數，或結構上沒辦法做分類，就可以用網頁標題來分。

事實上，網頁標題的應用也非常廣泛，我曾經經手某旅遊內容網站，在內容分類的策略上，我用網頁標題，並且條件設定了台北、台中、桃園等城市名稱，也就是說，只要網頁標題帶有「台北」兩字的頁面都會被分類到台北的群組，網頁標題帶有「台中」的頁面則會被分類到台中的群組，如此一來，我就可以觀察，究竟我的訪客都希望去哪裡旅遊？他們瀏覽哪些網頁居多？

設定 Google Analytics「內容分組」的重要注意事項

- 設定失誤會出現（not set）

如果你設定的條件忽略了某些頁面，導致有頁面沒有被分類到，這些頁面在報表上則會是 not set。

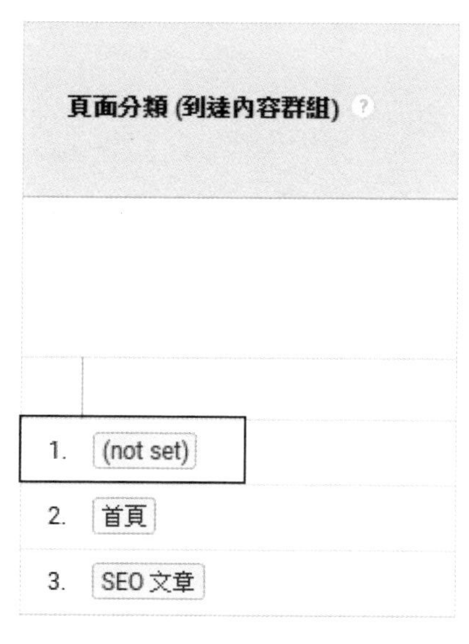

圖 11-26

- 設定順序不可錯

內容分組的分類是由上至下做分類的，如果你在第一個分類條件下了網頁開頭為「/product」，並且在第二個分類下的條件為「/product/food」，那第二個分類會完全抓不到，Google Analytics 會將網站上的所有網頁從第一個規則開始，往下陸續套用下去。同時你也可以利用這個規則來分類出自己的網頁。

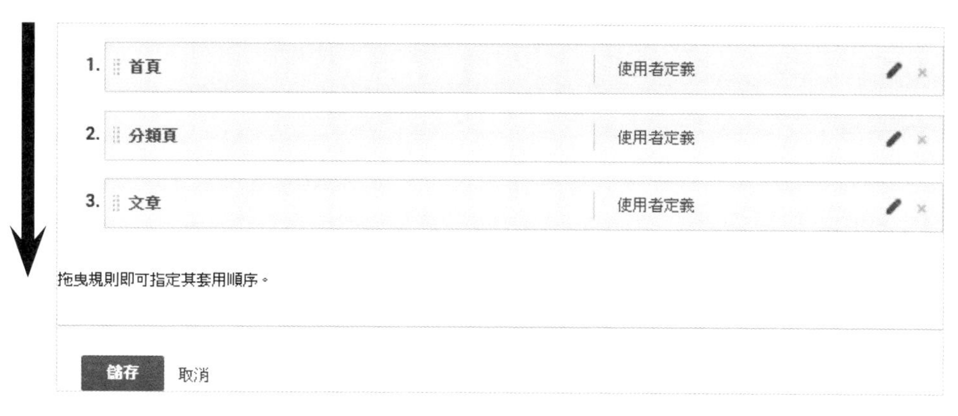

圖 11-27：內容分組的分類是由上至下做分類的，有優先順序的問題

◆ 設定好的當日才會生效

在你設定好「內容分組」的分類後，所有的網頁分類要在當日或隔天才會生效。也就是說，你今天設定好分類了，但 Google Analytics 並不會套用到過去一年所有的數據，所以你必須要盡可能的及早做好設定。基本上在設定完成後，最慢隔天數據就會出來了。

◆ 「內容分組」是資料檢視層級的設定

如果你有多個資料檢視，請注意內容分組的設定並不會套用到所有的資料檢視（除非你全部都有設定）。以我個人來說，我不同的資料檢視都還可能設定不同的內容分組，這一切都要看你的分析策略而定。

「內容分組」的進階應用

設定好 Google Analytics 的內容分組後，除了基本的報表，你也可以配合很多的方式做更多的數據觀察。

◆ 次要維度

有了內容分組，你可以從每個分類好的頁面搭配次要維度來使用，下圖就是拉出最常見的維度來源 / 媒介，觀察數據節省很多時間。

頁面分類 (到達內容群組)	來源/媒介	客戶開發：工作階段	% 新工作階段	新使用者
		[illegible]	[illegible]	[illegible]
1. SEO 文章	(direct) / (none)	[illegible]	[illegible]	[illegible]
2. SEO 文章	dcplus.com.tw / referral	[illegible]	[illegible]	[illegible]
3. SEO 文章	facebook.com / referral	[illegible]	[illegible]	[illegible]
4. SEO 文章	google / organic	[illegible]	[illegible]	[illegible]
5. SEO 文章	m.facebook.com / referral	[illegible]	[illegible]	[illegible]
6. 首頁	(direct) / (none)	[illegible]	[illegible]	[illegible]
7. 首頁	dcplus.com.tw / referral	[illegible]	[illegible]	[illegible]
8. 首頁	facebook.com / referral	[illegible]	[illegible]	[illegible]
9. 首頁	getpocket.com / referral	[illegible]	[illegible]	[illegible]
10. 首頁	google / organic	[illegible]	[illegible]	[illegible]

圖 11-28

◆ 自訂報表

最棒的配合方式還是用自訂報表，因為自訂報表可以選擇自己想觀察的指標及維度。

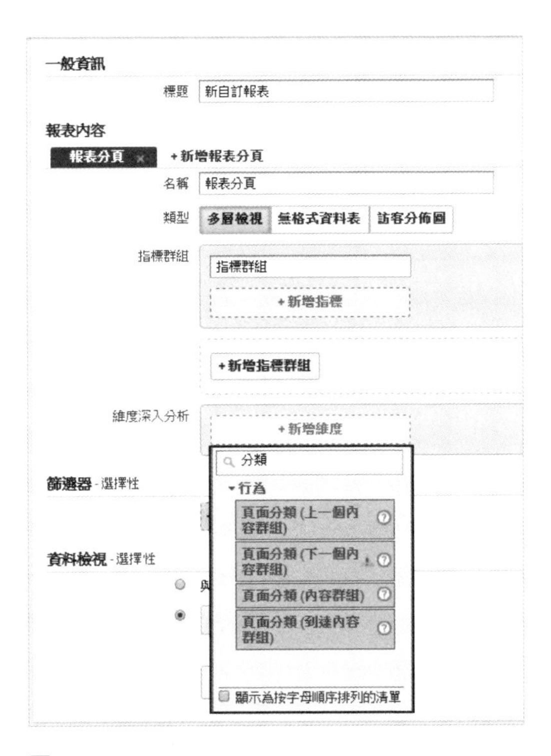

圖 11-29

◆ 自訂資訊主頁

除了自訂報表，當然資訊主頁也有提供這個維度。

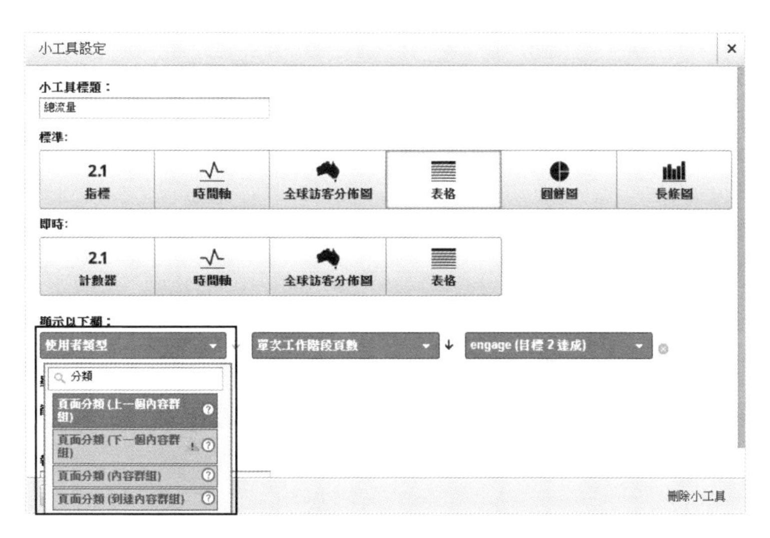

圖 11-30：不管在資訊主頁還是自訂報表，內容分組都非常好用

介紹完 Google Analytics 的內容分組，事實上即便知道功能如何設定，還是必須要有制定分析策略的思維，今天網站有客服頁面、產品頁面、特殊活動頁、產品又分為上百種不同類別，究竟該怎麼分類，未來才能幫助我們得到更多數據的洞察，建議還是多訓練自己思考比較重要，畢竟設定不是很難，怎麼使用才是重點。

➔ 進階區隔

在行銷上，我們可能會用區隔的概念來劃分市場或產品受眾。舉例來說，我們可能會以不同的國家作為市場的區隔劃分、或用產品受眾的性別、年齡來做區隔劃分，但在 Google Analytics 裡面，區隔是為了幫助你做網站分析，與行銷上的區隔不同的是，你可以利用流量的特徵來進行區隔劃分，如，工作階段的來源、有轉換的工作階段與沒有轉換的工作階段、甚至是使用者所使用的裝置、瀏覽器等，只要是 Google Analytics 支援的維度，基本上都可以製作成進階區隔。

比方說你想同時觀察「自然搜尋流量」以及「直接流量」的使用者在網站上的行為有什麼不同，進階區隔可以幫助你把流量劃分為自然搜尋、直接來源，它從預設報表、到自訂報表、甚至像「活躍使用者」這樣的特殊報表都能夠使用，並且進階區隔本身對於數據資料非常溫和，它不像篩選器會對數據造成破壞。

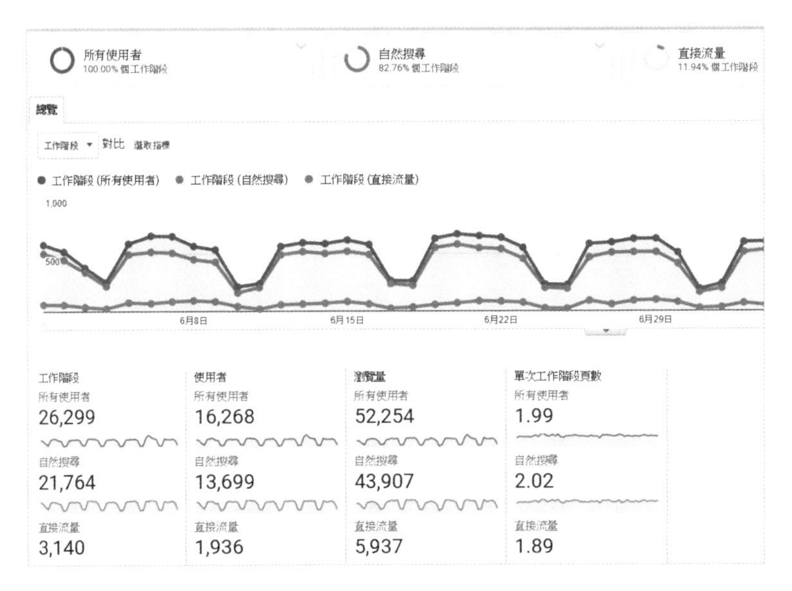

圖 11-31：「進階區隔」可以幫助你更粒狀的觀察資料，比較不同區隔的資料更能幫你獲得更多的洞察

以圖 11-31 來說，圖中套用了兩個進階區隔後，你可以在一個畫面看到，我將流量劃分了「所有使用者（系統預設的區隔）」、「自然搜尋」、「直接流量」，而且可以在同一個畫面觀察這三種不同特徵的流量他們指標反應為何，哪一個帶來比較多瀏覽量、哪一個帶來比較多的單次工作階段頁數，甚至連曲線圖都會圖像化給你觀察數據。

在哪裡找的到進階區隔？

在系統的預設報表中，你會看到上方有個「新增區隔」的按鈕可以進行點擊（如圖 11-32），點擊後就會進入區隔的勾選、設定畫面，大多 Google

Analytics 的報表都有支援進階區隔的功能，只要該報表上方有進階區隔可以進行點選就代表是有支援進階區隔的，若你在報表上找不到進階區隔，則代表該報表沒有支援進階區隔。

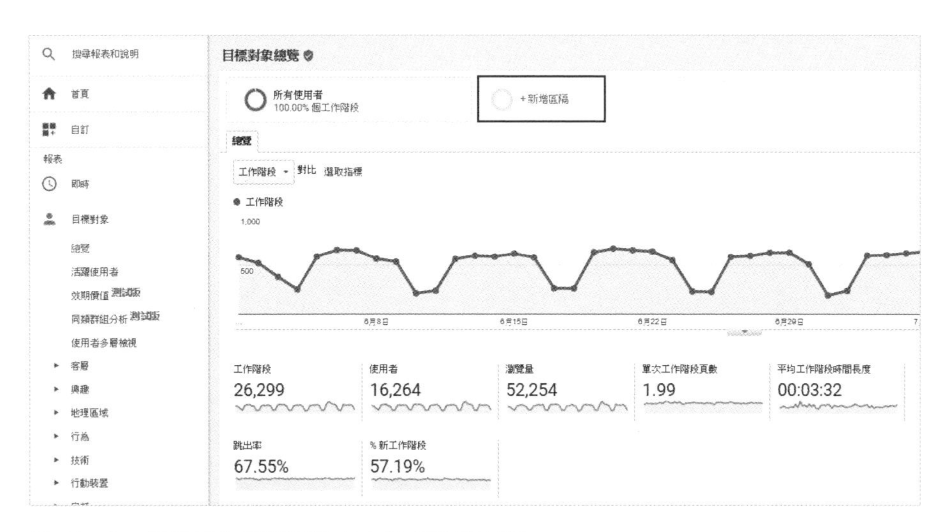

圖 11-32：幾乎所有的報表都有支援「進階區隔」

圖 11-33：在資料檢視的設定底下，你也能看到進階區隔的身影，在此同樣能設定區隔的內容、甚至刪除 / 複製進階區隔

使用進階區隔

如同上述所說明，設定進階區隔時，你必須要在報表的上方找到新增區隔的按鈕並進行點擊。（如圖 11-34）

圖 11-34

在點擊之後你會看到進階區隔的面板，在這裡你可以勾選、取消進階區隔，目前一次最多可以勾選四個進階區隔，勾選後就可以看到畫面中出現已勾選的四個區隔的數據。（如圖 11-35）

圖 11-35：在進階區隔的面板，你可以勾選、取消進階區隔

以圖 11-36 來說，你會看到有四種區隔的資料呈現為四列，並且有各自的工作階段、跳出率等數據。

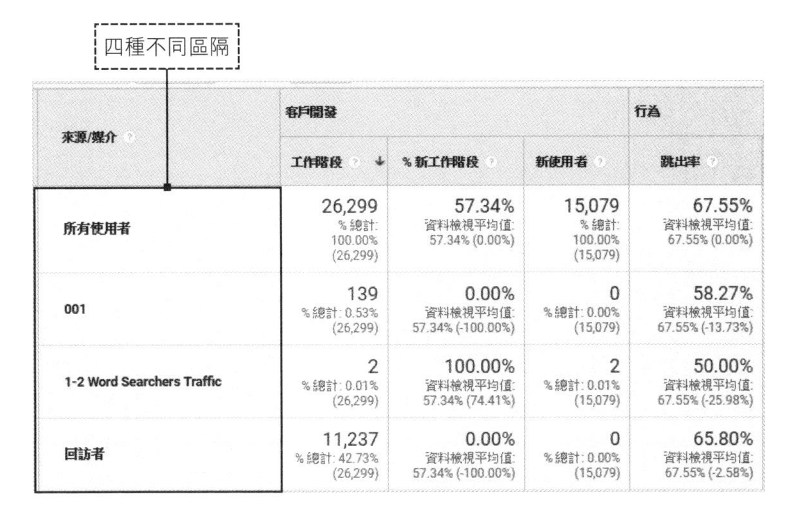

來源/媒介	客戶開發			行為
	工作階段	% 新工作階段	新使用者	跳出率
所有使用者	26,299 % 總計: 100.00% (26,299)	57.34% 資料檢視平均值: 57.34% (0.00%)	15,079 % 總計: 100.00% (15,079)	67.55% 資料檢視平均值: 67.55% (0.00%)
001	139 % 總計: 0.53% (26,299)	0.00% 資料檢視平均值: 57.34% (-100.00%)	0 % 總計: 0.00% (15,079)	58.27% 資料檢視平均值: 67.55% (-13.73%)
1-2 Word Searchers Traffic	2 % 總計: 0.01% (26,299)	100.00% 資料檢視平均值: 57.34% (74.41%)	2 % 總計: 0.01% (15,079)	50.00% 資料檢視平均值: 67.55% (-25.98%)
回訪者	11,237 % 總計: 42.73% (26,299)	0.00% 資料檢視平均值: 57.34% (-100.00%)	0 % 總計: 0.00% (15,079)	65.80% 資料檢視平均值: 67.55% (-2.58%)

圖 11-36

設定進階區隔

在區隔的面板上，你可以在區隔上點選編輯，或點擊「新增區隔」來進入區隔設定頁面。

圖 11-37

進到區隔設定畫面後，你將會看到圖 11-38 的畫面，根據畫面中的幾個設定說明如下：

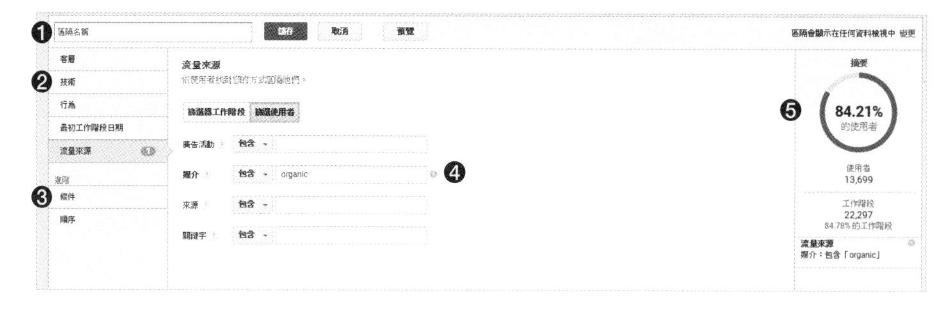

圖 11-38

❶ 區隔名稱

你可以自行輸入好辨認的區隔名稱，這不會影響區隔設定，可依照自己的喜好設定即可。

❷ 基本維度設定

區隔所提供的設定有五個基本層面的維度，分別是【客層】、【技術】、【行為】、【最初工作階段日期】、【流量來源】等，以「流量來源」這個層面的維度來說，可以依照廣告活動、媒介、來源、關鍵字來進行設定。

❸ 進階維度設定

進階的部分可以更活躍的來組合維度與指標的交叉選擇，並設定出更進一步、更複雜的區隔。

❹ 區隔內容

在此區塊你可以細節的設定，每一個維度的區隔條件為何？你希望帶入什麼樣的條件來設定區隔。

❺ 區隔預覽

預覽的區塊可以幫助你確認所設定的區隔是否有效，以及你所套用的區隔占了所有流量的多少百分比。以圖 11-38 來說，我在「媒介」的區隔填入了「organic」，這個條件的區隔將占我總流量的 84.21% ，如果在此看到的預覽顯示 0%，代表你的區隔是無效的，無法區隔出有效的流量。

區隔的進階設定

在區隔的設定裡面，你可以看到有「進階」的區塊，這裡能夠組合出更不一樣的區隔設定。

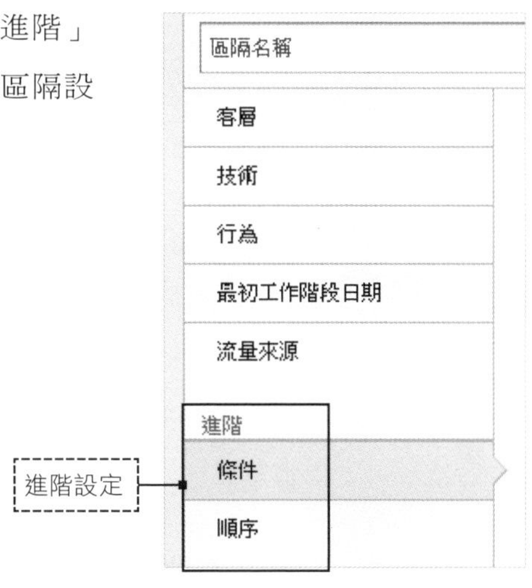

圖 11-39

以圖 11-40 來說，你會看到進階的設定面板內，其實可以自行選擇你所想設定的維度或指標，甚至可以設定多個維度、多個指標來交叉區隔出你的流量，在剛開始接觸時，建議你先花個 1 ～ 2 個小時操作，只要你對 Google Analytics 的指標、維度熟悉，你絕對可以在很短的時間內上手。

圖 11-40：你可以自行選擇你所想設定的維度或指標，甚至可以組合多個維度、多個指標

進階區隔的使用技巧

上述提到的只是簡單的區隔設定說明，但區隔可以有幾百種不同的組合，因為裡面的活用性太高了，也幾乎能設定 Google Analytics 所有的指標維度，但實務上主要會考驗到你如何組織自己的思維、從不同的數據組合中看出數據洞察，下列我將列出幾個思考方向提供給你參考。

- 以流量來源來進行區隔

  以流量來源的維度來進行區隔是最常用的方式之一，舉例來說，如果你今年特別花了廣告預算投資在 Google 關鍵字廣告上，你可以篩選來源 / 媒介為 google / cpc 做為區隔，並且與所有流量、或自然搜尋等其他流量來源做比較，觀察廣告的投資是否有效、以及廣告該怎麼持續進行優化。

- 以訪客特徵來進行區隔

  大多數的網站，回訪客與新訪客都有不同的行為特徵，拉出區隔後可以幫助你在各個報表中觀察新訪客與回訪客的行為有何不同，通常在互動指標（跳出率、停留時間）與轉換上，回訪客都會有較好的表現，但你還是需要用區隔去驗證、觀察實際的狀況。

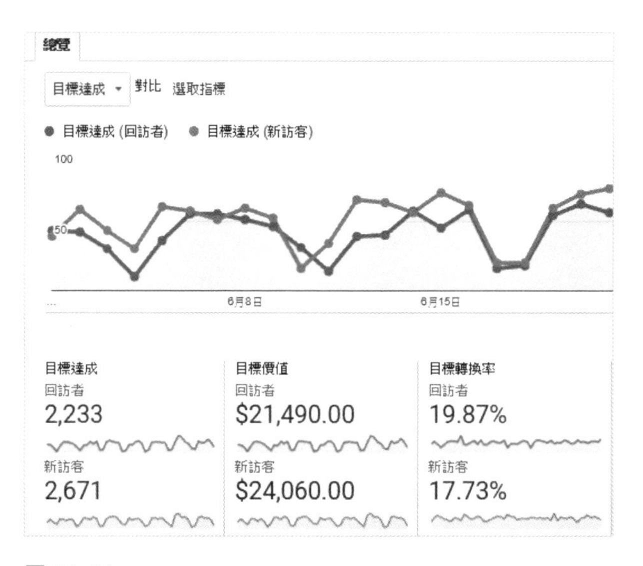

圖 11-41

◆ 以地理區域來進行區隔

如果你的網站有針對不同的地理區域來制定行銷計畫，或你產品的市場本來就定位在多個國家，以地理區域來進行區隔是必要的，你才能詳細觀察不同市場 / 國家區域的使用者互動狀況。

◆ 以互動指標來進行區隔

進階的區隔設定可以按照指標的表現狀況來設定區隔，以圖 11-42 來說，我設定了轉換 > 0 這個條件來作為區隔（也就是有進行轉換的意思），並透過這個區隔觀察「有進行轉換」的使用者行為，當然你也可以再設定一個區隔是轉換 =0，並且比較有轉換、沒有轉換的使用者之間，行為上有什麼不同，以及他們與網站的互動細節。

圖 11-42

◆ 以訪客價值來進行區隔

如果你的網站有購物行為，我建議你可以使用者的消費金額來進行區隔，舉例來說，觀察看看「消費 300 元以下」以及「消費 300 元以上」的使用者行為有何不同，甚至觀察他們都瀏覽那些頁面、平均消費金額較高的使用者都是從哪個流量管道來到我們網站，這些數據都能給我們很不一樣的洞察力。

圖 11-43：如果你的網站有購物行為，我建議你可以使用者的消費金額來進行區隔

➔ Google Analytics 篩選器（Filter）

必須要有【帳戶層級】的編輯權限才能使用篩選器，但篩選器影響的資料範圍為【資料檢視層級】，每個資料檢視都有各自不同的篩選器設置（雖然篩選器只影響到【資料檢視層級】，但篩選器對於數據是破壞性的，所以有【帳戶層級】的編輯權限才能使用，是非常合理的）。

篩選器可以讓你限制、修改數據，以筆者的習慣來說：

1. 我會創造多個資料檢視，並利用篩選器過濾流量來整理數據
2. 我會新增「排除內部流量的篩選器」，因為我們部門內就有許多的同事會固定每天瀏覽網站，部門自己每天造成的流量非常可觀，這些內部的流量都會影響 Google Analytics 的轉換率、流量、跳出率等。使用篩選器，Google Analytics 就不會收集公司內部的 IP 所造成的流量，接下來我會用用兩個範例示範如何設定篩選器，看完範例你就能掌握篩選器的設置方式。

篩選器設定範例 A – 排除內部 IP

篩選器的設定為破壞性的，使用篩選器後，排除掉的流量都會遺失，所以在使用時要特別注意。這個範例我將先示範如何「排除內部 IP 流量」。

Step 1 點選資料檢視底下的「篩選器」。（需有帳戶的編輯權限你才能看到篩選器這個按鈕）。

圖 11-44

Step 2 點選新增篩選器（在這個面板可以看到所有你已經設定的篩選器）。

資料檢視
所有網站數據
檢視設定
使用者管理
目標
內容分組
篩選器
頻道設定

+新增篩選器　指派篩選器順序

評級	篩選器名稱
1	hostname yesharris
2	排除管理員介面
3	排除harris

圖 11-45

Step 3 這時你已經看到篩選器的設定面板了，第一個欄位選擇「新建篩選器」，接著篩選器類型選擇「預先定義」（範例 B 你將會看到如何使用「自訂」篩選器），接著在圖 11-46 中黑框的位置你可以選擇排除或是只包含，此範例中要排除內部 IP，則選排除。

新增資料檢視篩選器

請選擇篩選資料檢視的方法

新建篩選器

套用現有篩選器

篩選器資訊

篩選器名稱

篩選器類型

預先定義 自訂

排除 選擇來源或目標 選擇運算式

✓ 排除

只包含

驗證這個篩選器，根據前 7 天的流量，查看這個篩選器如何影響目前資料檢視的資料。

儲存 取消

圖 11-46

Step 4 選擇排除之後，下個欄位會看到四個選項，點選「來自 IP 位址的流量」。

新增資料檢視篩選器

請選擇篩選資料檢視的方法

新建篩選器

套用現有篩選器

篩選器資訊

篩選器名稱

篩選器類型

預先定義 自訂

排除 選擇來源或目標 選擇運算式

來自 ISP 網域的流量

來自 IP 位址的流量

子目錄獲得的流量

主機名稱獲得的流量

篩選器驗證

驗證這個篩選器 ... 篩選器如何影響目前資料檢視的資料。

儲存 取消

圖 11-47

Step 5 第三個欄位選擇「等於」，輸入你的 IP，並輸入篩選器名稱後按下儲存就完成設定了。

編輯篩選器

篩選器資訊

篩選器名稱

排除我的IP

篩選器類型

預先定義 自訂

排除 ▾ 來自 IP 位址的流量 ▾ 等於 ▾

IP 位址

59.115.109.5

篩選器驗證 ?

Analytics (分析) 目前無法為進階篩選器和位置篩選器 (如 IP 位址、國家/地區) 提供預覽。

儲存 取消

圖 11-48

「自訂篩選器」要使用規則運算式

若你是使用預先定義的篩選器，直接輸入 IP 即可，但如果是使用「自訂」篩選器的話，欄位都必須填入規則運算式。

「規則運算式」是一種語法，第 12 章會有規則運算式的教學。行銷人在操作 Adwords、Google Analytics 時經常會用到規則運算式。假設是使用自訂篩選器，而 IP 應該是 12.123.123.11，但 IP 裡面的「 . 」這個字元在規則運算式中有「與任何單一字元比對」的涵義在。舉例來說，「harr.s」與 harris、 harras、harrbs 這三者比對都會成功，若不加上「\」的話，Google Anlytics 會將「.」誤認為規則運算式字元，而不是一個文字字元。

圖 11-49：學習 GA 一定要會學著使用「規則運算式」

結論：使用「自訂」篩選器時，假設你的 IP 為：12.123.123.11 ，為了不讓「.」被系統辨認為規則運算式字元，你應該這樣輸入：12\.123\.123\.11

篩選器設定範例 B – 只包含自然搜尋流量

範例 B 我將帶你設定一次「自訂篩選器」，以筆者來說，我會根據不同的流量設置篩選器。通常，我在 Google Analytics 帳戶裡會依據來源創建多個不同的資料檢視，像是社群網站、自然流量、付費流量等，這樣在做數據觀察時能更有效率。

Step 1 點選資料檢視底下的「篩選器」。(需有帳戶的編輯權限你才能看到篩選器這個按鈕)。

資料檢視
所有網站數據
檢視設定
使用者管理
目標
內容分組
篩選器
頻道設定

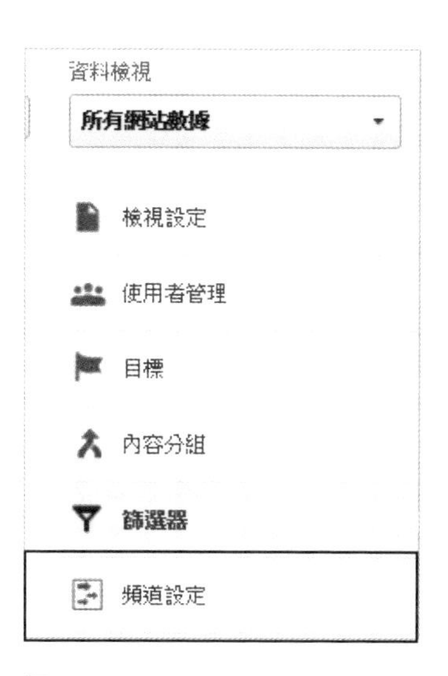

圖 11-50

Step 2 點選新增篩選器(在這個面板你可以看到所有你已經設定的篩選器)。

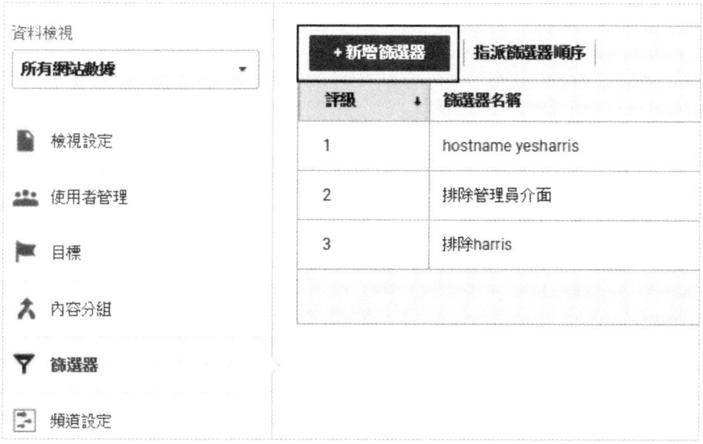

資料檢視
所有網站數據
檢視設定
使用者管理
目標
內容分組
篩選器
頻道設定
+新增篩選器
指派篩選器順序
評級
篩選器名稱
1
hostname yesharris
2
排除管理員介面
3
排除harris

圖 11-51

Step 3 這時你已經看到篩選器的設定面板了，第一個欄位選擇「新建篩選器」，接著篩選器類型選擇「自訂」，到了這裡你會看到下面有排除與包含，在此範例中我們點選包含（如圖 11-52）。

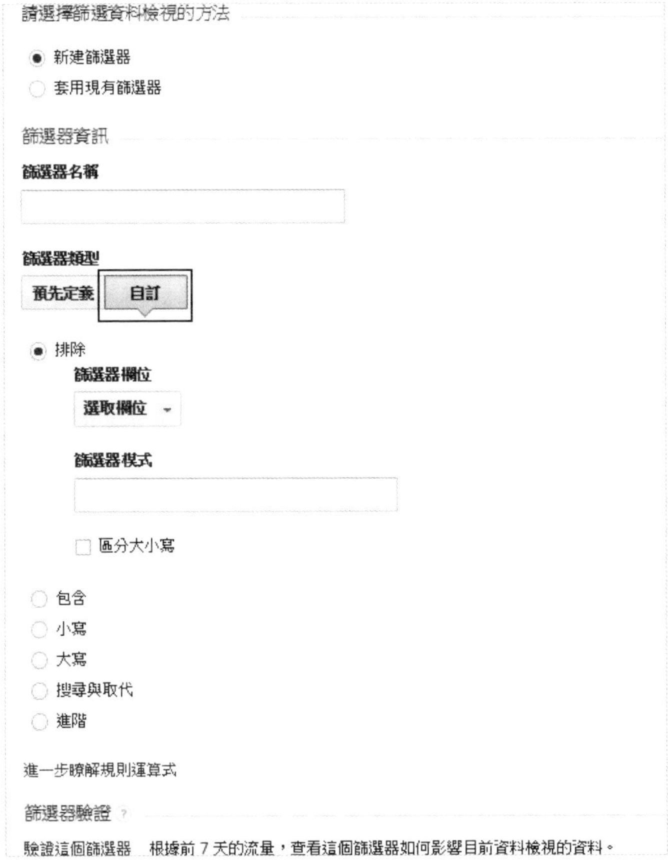

請選擇篩選資料檢視的方法

新建篩選器

套用現有篩選器

篩選器資訊

篩選器名稱

篩選器類型

預先定義 自訂

排除

篩選器欄位

選取欄位

篩選器模式

區分大小寫

包含

小寫

大寫

搜尋與取代

進階

進一步瞭解規則運算式

篩選器驗證

驗證這個篩選器 根據前 7 天的流量，查看這個篩選器如何影響目前資料檢視的資料。

圖 11-52

Step 4 接著點開篩選器欄位，你會看到許多你熟悉的維度，「廣告活動來源」以及「廣告活動媒介」即是你在客戶開發報表內所看到的「來源」以及「媒介」，在此範例中我們是要製作自然搜尋流量的篩選器，所以選擇「廣告活動媒介」並填入 organic。

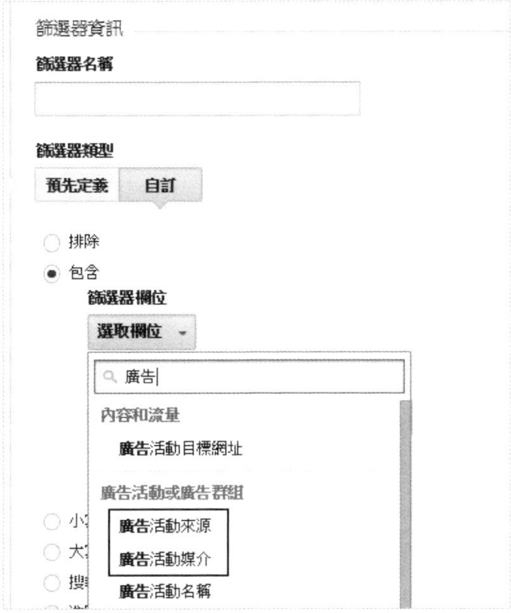

圖 11-53

Step 5 填入 organic 後，給篩選器一個名稱，再按下儲存就設定完成（如圖 11-54）（篩選器名稱沒有特別含意，只是給你自己辨認篩選器用的）。

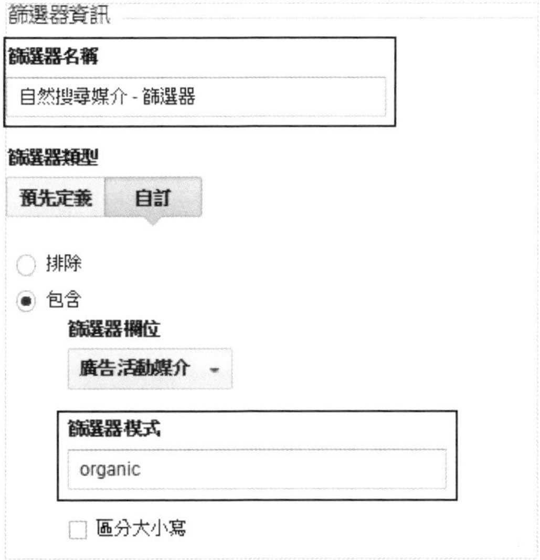

圖 11-54

「篩選器」能為 Google Analytics 網站分析帶來什麼價值

篩選器這個功能可以讓你在 Google Analytics 內創建多個不同的資料檢視、並各自在資料檢視上套用不同的規則，藉此提升網站分析的工作品質（當然，篩選器還有其他常見的用途，像是排除公司內部 IP 的流量），以筆者 Harris 先生的網站來說，我獨立開了兩個資料檢視（如圖 11-55），分別是自然搜尋以及直接流量，在事前規劃資料檢視的分類架構、並利用篩選器進行分類，能幫助我們更有品質的觀察數據。

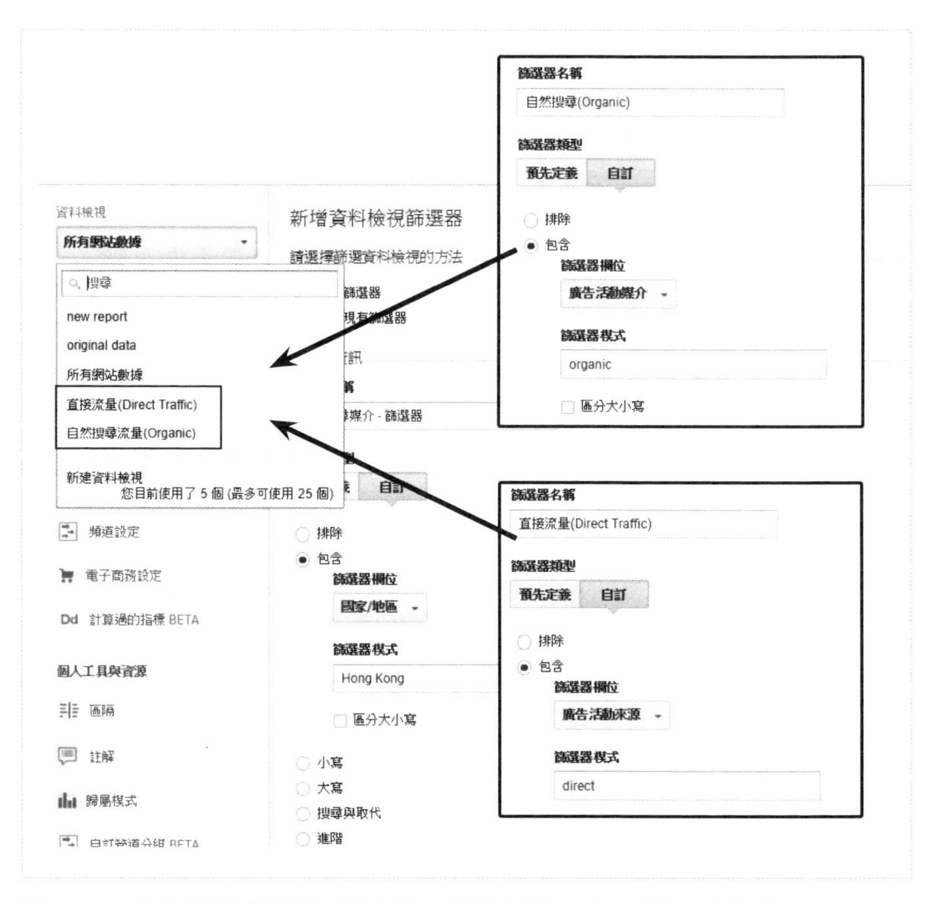

圖 11-55：在事前規劃資料檢視的架構，能幫助我們更有品質的觀察數據

如果沒有事前創建多個資料檢視，並用篩選器進行資料檢視的規劃，你的數據會全部參雜在同一個資料檢視中，之後要分別從各個維度去觀察時，就只能依賴區隔、次要維度、自訂報表等功能，但事實上進階區隔與篩選器各自有不同的優劣勢，在不同情況時我們要用不同的方法來維持分析工作的品質。

	用篩選器區分資料檢視	進階區隔
時效	設定當下開始，永久影響到未來資料檢視內的所有數據。	暫時影響報表呈現的資料，每次要觀察時都要設定 / 選取區隔，可套用到歷史數據上。
對數據的影響	對數據有破壞性，設定篩選條件後，被篩選掉的數據將無法復原。	對數據無破壞性，可隨時更改區隔設定。
靈活度	只有特定幾個維度可以使用。	除了維度之外，也可以用指標來進行套用、甚至能設定多個維度與指標的交叉組合。
數據取樣問題	可避免數據取樣。	有取樣風險。
權限需求	需要帳戶層級的編輯權限才能使用。	只要有檢視權限就可以使用。

以上述表格來看，我們可以看到篩選器的優劣勢，雖然它不像進階區隔般的靈活，但它可以協助你避免數據取樣的問題，且只要設定後，效果永久存在於該資料檢視中，更重要的是，【多管道程序】報表與轉換報表的【程序視覺呈現】不能使用進階區隔，如果你要觀察特定條件的轉換細節來進行轉換優化，你必須要依賴篩選器。另外，篩選器是你設定後才會開始生效，它沒辦法套用到歷史的數據上，所以你必須要盡早規劃、盡早設定，未來在觀察上才會更加有效。

篩選器裡面有許多不同的維度可以使用，你可以依照流量來源進行設定、也可以依照國家、搜尋字詞來進行設定。

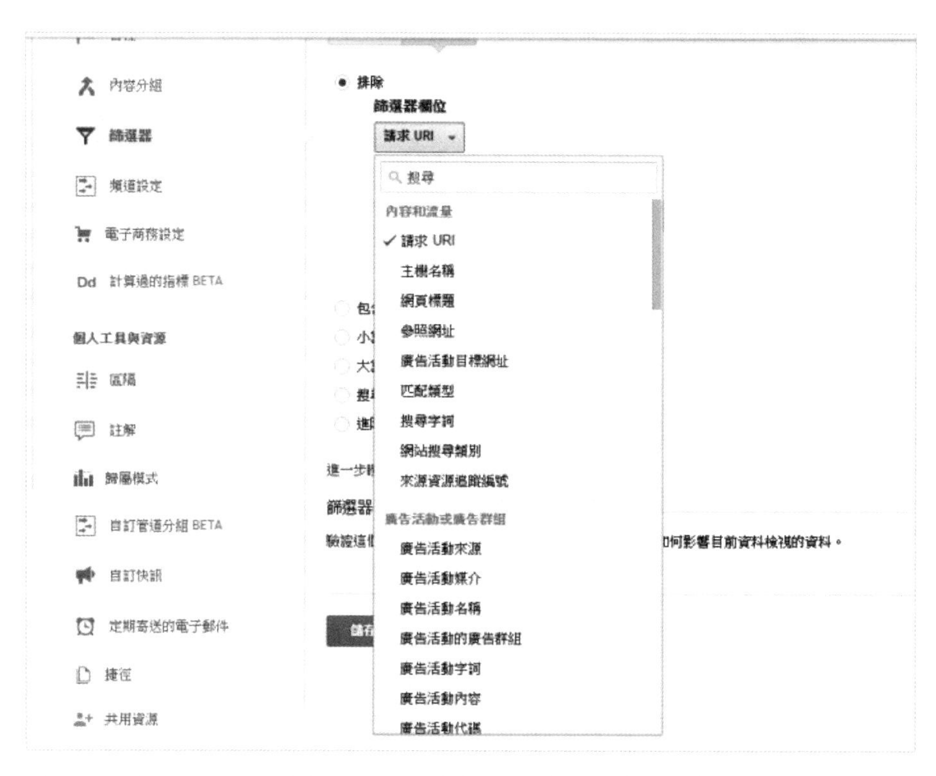

圖 11-56：篩選器的維度非常多，你可以依照自己的需求來選擇使用

補充：常見的篩選器使用方法

◆ 排除內部 IP/ 內部流量

首先，篩選器最常用的用法就是拿來篩選出內部的 IP、流量，只要跟自己家的網管取得公司內部的 IP 後，直接用篩選器排除 IP，就能準確排除內部的流量，若不排除內部流量，影響最大的不是工作階段數、瀏覽量這些指標，最對數據品質有傷害的是互動指標（互動指標意指「跳出率、工作階段停留時間」這些衡量使用者與網站互動狀況的指標），尤其內部的同仁在瀏覽網站時，因為工作的關係，很可能一個工作階段會持續十幾分鐘以上、瀏覽頁數也都非常高，這會讓你的工作階段平均時間、平均瀏覽頁數、跳出率這些指標都變得較不準確。

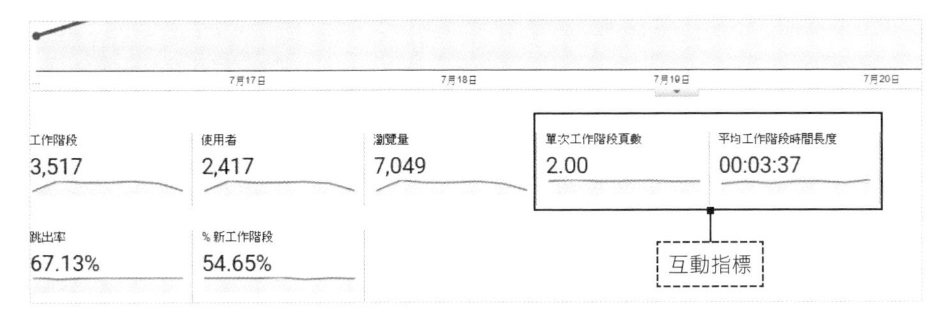

圖 11-57

◆ 按照流量管道區分資料檢視

如果你的網站流量很大、數據也很多，你應該要用流量管道的邏輯創建多個資料檢視、並各自設定篩選器，舉例來說：

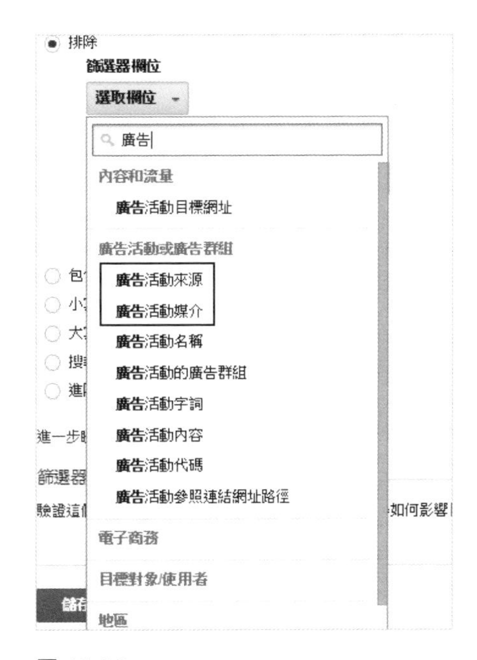

圖 11-58

1. 為關鍵字廣告的流量來源創建一個資料檢視，設定兩個篩選器，分別是媒介 → cpc、來源 → yahoo|google（因為關鍵字廣告的來源 / 媒介通常是 google/cpc、yahoo/cpc）

2. 為自然搜尋的流量來源創建一個資料檢視，篩選條件為媒介 → organic

3. 為社群媒體創建一個資料檢視，篩選條件為來源→ facebook.com

4. 為直接流量創建一個資料檢視，篩選條件為來源→ direct

5. 依照你的流量狀況細分出其他流量管道（像是 line、referral…等）

在用流量管道區分資料檢視的同時，我也強烈建議你一定要保留一個沒有套用篩選器的資料檢視，這樣一來，你才能在一個資料檢視可以看到所有的流量，但同時也能在有用篩選器的資料檢視內看到特定流量來源的數據。

◆ 按照裝置區分資料檢視

跨裝置瀏覽在現在已經非常的普遍，且行動裝置的瀏覽行為及桌機的瀏覽行為是截然不同的，行動裝置普遍的互動指標表現會較差，如果你的網站流量很大，且你將行動裝置及桌機的數據參雜在一起，我認為互動指標是較沒有參考價值的，因此我會建議你可以切出一個資料檢視、並設定行動裝置的篩選器。

圖 11-59

舉例來說，行動裝置的停留時間與桌機的停留時間一定是不同的，如果你的資料檢視將各個裝置都混在一起，想要看行動裝置 + 搜尋來源的流量數據，一定要依賴區隔或是次要維度，且某些報表沒有次要維度可以使用（像是多管道程序報表、行為流程報表），為行動裝置額外建立一個資料檢視才是上策。

◆ 按照國家區分資料檢視

以現在台灣的網站來說，即便你的市場鎖定台灣，通常還是會有少許的香港、澳門等鄰近國家的訪客，如果你的產品是有鎖定其他國家的，更需要為不同的國家設定資料檢視及篩選器，其他國家的瀏覽行為、消費力都可能與台灣市場不同，甚至各自的流量來源也都不同。

篩選器類型
預先定義 自訂
排除
包含
篩選器欄位
國家/地區
篩選器模式
Taiwan
區分大小寫

圖 11-60

舉例來說，也許你在台灣的搜尋流量占比並不高，但在香港、在日本可能卻有很可觀的搜尋量，像我的網站就有許多的搜尋流量是來自於美國（美國當地有一些母語是繁中的讀者）。

圖 11-61：如果你的產品市場是有鎖定其他國家的，更需要為不同的國家設定資料檢視及篩選器

其他使用篩選器的注意事項

◆ 永遠保留一個原始的資料檢視

不管你打算用流量管道或是裝置來區分資料檢視，都一定要保留一個沒有套用任何篩選器的原始資料檢視，因為篩選器的結果是不可逆的，在你設定後，所有遺失的數據將無法恢復。所以請務必保留一個完好無缺的資料檢視，萬一設定錯誤、或數據有狀況時，我們才有備胎可以使用。

圖 11-62：建議一定要保留一個原始的資料檢視作為備用

◆ 篩選器有先後順序

篩選器裡面有先後順序的關係，Google Analytics 會先套用層級較高的條件，依序進行條件篩選，因此你必須要確保你所設定的順序正確。

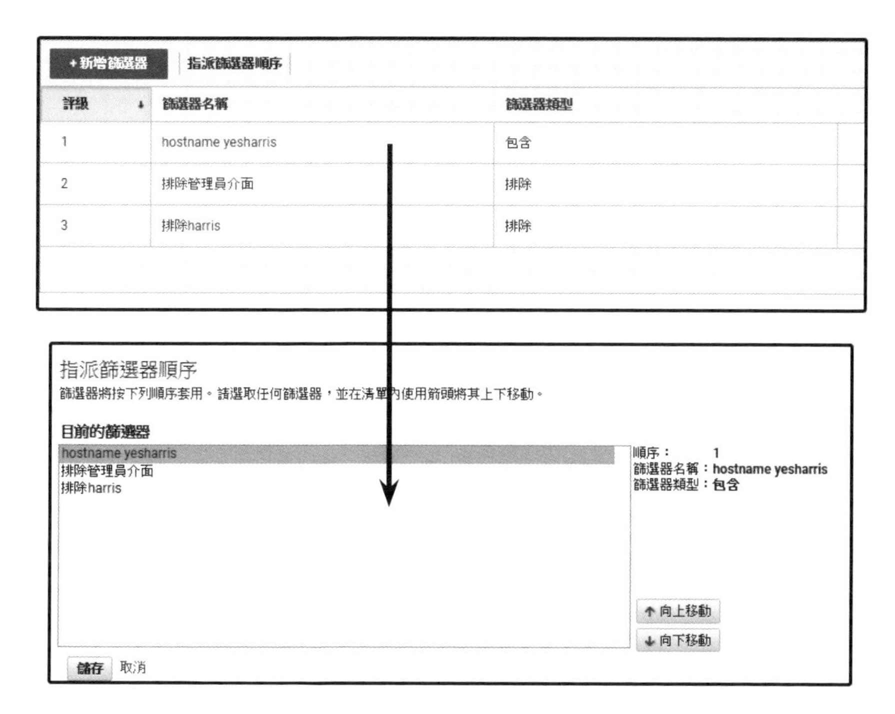

圖 11-63

◆ 若想篩選多個維度，請確保使用正確

舉例來說，如果你想要獨立出 Google 自然搜尋的資料，你不能直接選擇廣告活動來源並直接填入 google|organic，因為篩選器裡面並沒有來源 / 媒介這個維度，篩選器內的來源與媒介是分開的，「google」是來源，而「organic」是媒介，正確的使用方式是設定兩個篩選器，各自設定來源→ google，媒介→ organic。

正確做法如圖 11-64，圖 11-65 則是錯誤作法。

+新增篩選器　指派篩選器順序

評級	篩選器名稱	篩選器類型
1	包含Google	包含
2	包含organic	包含

圖 11-64

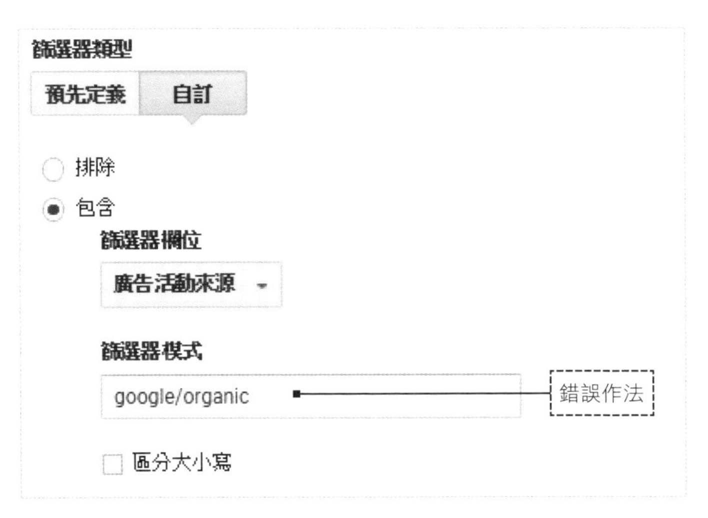

圖 11-65：篩選器沒有「來源／媒介」這個組合維度，只有「來源」維度與「媒介」維度

➔ 管道分組

管道分組可以幫助你更進一步的分類流量，如果你的流量來源有超過上百個，其實整理起來是非常繁瑣且耗費時間的，而這個功能可以幫助你解決這樣的問題。

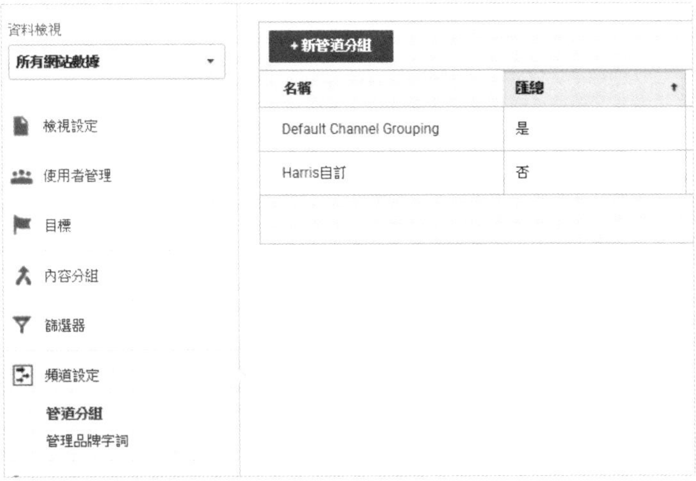

圖 11-66

以下方圖 11-67 來說，你可以看到在所有流量底下的「管道」報表，可以選擇你的流量管道設定，而這個設定就是在資料檢視底下的「頻道分組」，以我來說我有 Facebook、EDM 的相關流量管道。

圖 11-67

如何進行頻道設定

在資料檢視的底下可以看到管道設定的功能，這是主要進行頻道設定的地方（如圖 11-68），管道主要分為兩種，分別是預設管道分組（Default Channel Grouping）以及自訂管道分組（Custom Channel Grouping）。

自訂管道分組

預設管道分組與自訂管道分組都一樣在「頻道設定」底下做設定，在一開始建立起資料檢視時，Google Analytics 會自動幫你產生一個預設的管道分組，你沒有辦法刪除預設管道分組，僅能對它做修改，而在預設管道分組之後新增的所有頻道分組，都是「自訂管道分組」。

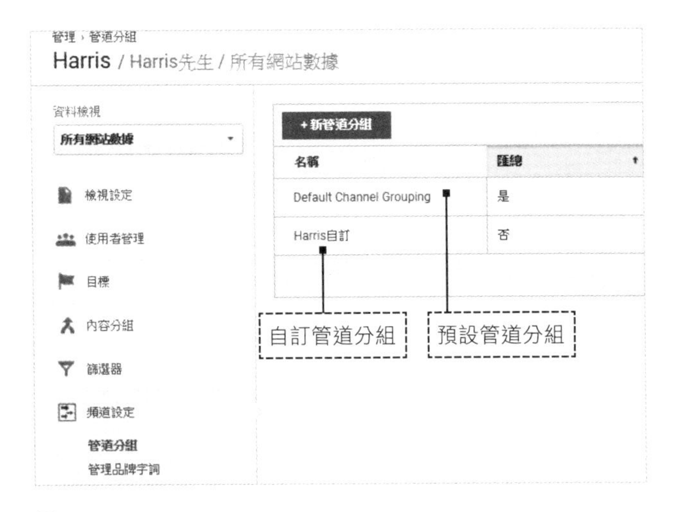

圖 11-68

自訂管道分組可以將資料溯及到過去的歷史資料，舉例來說，你認為過去一年的流量資料很難加以觀察，你可以設定自訂管道分組，來分析過去一年的數據資料。

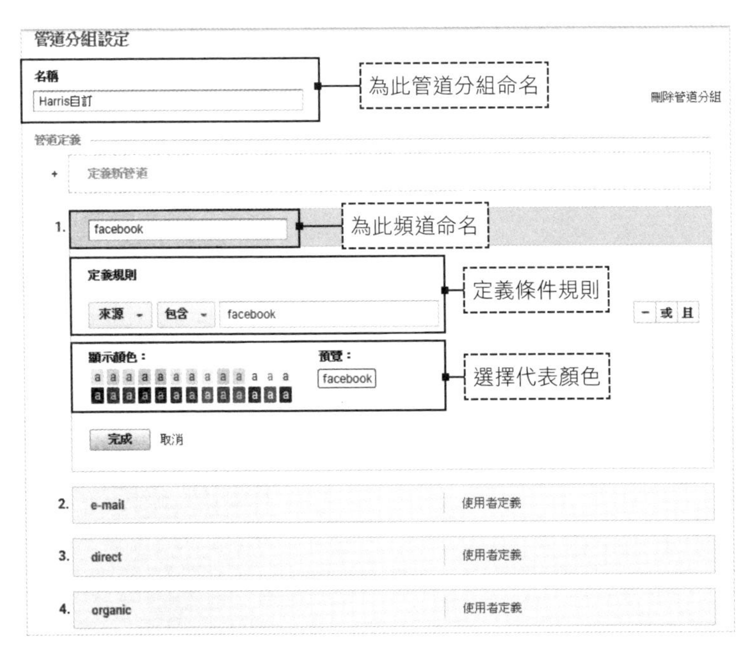

圖 11-69：「顯示顏色」能幫助你在看報表時更清楚，不同的管道可以用不同的顏色來代表

如圖 11-69，在管道分組的設定內，你可以選擇維度、及條件，並把符合條件的流量全部分到同一個分組中，以圖 11-69 來說，維度選擇的「來源」包含「facebook」，那所有「來源」符合條件的流量都會被分到 Facebook 這個管道之中，在報表內你就會看到如圖 11-70 的樣子，流量都被分類在一起。

Harris自訂	客戶開發		
	工作階段	% 新工作階段	新使用者
	27,900 % 總計: 100.00% (27,900)	57.16% 資料檢視平均值: 57.16% (0.00%)	15,948 % 總計: 100.00% (15,948)
1. organic	23,072(82.70%)	57.53%	13,273(83.23%)
2. direct	3,329(11.93%)	58.85%	1,959(12.28%)
3. facebook	856 (3.07%)	49.65%	425 (2.66%)
4. e-mail	441 (1.58%)	37.64%	166 (1.04%)
5. referral	202 (0.72%)	61.88%	125 (0.78%)

圖 11-70：設定好「管道分組」的範例報表

圖 11-71：預設管道分組

如圖 11-72，在預設管道分組內，Google Analytics 會預先將常見的流量管道分類好，你可以在此進行修改。

圖 11-72

但同時，你必須要注意，「預設管道分組」與「自訂管道分組」最大的不同在於：

- 更改預設管道分組後，將會永久變更你的 Google Analytics 資料檢視分類流量的方式。
- 在設定後，你所有的設定只有在設定當下才開始生效，你沒有辦法回溯過去的數據（也就是說，如果你希望用預設管道分組來分類過去幾個月的流量，是沒有辦法的）。

管道分組能影響到哪些報表

基本上管道分組本身就是將流量以與來源有關的維度做分類，因此它會影響到的報表如下：

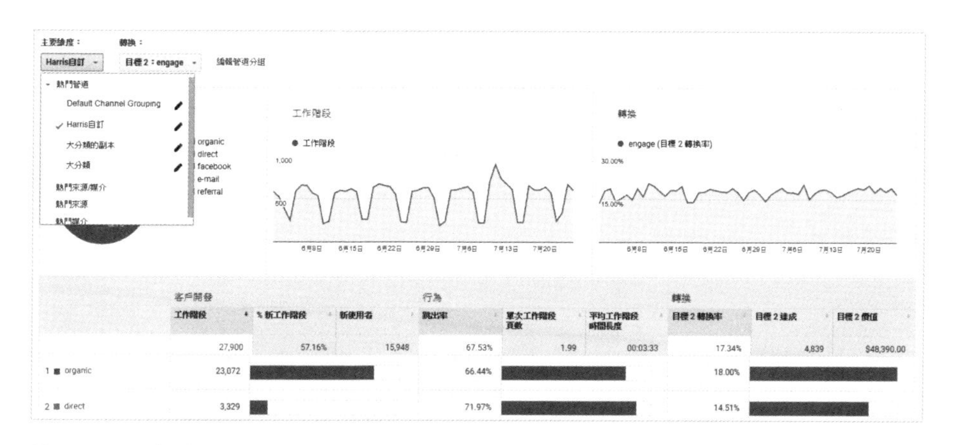

圖 11-73：客戶開發－總覽

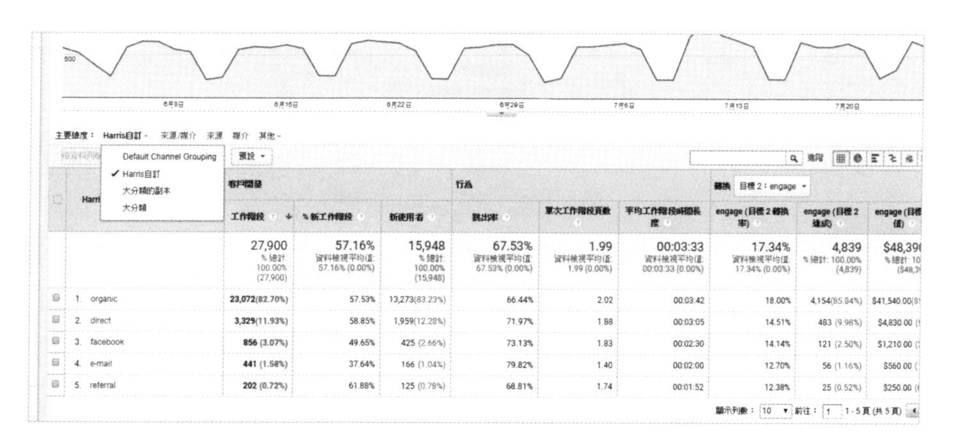

圖 11-74：客戶開發－所有流量－頻道

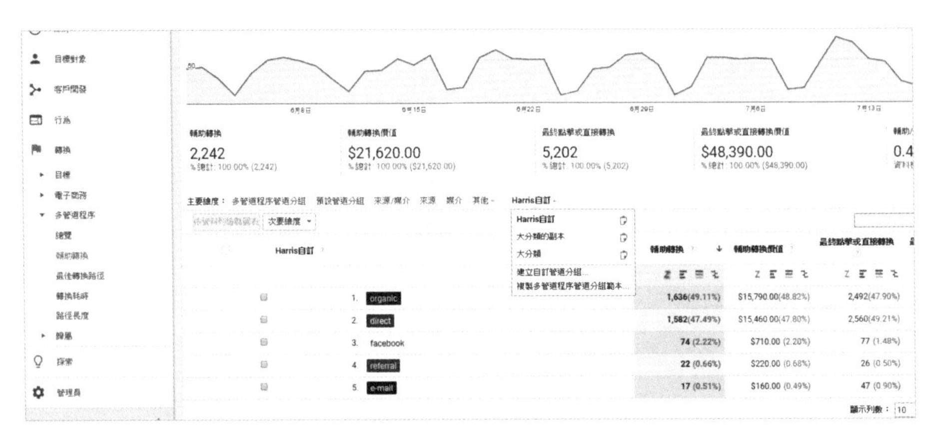

圖 11-75：多管道程序報表－輔助轉換

圖 11-76：多管道程序報表－最佳轉換路徑

其他管道分組必須要注意的事項

◆ 順序會影響設定結果

如同內容分組，管道分組的設定是有先後順序之分的，Google Analytics 會從第一個規則開始，往下陸續套用下去，如果你在第一個分組設定條件為「來源」包含 facebook，並在第二個分組設定條件為「來源 / 媒介」包含 facebook/cpc，這樣是沒有用的，因為符合條件的流量已在第一個分組符合、並且被分到第一個管道分組裡面去，這些符合條件的流量不會同時被分到第一個分組以及第二個分組，因此要特別注意。

+ 定義新管道
1. facebook
定義規則
來源 包含 facebook 或 且
顯示顏色： 預覽： facebook
完成 取消
2. e-mail 使用者定義
3. direct 使用者定義
4. organic 使用者定義
5. referral 使用者定義
拖曳規則即可指定其套用順序。
儲存 取消

圖 11-77：設定時要注意，上下的設定順序會影響 GA 後續如何處理資料

◆ 管理品牌字詞

在管道分組內，你可以將「使用者透過搜尋品牌名而到你網站的流量」分為一個分組，在頻道設定的「管理品牌字詞」底下你可以設定你的品牌名（如圖 11-78），設定好品牌名之後，只要有使用者透過這個關鍵字搜尋、並進到你的網站的，都會被歸類為一個獨立的分組。

管理品牌字詞
加入品牌字詞，付費搜尋查詢分類更清楚。 瞭解詳情

輸入品牌字詞
請輸入或貼上品牌字詞，一行一個。
新增品牌字詞 »
建議的品牌字詞
沒有建議的品牌字詞
有效品牌字詞
harris 先生
harris先生
yesharris
儲存 取消

圖 11-78：在管道分組內，可以將「使用者透過搜尋品牌名而到你網站的流量」分為一個分組

實際的設定則是如圖 11-79，這個功能在分析你的關鍵字廣告成效時異常的好用，可以幫助你理解，哪些訪客透過搜尋你的品牌名來到你的網站，並加以衡量你的品牌效應。

Branded Paid Search
定義規則
系統定義的頻道 相符 付費搜尋 － 或 且
且
查詢類型 相符 品牌 － 或 且
顯示顏色： 預覽：Branded Paid Search
完成 取消

圖 11-79

Chapter 12

其他關於 Google Analytics 你該知道的事

本章重點

- Google Analytics 健診清單
- 認識規則運算式
- 用自訂快訊監控網站流量
- 第三方工具與分析軟體

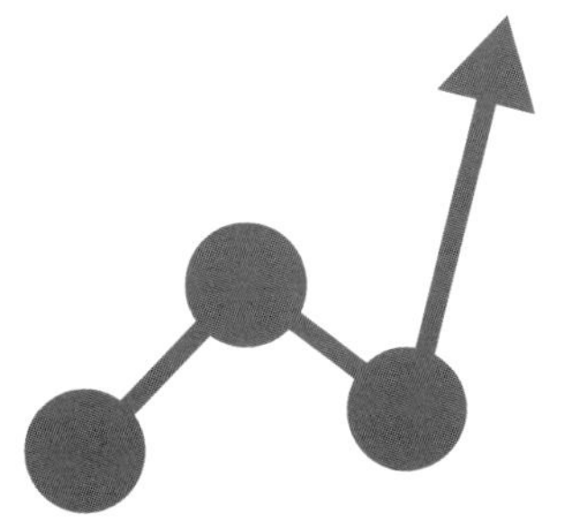

Google Analytics 健診清單

本書針對 Google Analytics 的設定功能、報表解讀做了很多說明，但如同第 11 章所提及，如果你要很有效率地分析資料、並確保數據本身具有品質、且值得信任，甚至你必須要整體性地規劃整個 Google Analytics 的帳戶架構，你的篩選器該怎麼使用？資料檢視該如何區分？是否有做好內容分組？你不做內容分組的話，難道幾千頁的網頁要慢慢逐頁觀察嗎？這些問題都會影響你是否能有效率且有品質地分析資料。在本書的最後，筆者將 Google Analytics 的健診清單整理如下，你可以藉由這個清單來檢查自己是否有少做些什麼、該補設定些什麼，詳細清單如下：

項目	說明	確認打勾
	資料檢視架構	
資料檢視 Raw-data 的保留	無論如何規劃資料檢視，永遠保留一個具有完整資料的資料檢視，萬一哪天資料設定有問題了，才有備用資料。	
資料檢視規劃	不論你的網站規模多大，你必須要有效地利用篩選器規劃自己的資料檢視，用篩選器來區分資料檢視，除了可以有效避免資料取樣的問題之外，也能夠幫你提升資料分析的品質與效率，常見的規劃方式有： 1. 按照國家 / 地區來區分資料檢視。 2. 按照流量管道來區分資料檢視。 3. 按照網站的頻道 / 頁面 / 服務來區分資料檢視。 4. 按照裝置來區分資料檢視。	
	Google Analytics 基本設置	
站內搜尋設置	相關的設定細節可以在第 6 章的站內搜尋報表中找到，若網站內有搜尋的功能，請確保一定要正確設置。	

項目	說明	確認打勾
Adwords - Google Analytics 連結	若你沒有綁定 Adwords 或 Search Console，你就沒辦法在 Google Analytics 裡面看資料，請確保一定有進行綁定，才能在 Google Analytics 上一次解決數據分析的需求。	
轉換有正確設置	在剛開始網站分析時，建立目標為最重要的第一件事，有正確的目標設置，你才能夠衡量出流量的價值，哪些管道有幫你帶來價值、哪些訪客有幫你帶來價值。	
數據品質		
內部 IP 排除	細節於第 11 章的篩選器裡面有提到，若你不排除內部的 IP，光內部同事 / 朋友 / 老闆所造成的流量，都能夠搞亂你的數據，但企業內同事的瀏覽行為事實上對你是不具有價值的。	
第三方金流排除	請參考第十一章的「參照連結網址排除清單」，如果你網站內有 paypal、歐付寶等金流，請確保一定要進行排除，若沒排除的話，你的工作階段、轉換這些指標都會變得相對不準確。	
程式碼安裝的正確性		
追蹤版版本最新	請確保使用最新版的追蹤碼。	
所有頁面正確追蹤	請親自檢查是否所有的網頁都有安裝好追蹤碼。	
手機版網頁正確追蹤	如果你並非是 RWD，而是用子目錄、或子網域的方式設計手機版網頁，請確認是否有確實安裝追蹤碼。	
追蹤碼在正確位置	追蹤碼必須安裝在 <head> 的底下。	
404 頁面有正確安裝 Google Analytics	404 的頁面請一定要安裝追蹤碼，才能夠得知使用者是否意外地進到你已不存在的頁面。	
追蹤碼沒有重複安裝問題	一個網頁請確保只能安裝一組追蹤碼。	

項目	說明	確認打勾
資料優化		
UTM 標記規劃 / 正確使用	請參考第 5 章的「網址產生器」，在進行行銷活動之前你必須要確保自己有規劃好 UTM 標記。	
自訂管道分組	請參考第 10 章及第 11 章，這些設定都會影響你觀察數據的效率、便利性、以及數據分析的品質。	
內容分組		
自訂報表規劃		
資訊主頁規劃		
自訂區隔規劃		
其他設定		
開啟客層和興趣報表	請務必確保開啟客層和興趣報表，否則你將看不到性別、年齡、興趣這些客戶資料。	
工作階段逾時正確設定	細節請參考第 3 章，確保工作階段逾時是以自己期望的方式設定，這將影響你的網站工作階段是如何計算。	

認識規則運算式

規則運算式是一種在數位領域很常被用到的語法，主要用來表達字串的組合與關係，在使用 Google Analytics、Google Tag Manager，甚至在做網站 SEO 時都會用到，它本身並困難，同時這是學 Google Analytics **一定要學的語法**。

在使用 Google Analytics 時，什麼時候會用到規則運算式呢？基本上在做任何 Google Analytics 的設定時你都有可能用到它，例如：

◆ 設定轉換目標時（若不知道目標的設定，請參考第 7 章）

◆ 使用標準報表的進階搜尋功能時，你希望用簡短的字串就能滿足複雜的進階搜尋 / 篩選

◆ 使用篩選器時

◆ 套用進階區隔時

更簡單來說，當你看到圖 12-1 裡有欄位要填寫時，大多 Google Analytics 都會在欄位內支援規則運算式。

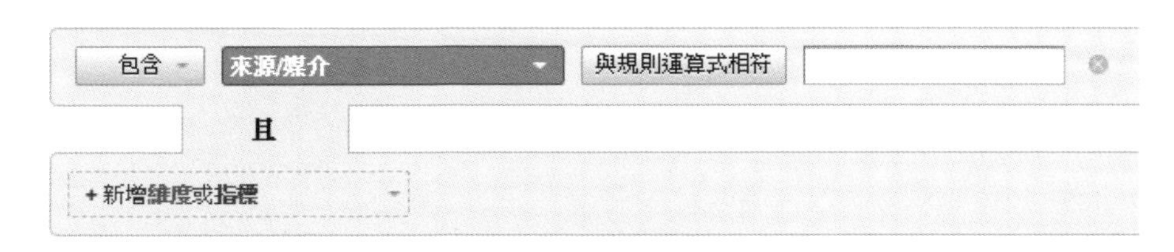

圖 12-1：大部分的 GA 都會在欄位中支援規則運算式

➔ 使用規則運算式有什麼好處？

在做搜尋 / 篩選、甚至設定時，有些條件一定要寫規則運算式才能夠篩選出來，有些條件雖然不用規則運算式就能寫出來，但如果能活用，將會大大提升你的效率。

舉例來說，如果你要在 Google Analytics 裡面篩選三個網址的子目錄層，分別是 www.yesharris.com/category、www.yesharris.com/about、www.yesharris.com/product，在不會用規則運算式的狀況下，你會輸入的篩選條件可能為圖 12-2 的狀況。

條件
依單次或多次工作階段條件區隔使用者及/或其工作階段。
篩選器 工作階段 包含
網頁 包含 /category
或
網頁 包含 /about
或
網頁 包含 /product
- 或 且
+新增篩選器

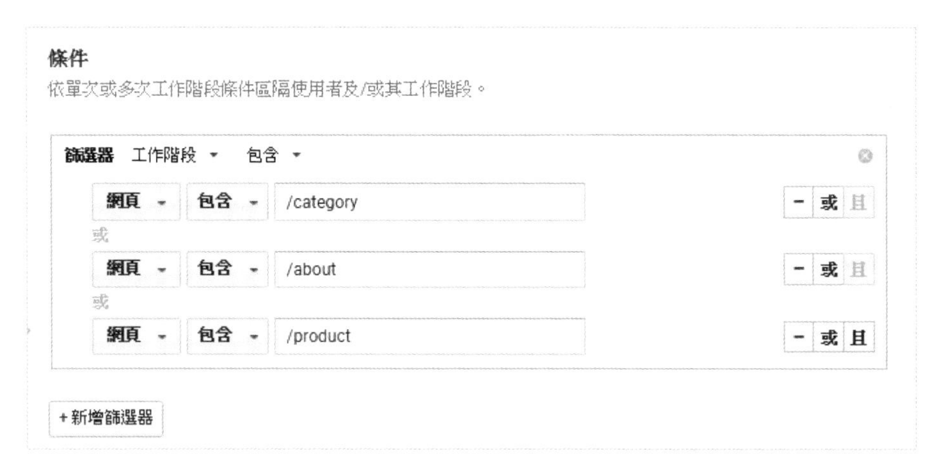

圖 12-2：在不使用規則運算式的情況下，必須分別設定三個篩選條件

但如果你會規則運算式的狀況下，你可以用圖 12-3 的方式來進行條件設定。

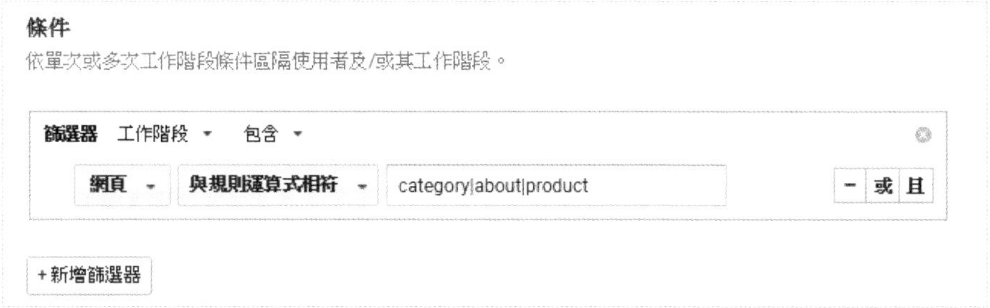
條件
依單次或多次工作階段條件區隔使用者及/或其工作階段。
篩選器 工作階段 包含
網頁 與規則運算式相符 category|about|product
- 或 且
+新增篩選器

圖 12-3：使用規則運算式只要一行就搞定

➔ 學會使用規則運算式

直線：【|】

用法：【|】在規則運算式中是「或是」的意思。

假設你要設定的條件為 category、about、product，不需要設定三次，只要直接輸入「category|about|product」就可以滿足條件。

假設你今天註冊會員完成的頁面有兩頁，分別為 /member_done 與 /member_finish，在不懂規則運算式的狀況下，你可能要設定兩個目標，但使用這個符號，就可以同時將這兩頁設定為同一個目標，如圖 12-4：

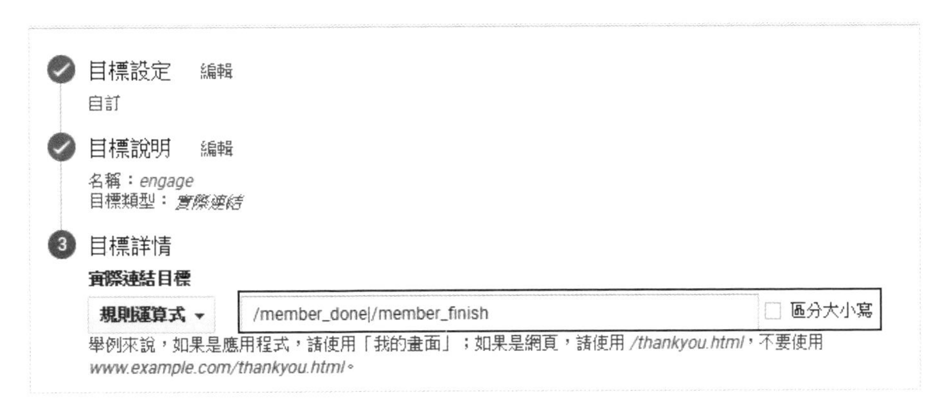

圖 12-4：利用規則運算式，一次設定兩個頁面

點：【.】

用法：【.】在規則運算式中的意思是「與任何單一字元比對都會比對成功」。

舉例來說，如果你今天想篩選三組關鍵字，分別 SEO、UEO、CEO，你只要輸入「.EO」，EO 前面的點與任何字元比對都會比對成功，它可以一次滿足 SEO、UEO、CEO 的條件。

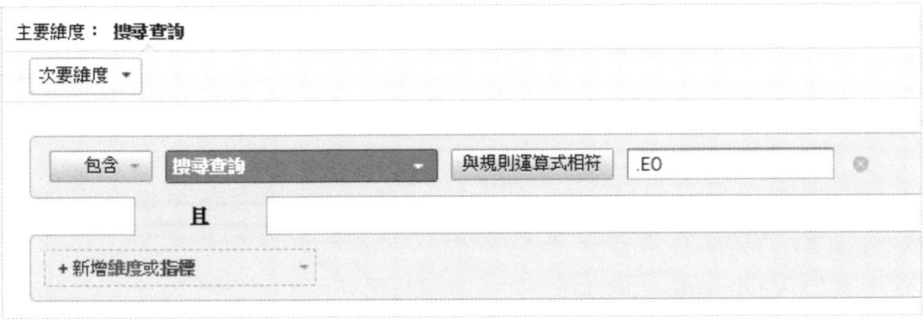

圖 12-5

反斜線：【\】

用法：【\】在規則運算式中的意思是「將規則運算式字元」恢復為一般字元。

舉例來說，如果你在篩選器裡面設定排除 IP「191.168.2.2」，事實上你不能這樣如圖 12-6 的方式輸入，因為自訂篩選器的欄位預設就是以規則運算式為主，而【.】在規則運算式裡面是有含意的（如上述所說，【.】在規則運算式中的意思是與任何單一字元比對都會比對成功），因此你必須要加上反斜線來把【.】回歸為正常字元。

圖 12-6

以圖 12-6 來說，實際狀況如下：

- **正確**的欄位設置方式：191\.168\.2\.2
- **錯誤**的欄位設置方式：191.168.2.2

問號：【?】

用法：【?】在規則運算式裡面的含意為【?】**前的字串可以存在也可以不存在**。

舉例來說，你在觀察關鍵字的報表時，發現有的使用者會把 Google 拼錯，拼成 Gooogle（多一個 o）你想同時篩選出 Google 以及 Gooogle，你就可以用以下的方式輸入：

```
Gooo?gle
```

這樣一來第三個 o 就會被認定為可以存在也可以不存在，因此 Google 以及 Gooogle 都會比對成功。

括弧：【( )】

用法：【( )】在規則運算式裡面的用法跟**在數學上的用法是很接近的，它幫你把規則運算式的字元分在同一組**。

舉例來說，如果你希望同時篩選網址目錄層為 product 以及 category，你可以使用：

```
product|category
```

這基本上用直線【|】就可以解決，但如果今天網址的結構是 /myweb-product/sales 以及 /myweb-category/sales，那你就沒辦法單純用「product|category」來解決，因此你可以這樣使用：

```
/myweb-(product|category)/sales
```

這樣一來在第一層 myweb- 的後面，product 或 category 都會比對成功。

方括號：【[ ]】

用法：【[ ]】在規則運算式中的意義為，**只要是方括號內的字元都會比對成功**。

舉例來說，product[123] 會與 product1、product2、product3 比對成功。

破折號：【-】

用法：【-】在規則運算式中被用來表示**方括號內的字串關係**（方括號意指【[ ]】）。

舉例來說，[0-9] 會比對 0-9 的數字，[a-z] 會比對所有小寫的英文字母，假設你有產品的頁面為 /product150，但同時也有 /product159，若要兩者一起比對成功，你可以使用：/product15[0-9]

加號：【+】

用法：【+】在規則運算式中會**比對【+】前一個字元 1 次或多次**。

舉例來說：

/product01+ 會與 /product011、/product0111、/product01111 比對成功。

星號【*】

用法：【*】在規則運算式中會**比對【*】前一個字元 0 次或多次**。

【*】跟【+】很相似，但跟【+】的不同在於【+】是比對 1 次或多次，【*】則是 0 次或多次，舉例來說：

/product01+ 會與 /product0 比對失敗。

/product01* 會與 /product0 比對成功，因為【*】的比對規則為 0 次或多次。

/product01* 會與 /product0、/product011、/product01111、/product011111 比對成功。

在 Google Analytics 有一個非常常用的用法便是【.*】，因為【.】可以代替任何字元，而【*】則是 0 次或多次都能夠比對成功，也就是說【.*】的意思是「所有條件都比對成功」。

插入符號【^】

用法：【^】在規則運算式中的含意為**開頭是**。

舉例來說，^/product 會與 /product/page1、/product/category 比對成功。

金錢符號【$】

用法：【$】在規則運算式中的含意為**結尾是，使用上它必須放在該字元後面**。

舉例來說，apple$ 會與 /product/apple、/category/apple 比對成功。

用自訂快訊監控網站流量

自訂快訊這個功能，可以在設定在某個指標達到特定條件時，讓 Google Analytics 自動發信通知。舉例來說，當你的工作階段低於某個數字時，Google Analytics 會自動發信告訴你，你的流量正在下滑中。同時，這個功能也可以用來追蹤團隊的績效跟目標，例如，若公司本月目標是收益達到五百萬，你可以利用這個功能進行設定「當收益達到五百萬時」，讓 Google Analytics 自動寄信通知，你達到這個月的目標了。

圖 12-7

如圖 12-8，你可以設定特定的維度作為條件、並設定希望追蹤的指標，在流量達到某個條件時，讓 Google Analytics 寄信給你，收到信件通知的人可以是一位、也可以是多位與你共事的網站經營者。

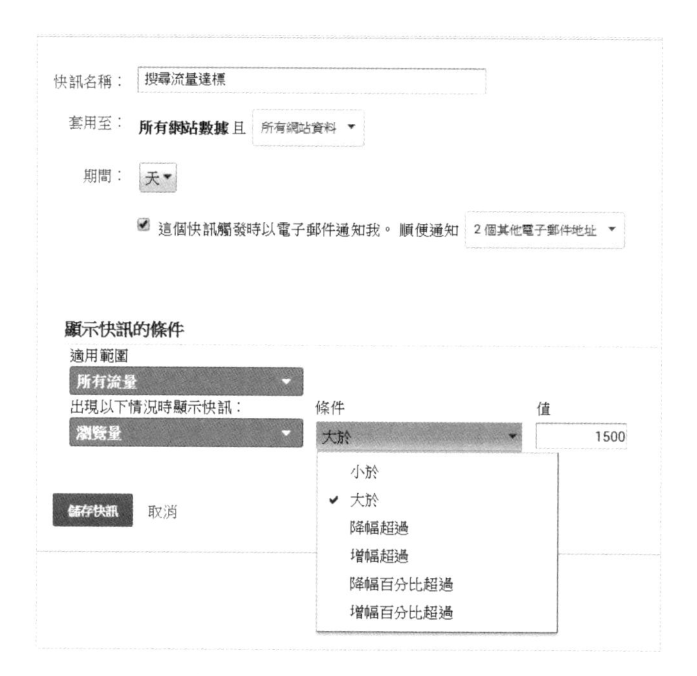

圖 12-8：利用「自訂快訊」監控網站數據

一般來說，自訂快訊經常會用於：

- 追蹤當季 / 當月的收益是否有達標
- 流量是否有下滑，以此做為警示通知
- 特殊的行銷活動是否有達到公司的預期
- 會員註冊、或其他轉換是否達到預期數字

第三方工具與分析軟體

網路上有許多Google官方所開發的、或由第三方所開發的工具，能夠幫助你更有效地做好網站分析，甚至能幫助你提升數據分析的品質與成效，本章節我將推薦幾個我認為你一定要使用的工具、軟體。

➔ Google Tag Assistant

Tag Assistant為Google官方所開發的Chrome插件，他能夠幫你檢測網站的追蹤碼是否有安裝錯誤的狀況，Google的Tag Manager、Google Analytics、Adwords的追蹤碼他都有支援。

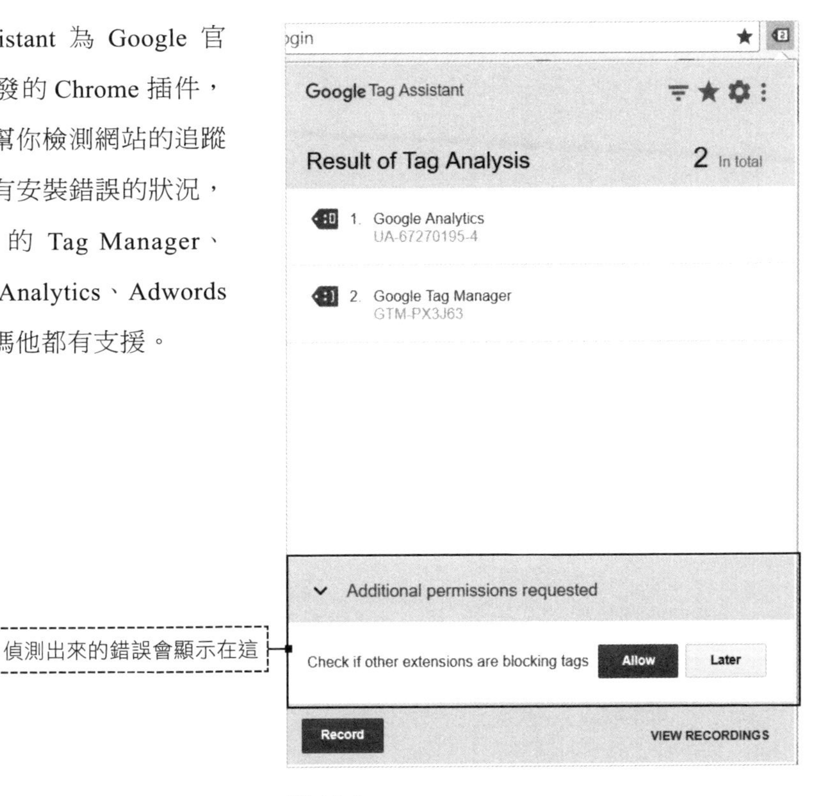

圖 12-9

當你在檢測追蹤碼安裝時，如果你的追蹤碼安裝出了問題，它會自動幫你偵測出來，並顯示讓你知道（如圖 12-10）。

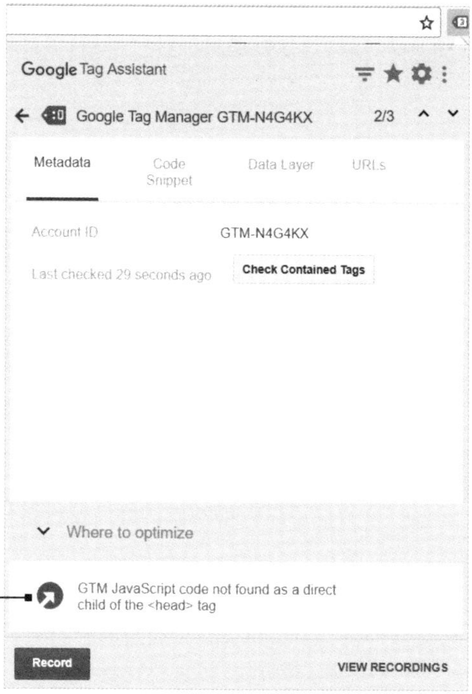

附註：追蹤碼的安裝問題會被偵測出來

圖 12-10

如果你的網站頁面較多，需要逐頁檢查追蹤碼的安裝狀況時，Tag Assistant 可以幫助你更有效率完成這項工作，是使用 Google Analytics 的行銷人必用的小工具之一。

➔ Similarweb – Chrome 插件

- https://www.similarweb.com

SimilarWeb 是一個知名的網站分析軟體，它能夠協助你分析競爭對手及自己的網站，只要你輸入競爭對手的網址之後，他就會預估出對手的流量狀況、甚至互動指標給你參考，因 SimilarWeb 本身是付費軟體，且價格並不便宜，因此我建議你至少可以使用他們推出的瀏覽器插件，隨時在瀏覽對手的網站時，可以點開來更進一步認識對手的數據。

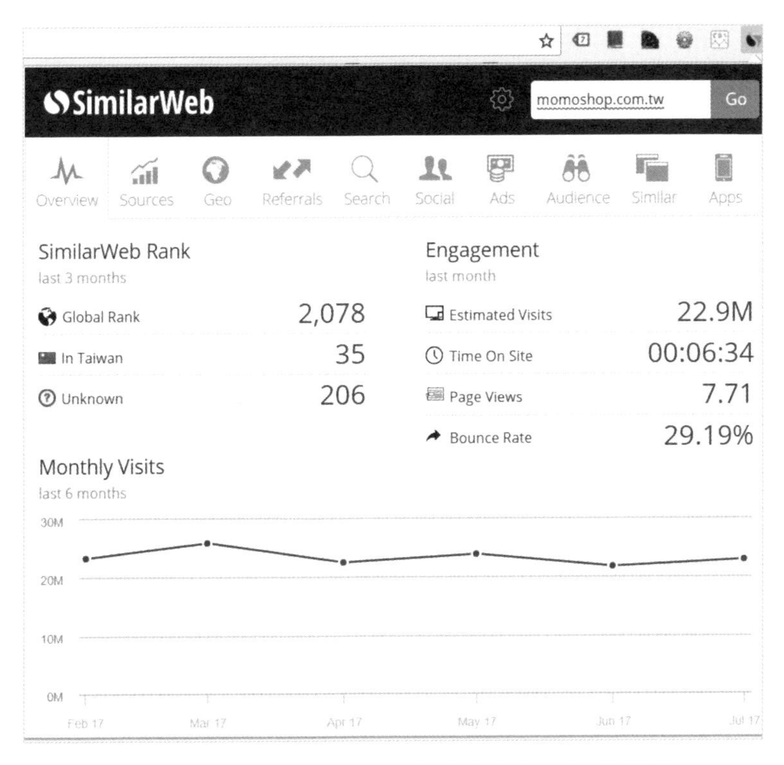

圖 12-11：SimilarWeb 能夠協助你分析競爭對手及自己的網站

雖然 SimilarWeb 的數據也是會有些誤差，但跟其他競品分析的工具比起來，SimilarWeb 已經算是相對精準了，SimilarWeb 除了可以讓你看到對手的流量指標之外，還能看到對手的關鍵字數據、流量分布在哪些來源、管道上，是行銷人在做市場分析、競品分析時必備的分析工具。如果你的企業有預算，不妨考慮購買付費版，可以更全面的分析競爭對手及自己的網站。

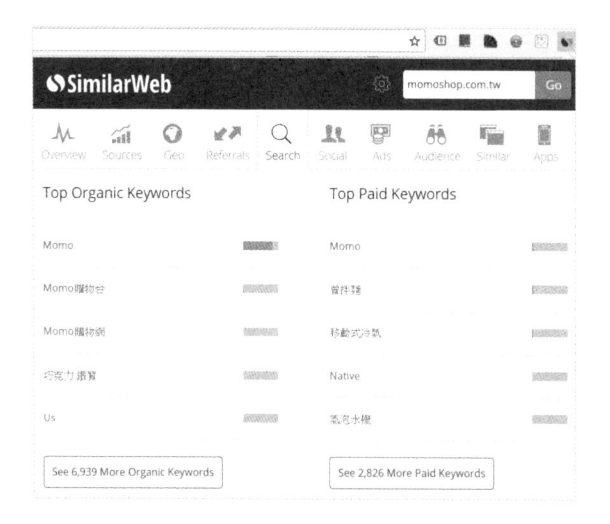

圖 12-12

➔ WebPageTest

- https://www.webpagetest.org

WebPageTest 是一個連 Google 官方都推薦的分析工具，只要輸入你的網址，它就會開始偵測你的網站上各種速度的問題（像是網站沒有開快取或是圖檔太大），配合 Google Analytics「行為」底下的網站速度報表，可以更有效地找出網站速度的問題、藉此優化網站的速度以提升使用者經驗。

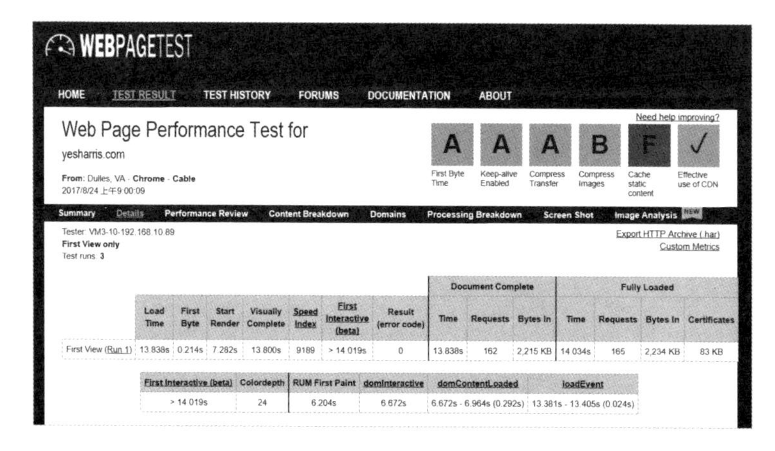

	Load Time	First Byte	Start Render	Visually Complete	Speed Index	First Interactive (beta)	Result (error code)	Document Complete Time	Document Complete Requests	Document Complete Bytes In	Fully Loaded Time	Fully Loaded Requests	Fully Loaded Bytes In	Certificates
First View (Run 1)	13.838s	0.214s	7.282s	13.800s	9189	> 14.019s	0	13.838s	162	2,215 KB	14.034s	165	2,234 KB	83 KB

First Interactive (beta)	Colordepth	RUM First Paint	domInteractive	domContentLoaded	loadEvent
> 14.019s	24	6.204s	6.672s	6.672s - 6.964s (0.292s)	13.381s - 13.405s (0.024s)

圖 12-13：WebPageTest 能夠幫你診斷網站上各種速度的問題

WebPageTest 甚至會幫你細節的診斷網站上的每一個物件，分析出是哪一組 Javascript、CSS、還是圖片在拖慢你的網站速度，當然，裡面有許多東西可能需要跟網站的工程師討論會比較清楚，所以在優化網站速度時，記得要請工程師一起協助閱讀 WebPageTest 所分析出來的報表。

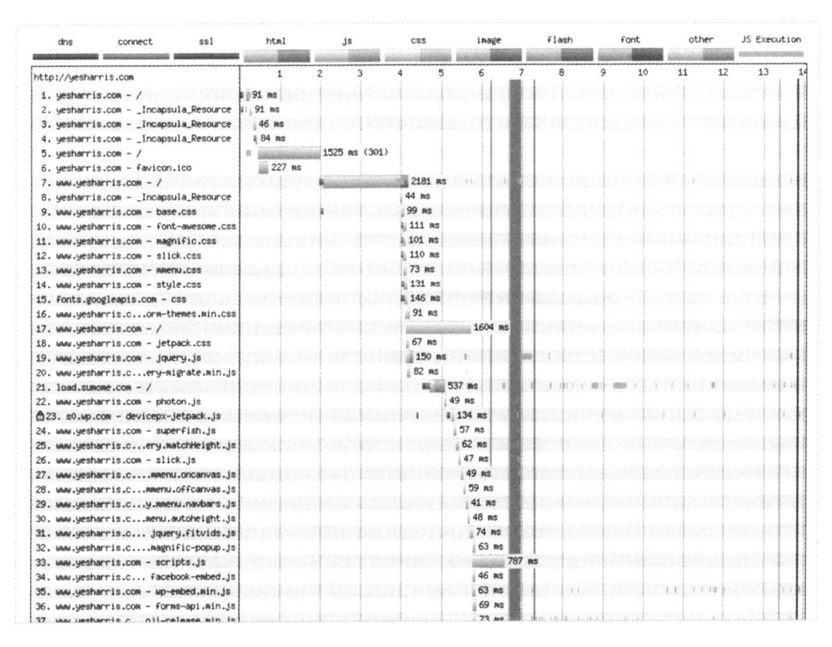

圖 12-14：網站上各種元件載入的時間

➔ awoo SEO 成長駭客工具

- https://www.awoo.org/

相信學 Google Analytics 的人都能夠理解 SEO 的重要性，因為網站是否有做好 SEO 的優化，結果都會呈現在你的數據上面，可能直接反應在流量上、也可能直接反應在收益上。

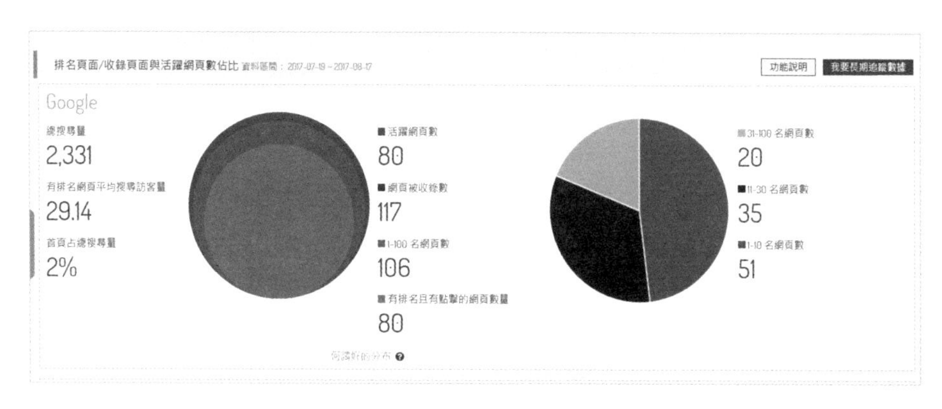

圖 12-15

台灣本土企業 awoo 開發了一系列的 SEO 工具，功能從網站體質檢測、關鍵字研究、到資料分析都有，這系列工具最讓人讚嘆的就是「綺夢 - 數據作戰中心」，只要將 Google Analytics 與 Search Console 的資料與這套工具綁定，它就會自動幫你分析關鍵字資料、到達網頁資料，甚至流量有成長或下滑都會自動運算並呈現出來，不管你是不是 SEO 專家，這套工具都能帶給你及大的幫助。

搜尋關鍵字 資料時間：2017-08-11 - 2017-08-17

Search … | 全部 | 1-10名 | 11-30名 | 31-100名

高跳出率 | 排名不佳 | 低點擊率 | 流量驟降頁面 | 流量快速成長頁面 | 新進關鍵字

關鍵字	Landing Page		曝光數	CTR	平均排名	頁面總搜尋流量	
南勢角美食	/hana/	流量成長 排名不佳 高跳出率	4	25%	55.67	3 1 ↑	追蹤
ikea 餐點	/ikea-food/	流量成長 新進關鍵字 排名不佳 高跳出率	1	100%	73	5 1 ↑	追蹤
golife care-x hr智慧悠遊心率手環評價	/golife-care-x-hr/	流量成長 高跳出率	3	33%	4.33	37 10 ↑	追蹤
golife care-x hr開箱	/golife-care-x-hr/	流量成長 高跳出率	10	20%	3.55	37 10 ↑	追蹤
golife care-x hr評價	/golife-care-x-hr/	流量成長 高跳出率	8	50%	2	37 10 ↑	追蹤
care-x hr	/golife-care-x-hr/	流量成長 高跳出率	11	18%	6.83	37 10 ↑	追蹤
智慧手環 悠遊卡	/golife-care-x-hr/	流量成長 排名不佳 高跳出率	3	33%	17	37 10 ↑	追蹤
golife care-x hr	/golife-care-x-hr/	流量成長 高跳出率	108	6%	6.81	37 10 ↑	追蹤
運動手環推薦	/golife-care-x-hr/	流量成長 排名不佳 高跳出率	4	25%	20.83	37 10 ↑	追蹤
golife care-x hr 智慧悠遊心率手環	/golife-care-x-hr/	流量成長 低點擊率 高跳出率	22	5%	8.48	37 10 ↑	聯絡我們

圖 12-16：如果你不懂 SEO，但卻想做好 SEO，「綺夢 - 數據作戰中心」可以給你很大的幫助

剖析 Google Analytics：從報表理解到實作

作　　者：Harris 先生
企劃編輯：莊吳行世
文字編輯：詹祐甯
設計裝幀：張寶莉
發 行 人：廖文良

發 行 所：碁峰資訊股份有限公司
地　　址：台北市南港區三重路 66 號 7 樓之 6
電　　話：(02)2788-2408
傳　　真：(02)8192-4433
網　　站：www.gotop.com.tw
書　　號：ACN032800
版　　次：2017 年 12 月初版
　　　　　2018 年 03 月初版三刷
建議售價：NT$320

國家圖書館出版品預行編目資料

剖析 Google Analytics：從報表理解到實作 / Harris 先生著. -- 初版. -- 臺北市：碁峰資訊, 2017.12
面；　公分
ISBN 978-986-476-680-2(平裝)
1.網路使用行為　2.資料探勘　3.網路行銷
312.014　　　　106023093

讀者服務

- 感謝您購買碁峰圖書，如果您對本書的內容或表達上有不清楚的地方或其他建議，請至碁峰網站:「聯絡我們」\「圖書問題」留下您所購買之書籍及問題。(請註明購買書籍之書號及書名，以及問題頁數，以便能儘快為您處理)
http://www.gotop.com.tw

- 售後服務僅限書籍本身內容，若是軟、硬體問題，請您直接與軟體廠商聯絡。

- 若於購買書籍後發現有破損、缺頁、裝訂錯誤之問題，請直接將書寄回更換，並註明您的姓名、連絡電話及地址，將有專人與您連絡補寄商品。

- 歡迎至碁峰購物網
http://shopping.gotop.com.tw
選購所需產品。